プログラミング言語 AWK
第 2 版

Alfred V. Aho
Brian W. Kernighan
Peter J. Weinberger
著

千住 治郎
訳

O'REILLY®
オライリー・ジャパン

The
AWK
Programming
Language

Second Edition

Alfred V. Aho

Brian W. Kernighan

Peter J. Weinberger

Addison-Wesley

Hoboken, New Jersey

日本語版の内容について、株式会社オライリー・ジャパンは最大限の努力をもって正確を期していますが、本書の内容に基づく運用結果について責任を負いかねますので、ご了承ください。

To the millions of Awk users

『プログラミング言語AWK』第2版 日本語版まえがき

　1989 年に『プログラミング言語 AWK』第 1 版の日本語版が発刊された時、AWK は年齢がやっと 10 代に達したばかりだった。しかしその時点ですでに Unix ユーザからの熱い支持を獲得していた。

　今日、AWK はもうすぐ 50 歳を迎えようとしており、立派な中年と言えるが、現在でも Unix ツールの中心的な存在であり続けている。AWK はとても簡単に記述でき、一般に他の言語と同程度に高速に動作する。多くのプログラマにとって身につけて当然のスキルの 1 つと言え、簡易的なデータ分析や、個人用途に限らず製品にも小規模な AWK スクリプトを活用されている。

　かつて AWK の実装は 1 種類しかなかったが、現在ではもっとも有名な GNU 版の GAWK をはじめ、少なくとも半ダースの実装が普及している。実装にこそ若干の差異はあるが、いずれも広く利用できる点は変わらない。

　AWK 言語自体は誕生時からほとんど変わっていないが、この第 2 版には 2 つの重要な新機能についての記述を追加した。一つは Excel などのツールで使用する CSV 入力、もう一つは Unicode 対応だ。Unicode 対応は特に日本のユーザにも役立つだろう。AWK は UTF-8 に対応しており、日本語以外の非ラテン文字セット言語のテキストデータも処理できる。それに加えリファレンスマニュアルも充実した。

　こうした進化にもかかわらず、AWK はデータの簡便な探索と、コンパクトかつ高い表現力を備えたテキスト処理言語であり続けている。日本の仲間たちが今後も AWK を利用できるよう、千住治郎が日本語版を翻訳してくれたことを我々著者一同嬉しく思う。

2024 年 3 月
Brian Kernighan

まえがき

Awk は 1977 年（昭和 52 年）、小規模なプログラムを対象に、テキストも数値も容易に操作できる簡潔なプログラミング言語として開発された。1 プログラムは 1 つの仕事しかこなさず、他のプログラムと連携、組み合わせられるという Unix の哲学に沿い、他の Unix ツールと調和し互いに補完し合う**スクリプト言語**（scripting language）を意図していた。

今日の計算機分野は 1977 年当時とは大きくかけ離れている。処理速度で言えば数千倍は高速であり、メモリ容量で言えば数百万倍にもなる。ソフトウェア分野も多種多様なプログラミング言語や環境が開発され、飛躍的な進化を遂げている。インターネットは大量のデータをもたらし、さらに世界中のデータにアクセスできる。Unicode のおかげで、もう 26 文字の英字アルファベットに縛られることもなく、世界中の言語をそのままの文字セットで処理できるのだ。

Awk 自身はもうすぐ 50 歳にもなるが、計算機分野が大きく変化した現在も広く利用されている。どの Unix、Linux、macOS システムでも、さらに Windows システムでも、核となる Unix ツールだ。何も新たにダウンロードする必要がなく、ライブラリやパッケージをインポートする必要もない。単に使えば良い（just use it）。習得は非常に容易であり、ほんの数分間の学習で非常に多くの処理をこなせるようになる。

1977 年当時はスクリプト言語がまだ目新しかった時代で、Awk は最初に幅広く利用されたスクリプト言語だった。その後、他のスクリプト言語が登場し、Awk を補完する存在となり、時には Awk に取って代わるものもあった。1987 年（昭和 62 年）に誕生した Perl は、当時の Awk が抱えていた制約に対する反応の表れだ。Perl に遅れること 4 年、新たに誕生した Python は、今日ではもっとも広く利用されているスクリプト言語であり、多くのユーザがプログラム規模に応じ、次の一歩として自然に選択できる言語だ。特に Python エコシステムの膨大な数のライブラリの利点は大きい。ウェブ上での利用やスタンドアロン環境では、JavaScript も良い選択肢になる。その他にも、汎用ではないかもしれないが、有用で優れた言語はある。「シェル」自身も発展を遂げ、プログラミング機能を充実させたものも登場している。

プログラマやユーザは、とにかくデータを簡潔に、機械的に操作したいもので、そのために多くの時間を費やす。データ形式の変更、その妥当性の検証、同一の性質を持つデータがないかの検索、数値の集計、集計結果の出力など、多くの処理がある。いずれも機械的にこなすべきものだが、必要になる度に C 言語や Python で専用プログラムを実装していては手間がかかりすぎる。

Awk はほんの 1、2 行程度の簡潔なプログラムで、単純な処理を実現できるプログラミング言語だ。Awk プログラムとは、どの入力データを対象にどんな処理を実行するかを表現した、パターンとアクションが並んだものだ。Awk はパターンに一致するテキストを入力ファイルから検索し（Word、スプレッドシート、PDF などの非テキスト形式は対象とはしない）、一致するものが見つかれば、指定されたアクションを実行する。処理対象の行を検索するパターンには正規表現や文字列、数値、

フィールド、変数、配列要素の比較演算などを指定できる。アクションは対象の入力行に対し、任意の処理を実行するもので、見た目は C 言語によく似ているが、宣言文は存在せず、文字列も数値も組み込みのデータ型となる。

Awk はファイルをスキャンし、入力行を自動的にフィールド分割する。従来の汎用言語に比べ、Awk では入力、フィールド分割、メモリ管理、初期化など、多くのことが自動的に実行されるため、Awk プログラムはずっと簡潔になるのが通常だ。Awk の利用形態としては先に挙げたデータ操作が一般的であり、プログラムはせいぜい 1、2 行程度の長さしかなく、キーボードから入力し、一度実行し、不要になれば破棄するという手軽さがある。すなわち、Awk は専用ツールや専用プログラムを代替できる、汎用プログラミングツールだ。

表現が簡潔であり、また操作が容易であることから、Awk は大規模プログラムのプロトタイプ開発に欠かせない存在となっている。ほんの数行のコードから書き始め、変更した設計をその場で試し、目的の処理を実現するまでプログラムを改善していく開発手法だ。プログラムは短く簡潔なため始めやすく、また設計の方向性が変わったとしてもやり直しやすい。設計が固まれば、必要に応じ、Awk プログラムを直観的かつ容易に他言語へ移植できる。

本書の構成

本書の目的は、読者に Awk のなんたるかを示し、効率的な使い方を提示することにある。「1 章 Awk チュートリアル」は Awk を始めるチュートリアルだ。数ページ程度を読むだけでも Awk プログラミングを始められるだろう。この章にある例はいずれも短く簡単なもので、Awk のインタラクティブな使用の典型と言える。

以降の章にはさまざまな例がある。Awk の適用範囲の広さを示すものもあれば、Awk の有効活用方法を示すものもある。一部だが、著者陣が個人的に活用しているプログラムもある。その他には概念を示すものもあるが、これは実用を意図してはいない。わずかだが、単に面白いからという理由で掲載したものもある。

「2 章 Awk の実践例」では Awk の実用性を示す。著者陣の実際の使用を基に、小規模プログラムを多数提示する。読者がすぐに使えるほどの汎用性は恐らくないが、手法を示し応用を提起するには十分役立つ。

「3 章 探索的データ分析」では、Awk を用いた探索的データ分析を述べる。データセットを検証し、データの性質を発見し、隠れた(そして真の)エラーを特定する。他のツールに多大な労苦を費やす前に、データの概要を広く理解する分析手法だ。

「4 章 データ処理」ではデータの取得、検証、変換、集計に重点を置く。まさに、Awk を設計した当初の用途だ。住所録のように自ずと複数行にわたるデータを処理する方法についても説明する。

Awk はまた、小規模な個人用データベースの管理も得意な言語だ。「5 章 レポートとデータベース」ではデータベースからのレポート生成について述べ、複数ファイルにデータを分散した単純なリレーショナルデータベースシステムと、クエリ言語を構築する。

「6 章 テキスト処理」ではテキストを生成するプログラムについて述べる。また、ドキュメント執筆を支援するプログラムについても述べる。本書で実際に索引生成に使用したプログラムを基にした例も挙げる。

「7 章 専用言語」では簡易言語、「小さな言語(little language)」について述べる。すなわち、あ

る特定の狭い分野でのみ使用する言語だ。Awk はこのような簡易言語の処理系実装に適している。Awk が本来備える機能だけで、言語翻訳時に必要な字句解析やシンボルテーブル処理の大部分を済ませられるためだ。アセンブラの例や、グラフィックス、電卓の例も提示する。

Awk はある種のアルゴリズムを表現するにも適した言語だ。宣言文が存在せず、メモリ管理が容易という点もあるが、疑似コードの利点を備えながらも、疑似コードとは異なり、実行し検証可能という点も大きい。「8 章 アルゴリズムの実験」ではアルゴリズムのテスト、試行錯誤、性能評価などについて述べる。例にはソートアルゴリズムを複数取り上げ、最終的には Unix の make の簡易バージョン作成にまで進める。

「9 章 あとがき」では現在に至るまでの Awk の歴史的背景を述べ、他の言語との比較も含めた性能測定を行う。また、Awk の実行速度が遅すぎる、機能不足などの場合の対応策についても提示する。

「付録 A：Awk リファレンスマニュアル」では Awk 言語を体系的に網羅する。例も多数挙げたが、一般的なマニュアル同様、量がある上にやや無味乾燥に思えるだろう。初読時は表面的に目を通す程度でも構わない。

まずは第 1 章を読み、読者自身が小規模な例を実際に試すのが良い。その後は興味がある章を順不同で読んで構わない。章はほぼ独立しているので、順序はそれほど重要ではない。リファレンスマニュアルにはざっと目を通し、まとめや表にはどんなものがあるかを押え、概要をつかめば良いだろう。リファレンスマニュアルの細部にこだわるような読み進め方は良くない。

プログラム例

プログラム例のテーマは 1 つだけではない。主要テーマはもちろん Awk を上手に使う方法だが、多種多様で有用な構造を用いるよう努めた。連想配列と正規表現は Awk プログラミングの特徴でもあるため、特に重点を置いた。

2 つ目のテーマは、Awk の多様性を示すことにある。Awk プログラムの用途はデータベース、回路設計、数値解析、グラフィックス、コンパイラ、システム管理と幅広い。さらにプログラム初心者が最初に学ぶ言語としても、またソフトウェア工学コースの実装言語としても利用されてきている。本書が示すアプリケーションの多様性が、読者に新たな可能性を開くことを願う。

3 つ目のテーマは、一般的なコンピュータ処理がどうなされるかを示すことだ。本書には、リレーショナルデータベースシステム、玩具レベルの単純なコンピュータ用のアセンブラとインタプリタ、グラフ描画言語、Awk サブセット用の再帰下降型パーサ、make を基にしたファイル更新プログラムなど、多数の例がある。いずれも短い Awk プログラムで、その動作を読者が理解しやすく、また実践できる形で本質を示すものだ。

同時にプログラミング問題に取り組む多彩な手法を示すようにも努めた。ラピッドプロトタイピング（rapid prototyping）開発手法はその 1 つであり、Awk が得意とするものでもある。やや分かりにくい手法かもしれないが、大きな問題を小さく分割し、個々の内容に集中する分割統治法もある。他にもプログラムを生成するプログラムという手法がある。専用言語は優れたユーザインタフェースを定義し、そこからまた良い実装につながるものだ。本書では Awk を用いこれらの手法を示すが、概念自体は汎用的であり、広範囲に応用できる。まさにすべてのプログラマが習得すべき手法と言える。

本書の例はすべて動作確認済みのプログラムの一部を取り出したもの、もしくはプログラムそのものだ。プログラムに誤りがないようには最大限努めたが、おかしな入力のすべてに対処できるわけではない。それよりもプログラム例を通じて伝えたい本質に注力した。

Awk の進化

Awk は元々、Unix ツールの grep と sed で、数値もテキスト同様に扱えるよう汎用化する実験だった。著者陣の意識が、正規表現やプログラム可能なエディタに向いていたという背景もある。話は逸れるが、この言語は公式には著者陣（イコール開発陣）のイニシャルから AWK（すべて大文字）と表記されるが、見た目がうるさいため、本書では Awk と表記した。また、awk はプログラムの名前だ（言語の名前を開発者の名前から取るのは、創造性が欠如しているように見えるかもしれない。しかし言わせてもらえば、当時は他に良い案がなく、また偶然だが開発中のある時点で、著者陣 3 人のオフィスが Aho、Weinberger、Kernighan の順に並んでいたこともある）。

当初 Awk は短いプログラムを想定していたが、その機能の組み合わせがユーザを引きつけ、ずっと長大なプログラムが作成されるようになった。この大規模プログラム達は、元々は実装されていなかった機能を必要としたため、Awk は機能を強化し、1985 年（昭和 60 年）に新バージョンを公開することとなった。

以来、Awk の別実装が複数開発された。Gawk（拡張と保守は Arnold Robbins による）、Mawk（Michael Brennan）、Busybox Awk（Dmitry Zakharov）、Go Awk（Ben Hoyt）が挙げられる。著者陣が開発したオリジナル Awk とは細部が異なるし、また互いに異なる部分もあるが、言語の中核は同じだ。また本書以外の書籍も、特に Gawk を題材にした『*Effective Awk Programming, 4th Edition*』（Arnold Robbins、O'Reilly、2015）がある。Gawk のマニュアルはオンラインでも公開されており、書籍で取り上げたバージョンにも細かく対応している。

POSIX 標準では Awk 言語を完全かつ厳密に定義している。しかし常に最新版ではないし、別実装の Awk は厳密には準拠していない。

Awk は Unix、Linux、macOS では標準でインストールされ、すぐに使用できる。また、Windows でも WSL（Windows Subsystem for Linux）や Cygwin などのパッケージを追加インストールすればすぐに使用できる。Awk のソースコードもバイナリも、複数のウェブサイトが公開している。著者陣が開発したオリジナルバージョンのソースコードは、https://github.com/onetrueawk/awk で公開している。Awk の専用サイトは https://www.awk.dev にあり、本書に掲載したプログラム例、演習の模範解答（すべての演習ではない）、追加情報、更新情報、そして（当然）正誤表を公開している。

Awk はその大部分が年数を経てもほとんど変わっていない。新機能で最大のものは恐らく Unicode 対応だろう。新しいバージョンの Awk では、どの言語の文字も扱える標準 Unicode エンコーディングである UTF-8 を扱える。また、Excel などのプログラムが作成する CSV（comma-separated values）形式の読み込みにも対応した。

```
$ awk --version
```

上例のコマンドを実行すると、使用している Awk のバージョンを確認できる。残念ながら、一般に使用されているデフォルトバージョンは古いものが多く、最新、最良のバージョンが必要なら

ば、恐らく読者自身でダウンロード、インストールすることになるだろう。

　Awk は Unix 上で開発されたため、その機能は Unix、Linux、macOS が備える機能を反映しており、本書の例にもそれが表れている。さらに Unix の標準ツール（特に sort）が使用可能であることを前提にしている例もある。Unix 以外の環境では完全互換の代替機能が利用可能とは限らないが、この制約を除けば、Awk はどの環境でも十分に動作する。

　Awk は決して完璧ではない。不統一や欠落、単に発想が良くなかった設計もある。しかし同時に、Awk は機能豊富できわめて多くの場面で役立ち、なおかつ習得も容易な言語だ。読者も著者陣同様に Awk に価値を見出すことを願う。

謝辞

　著者陣は友人や同僚達からの貴重なアドバイスに謝意を表明したい。特に Arnold Robbins は長年にわたり Awk の実装を支援してくれ、この第 2 版の書籍でも誤りを見つけ、説明不足や Awk コードの良くない書き方などを指摘してくれた。その上、数度にわたる版の原稿のほぼすべてのページについて的確なコメントを寄せてくれた。Jon Bentley も、本書初版でもそうだったが、原稿の複数の版を読み、多くの改善提案を行ってくれた。本書の例の中でも規模が大きなものは、元々 Jon が考え出し実装したものを基にしているものがある。彼らの尽力に深く感謝する。

　Ben Hoyt は Go 言語で Awk を実装した経験から、洞察に富んだコメントを本書の原稿に寄せてくれた。Nelson Beebe は、彼にとってはいつものことなのだが、並外れた緻密さで丹念に原稿を読み、移植性の問題点を発見してくれた。Dick Sites と Ozan Yigit からも貴重な提案が寄せられた。編集者 Greg Doench は、Addison-Wesley 社からの書籍発行のあらゆる面で大いに助けてくれた。製作については Julie Nahil の支援に感謝する。

初版の謝辞

　原稿にコメントや提案を寄せてくれた友人達に深く感謝する。特に Jon Bentley に感謝したい。長年にわたり彼の情熱には大いに刺激を受けたし、Awk を使用し、また教育した彼自身の経験から生まれたプログラムや、多くの発想を提供してくれた。また、原稿の複数の版にとても注意深く目を通してくれた。Doug McIlroy にも特に感謝したい。彼の比類なき読解力は、本書全体の構造と内容を大きく向上させてくれた。他にも多くの方が原稿にコメントを寄せてくれた。Susan Aho、Jaap Akkerhuis、Lorinda Cherry、Chris Fraser、Eric Grosse、Riccardo Gusella、Bob Herbst、Mark Kernighan、John Linderman、Bob Martin、Howard Moscovitz、Gerard Schmitt、Don Swartwout、Howard Trickey、Peter van Eijk、Chris Van Wyk、Mihalis Yannakakis。

　諸氏に謝意を表明する。

Alfred V. Aho

Brian W. Kernighan

Peter J. Weinberger

目次

1章
Awk チュートリアル

　Awk は計算やデータ操作に幅広く利用できる、有用かつ表現力に優れたプログラミング言語だ。本章は、読者ができるだけ早く自分のプログラムを書き始められることを念頭に構成したチュートリアルだ。さまざまな分野の問題を Awk ではどのように解決できるかを示すのは以降の章に譲る。言語全体を詳細に記したリファレンスマニュアルは「**付録 A：Awk リファレンスマニュアル**」に収録してある。本書では全体を通じ、読者が楽しみながら学べるよう、有用かつ示唆に富んだ例題を取り上げた。

1.1　さあ始めよう

　Awk ではほんの 1、2 行の短いプログラムでも役立つものが多い。ここで、従業員の情報を書いたファイル emp.data があるとしよう。内容は、1 行ごとに従業員の名前、時間給（ドル）、労働時間の 3 つの情報を、タブまたは空白で区切った次のようなものだ。

```
Beth    21      0
Dan     19      0
Kathy   15.50   10
Mark    25      20
Mary    22.50   22
Susie   17      18
```

　このファイルから、1 時間以上働いた者全員の名前と賃金（時間給と労働時間の積）を得たいとする。Awk はまさにこのような処理向けに開発された言語であり、きわめて容易に表現できる。コマンドラインに次の 1 行を入力する（コマンドプロンプトを $ とする）。

```
$ awk '$3 > 0 { print $1, $2 * $3 }' emp.data
```

　次の出力が得られる。

```
Kathy 155
Mark 500
Mary 495
Susie 306
```

　入力したコマンドに従い、システムは Awk を起動する。Awk が解釈、実行するのは続くクォーテーションマークで囲んだプログラムであり、このプログラムには**パターン−アクション文**（pattern-action statement）が 1 つあるだけだが、これだけでも完結したプログラムだ。このプログラムは入

力ファイル emp.data からデータを得る。`$3 > 0` をパターンと言い、3 番目の値が 0 より大きい入力行に一致する。ここで各行の値それぞれを **フィールド**（列、欄、column、field）と言う。パターンに一致した入力行に対してのみ、アクションが実行される。このプログラムでのアクションとは次の部分だ。

```
{ print $1, $2 * $3 }
```

このアクションは、パターンに一致した入力行の先頭フィールドと 2、3 番目のフィールドの積を出力する。

逆に労働時間が 0 の従業員の名前を出力するには、次のようにコマンドラインに入力する。

```
$ awk '$3 == 0 { print $1 }' emp.data
```

上例では `$3 == 0` というパターンが、入力行の第 3 フィールドが 0 の場合を表現する。パターンに一致した入力行に対し、実行するアクションは次の部分だ。

```
{ print $1 }
```

このアクションは先頭フィールドを出力する。

本書を読み進める際には、提示されているプログラムを是非実際に実行し、また改造して欲しい。大半のプログラムはきわめて短く、Awk の動作を容易に理解できるだろう。Unix システムの端末ウィンドウでは、上記の 2 プログラムは次のように表示される。

```
$ awk '$3 > 0 { print $1, $2 * $3 }' emp.data
Kathy 155
Mark 500
Mary 495
Susie 306
$ awk '$3 == 0 { print $1 }' emp.data
Beth
Dan
$
```

入力行冒頭の `$` はシステムが表示するプロンプトのため、使用環境により異なる場合がある。

Awk プログラムの構造

ここで一歩引いた観点から、プログラムを俯瞰してみよう。上例のコマンドラインで、Awk プログラミング言語を記述したのはクォーテーションマークで囲んだ部分だ。すなわち、Awk プログラムはパターン – アクション文が並んだ構造をとる。

```
pattern₁    { action₁ }
pattern₂    { action₂ }
...
```

読み込んだデータファイルの各行（入力行）、のスキャンが Awk の基本動作だ。入力ファイルが複数の場合でも、1 ファイルずつ、1 行ずつ処理を進め、プログラム内のパターンに **一致** する行を検

索する。ここで「一致する（match）」の厳密な意味はそのパターンにより異なる。パターンが `$3 > 0` などであれば、「条件式の評価結果が真」という意味になる。

　入力は1行ずつ、1パターンずつ順に評価（照合）され、一致するとアクションが実行される（実行文が複数の場合もある）。その後、次の入力行が読み取られ、評価を最初のパターンから繰り返す。この動作をすべての入力行に対し実行する。

　先に挙げた例はパターンとアクションの典型だ。次の単独パターン–アクション文の例は、第3フィールドが0の入力行の先頭フィールドを出力する。

```
$3 == 0   { print $1 }
```

　出力は次のようになる。

```
Beth
Dan
```

　パターン–アクション文のパターンとアクションのいずれか一方は省略できる（両方を同時に省略するなどは意味がない）。アクションを省略した例を挙げる。

```
$3 == 0
```

　上例はパターンに一致した（すなわち、条件式の評価結果が真）入力行全体を出力する。先に挙げた emp.data を渡せば、第3フィールドが0である次の2行を出力する。

```
Beth      21       0
Dan       19       0
```

　パターンを指定しないアクションだけの例も挙げよう。

```
{ print $1 }
```

　上例は、すべての入力行の先頭フィールドを出力する。

　パターンもアクションも省略可能なため、二者を区別するためアクションは波括弧で囲む。空白行は無視される。

Awk プログラムの実行

　Awk プログラムを実行する方法は2つある。まず、コマンドラインに入力する方法がある。

```
awk 'program' input files
```

　上例は指定された入力ファイルそれぞれに対し、program を実行する。具体的には次のようなものだ。

```
awk '$3 == 0 { print $1 }' file1 file2
```

　上例は、file1 と file2 内にある、第3フィールドが0の行を探し出し、その先頭フィールドを出力する。

　コマンドラインに渡すファイル名は必須ではなく省略できる。

```
awk 'program'
```

　この場合、Awk は入力行を端末から読み込む。すなわち Awk 起動以降にユーザがタイプした文字が *program* に渡される。入力を終了するにはファイル終端文字（EOF、end-of-file、Unix システムでは Control-D）をタイプする。Unix でのセッション例を挙げる。太字の部分がユーザ入力だ。

```
$ awk '$3 == 0 { print $1 }'
Beth    21      0
Beth
Dan     19      0
Dan
Kathy   15.50   10
Kathy   15.50   0
Kathy
Mary    22.50   22
...
```

　この動作により Awk での試行が簡単に行える。プログラムを入力し、続いてデータをタイプし、その動作を観察すれば良いのだ。上例を実際に実行し、改造することをお勧めする。

　コマンドラインで、プログラムがクォーテーションマークにより囲まれている点に注意して欲しい。このクォーテーションマークにより、プログラム内の $ などの文字がシェルに解釈されるのを抑制でき、また複数行にわたるプログラムも入力可能になる。

　この動作はプログラムが 1、2 行程度の短いものであればきわめて有用だが、長いプログラムの場合は別個のファイルとした方が良いだろう。プログラムファイルを progfile とすると、コマンドラインには次のように入力する。

```
awk -f progfile　任意の入力ファイルリスト...
```

　上例の -f オプションにより、Awk は指定されたファイルからプログラムを読み込む。**progfile** には任意のファイル名を指定でき、-（ハイフン）を指定すれば標準入力を意味する。

エラー

　もし Awk プログラムに誤りがあれば、Awk がエラーメッセージを表示する。例えば '{'（波括弧）とすべきところを、誤って '['（角括弧）を入力したとしよう。

```
$ awk '$3 == 0 [ print $1 }' emp.data
```

すると Awk が次のようなエラーメッセージを表示する[*1]。

```
awk: syntax error at source line 1
 context is
        $3 == 0 >>>  [ <<<
        extra }
        missing ]
awk: bailing out at source line 1
```

[*1] 訳者注：エラーメッセージは Awk 処理系により差異があります。

　上例の「Syntax error（構文エラー）」は、>>> <<< が示す位置に文法エラーがあることを表す。また、「Bailing out（構文解析中止）」は復旧処理を試みなかったことを表す。括弧類の対応が取れていないなど、より具体的なエラーメッセージが表示されることもある。

　上例では Awk はプログラムを実行していない。構文エラーが原因だ。エラーには、実行して初めて発生するものもある。例えばゼロによる除算を実行すれば、Awk は当該エラーが発生したプログラム内の行番号と、その時処理していた入力行を表示し、処理を停止する。

1.2　簡単な表示

　本章ではここから典型的な Awk プログラムを多数提示する。いずれも数行程度の短いプログラムで、先に挙げた emp.data を処理するものだ。プログラムの内容は簡潔にしか解説しないが、Awk で簡単に実行できる有用な処理、フィールドの出力、入力データの選別、データの加工などの提示を主眼に厳選した例だ。ここでは Awk でできることすべてを網羅する意図も、詳細に踏み込むつもりもないが、本章を読み終える頃には、十分な内容を実装できるようになるだろう。また、以降の章を読み進めるのもずっと容易になる。

　今後はコマンドライン全体ではなく、プログラムのみを提示する。いずれにしろ、これまでのようにクォーテーションマークで囲み awk コマンドの先頭引数として渡すか、または別ファイルに置いたプログラムを -f オプションで Awk に渡せば、どちらの方法でも実行できる。

　Awk ではデータの型は数値型と文字列型の 2 つしかない。emp.data はこの典型と言えるデータ例だ。すなわち、タブまたは空白で区切った文字と数字が混在した行が連続したデータだ。

　Awk は一度に 1 行を読み取り、フィールドに分割する。ここでフィールドとは、ディフォルトで、タブまたは空白を含まない文字の連続を意味する。現在の入力行の先頭フィールドは $1 と、次のフィールドは $2 と表現する。入力行全体を表現するのは $0 だ。フィールド数を固定する必要はなく、行ごとに異なっていても構わない。

　なんらかの計算を実行し、行の一部または全部を出力するだけという処理内容はよくあるが、本節で例示するプログラムもすべてこの形態をとる。

全入力行の表示

　アクションにパターンを指定しなければ、そのアクションは全入力行を処理対象とする。現在の入力行は print 文だけで出力でき、次のプログラムは、全入力行を標準出力へ出力する。

```
{ print }
```

$0 は入力行全体を表現するため、次のようにも記述できる。

```
{ print $0 }
```

処理内容は変わらない。

フィールドの表示

`print` 文1つで、同じ出力行に複数の値を出力できる。全入力行の先頭フィールドと第3フィールドを出力するには次のように記述する。

```
{ print $1, $3 }
```

このプログラムに `emp.data` を渡せば、次の出力が得られる。

```
Beth 0
Dan 0
Kathy 10
Mark 20
Mary 22
Susie 18
```

`print` 文に渡したカンマ区切りの式は、ディフォルトで、空白区切りで出力される。また、行の末尾には改行文字が加えられる。この2点のディフォルト動作は変更可能であり、リファレンスマニュアル「A.4.2 出力区切り文字」でその変更方法を例示する。

NF：フィールド数

フィールドを参照するには必ず `$1`、`$2` と記述しなければならないと受け取られたかもしれないが、`$` 直後にはフィールド番号を表す式を記述できる。Awk はその式を評価し、結果の数値をフィールド番号とする。さらに Awk は現在入力行のフィールド数を組み込み変数 NF（number of fields）に格納するため、次のプログラムは入力行それぞれのフィールド数、先頭フィールド、末尾フィールドを出力する。

```
{ print NF, $1, $NF }
```

計算と表示

フィールドを用いた計算やその結果の出力も可能だ。

```
{ print $1, $2 * $3 }
```

上例はその簡単な例で、各従業員の名前と賃金（時間給と労働時間の積）を出力する。

```
Beth 0
Dan 0
Kathy 155
Mark 500
Mary 495
Susie 306
```

この出力結果を見やすくする方法については後述する。

行番号の表示

Awk には NR (number of records) という組み込み変数もあり、これまで読み取った行数（レコード数）を保持している。この NR と $0 を組み合わせると、emp.data の各行に行番号を振ることができる。

```
{ print NR, $0 }
```

上例を実行すると次のように出力される。

```
1 Beth  21     0
2 Dan   19     0
3 Kathy 15.50  10
4 Mark  25     20
5 Mary  22.50  22
6 Susie 17     18
```

テキストの挿入

フィールドや計算結果を出力する際に、任意のテキストを挿入できる。

```
{ print "total pay for", $1, "is", $2 * $3 }
```

上例を実行すると次のように出力される。

```
total pay for Beth is 0
total pay for Dan is 0
total pay for Kathy is 155
total pay for Mark is 500
total pay for Mary is 495
total pay for Susie is 306
```

print 文にダブルクォーテーションマークで囲んだ文字列を渡すと、フィールドや計算結果とともに出力される。

1.3　書式付き表示

print 文は簡潔な出力を目的としており、書式を指定する場合には printf 文の方が適している。以降で例示するが、printf はほぼすべての出力に対応できる。本節ではその一部を紹介するに留め、詳細は「A.4.3 printf 文」を参照されたい。

フィールドの整形

printf 文の構文を示す。

```
printf(format, value₁, value₂, ... , valueₙ)
```

ここで文字列 *format* が書式を表す。書式には、以降に渡した値の出力形式、およびそのまま出力する文字列を記述する。*value* の書式は、% 文字から始まる書式指定子で指定する。*format* 内で最初に位置する書式指定子は *value*$_1$ の書式を、2 番目に位置する書式指定子は *value*$_2$ の書式を表す。すなわち % から始まる書式指定子の個数と、*value* の個数は一致しなければならない（標準 C ライブラリの printf 関数とほぼ同等）。

printf を用い、従業員ごとの賃金を出力するプログラムを挙げる。

```
{ printf("total pay for %s is $%.2f\n", $1, $2 * $3) }
```

上例の printf 文の書式には % で始まる書式指定子が 2 つある。先の書式指定子 %s は先頭の値 $1 の書式を表し、文字列として出力する。次の書式指定子 %.2f は 2 番目の値 $2 * $3 の書式を表し、小数点以下を 2 桁とする数値を出力する。ドル記号など、書式内の他の文字はそのまま出力される。末尾にある \n は改行文字を意味し、以降の出力を次の行とする。emp.data を渡した場合の出力は次の通り。

```
total pay for Beth is $0.00
total pay for Dan is $0.00
total pay for Kathy is $155.00
total pay for Mark is $500.00
total pay for Mary is $495.00
total pay for Susie is $306.00
```

printf では空白文字や改行文字が自動的に出力されることはない。すべてユーザが明示的に指定する必要がある。上例で末尾の \n を書き忘れてしまうと、出力はすべてつながり、1 行しか出力されなくなる。

従業員の名前と賃金を出力するプログラムをもう 1 つ挙げよう。

```
{ printf("%-8s $%6.2f\n", $1, $2 * $3) }
```

最初の書式指定子 %-8s は名前を文字列で出力するが、その文字数を 8 文字とし、名前が 8 文字に満たなければ名前の後ろに空白文字を加える。すなわち、8 文字幅で左揃えの書式だ。負数が左揃えを表す。次の書式指定子 %6.2f は賃金を出力する書式だが、小数点以下 2 桁に加え出力幅を 6 文字と指定している。

```
Beth     $  0.00
Dan      $  0.00
Kathy    $155.00
Mark     $500.00
Mary     $495.00
Susie    $306.00
```

printf の例示を続けるが、仕様詳細については「A.4.3 printf 文」を参照されたい。

出力のソート

　全従業員の全データを出力するとしよう。ここで出力結果を賃金の順に並べたいとする。もっとも簡単な方法は Awk を用い従業員データの先頭に賃金を挿入し、その出力を別コマンドのソートプログラムに渡すものだ。

　Unix では次のようにコマンドラインに入力すれば良い。

```
awk '{ printf("%6.2f  %s\n", $2 * $3, $0) }' emp.data | sort
```

　上例では Awk の出力をパイプで sort コマンドに渡しており、実行すると次の結果が得られる。

```
  0.00  Beth    21       0
  0.00  Dan     19       0
155.00  Kathy   15.50   10
306.00  Susie   17      18
495.00  Mary    22.50   22
500.00  Mark    25      20
```

　Awk で効率の良いソートプログラムを記述することも十分可能だ。「8章 アルゴリズムの実験」にはクィックソートの例も挙げてある。しかし一般に、sort など既存ツールを利用した方が生産性という点では有利だろう。

1.4　選択

　Awk のパターンは処理対象と入力行の選択に優れている。アクションを伴わないパターンは一致する行をすべて出力するため、パターン 1 つだけの Awk プログラムも多い。本節では有用なパターンをいくつか提示する。

比較による選択

　次のプログラムは比較パターンを用い、時間給が $20 以上の従業員レコードを選択している。すなわち第 2 フィールドが 20 以上の入力行だ。

```
$2 >= 20
```

emp.data を渡せば次の行が選択される。

```
Beth    21       0
Mark    25      20
Mary    22.50   22
```

計算による選択

　次のプログラムは賃金が $200 を超える従業員を出力する。

```
$2 * $3 > 200 { printf("$%.2f for %s\n", $2 * $3, $1) }
```

　出力結果は次の通り。

```
$500.00 for Mark
$495.00 for Mary
$306.00 for Susie
```

テキスト内容による選択

数値以外にも、特定の単語や文節を基に選択できる。次のプログラムは先頭フィールドが Susie の入力行を出力する。

```
$1 == "Susie"
```

演算子 == は等価テストだ。さらに文字、単語、文節の任意の集合をテキスト検索できるパターンもある。このようなパターンを**正規表現**（regular expression）と言う。次のプログラムは、入力行のどこかに Susie を含むものをすべて出力する。

```
/Susie/
```

出力結果は次の通り。

```
Susie   17       18
```

正規表現を用いるとテキストパターンをきわめて細かく指定できる。詳細は「**A.1.4 正規表現詳細**」を参照されたい。

パターンの組み合わせ

パターンには括弧と論理演算子 &&（AND）、||（OR）、!（NOT）を組み合わせ使用できる。次のプログラムは $2 または $3 のいずれかが 20 以上の入力行を出力する。

```
$2 >= 20 || $3 >= 20
```

出力結果は次の通り。

```
Beth    21       0
Mark    25       20
Mary    22.50    22
```

2 つの条件を同時に満たす入力行でも一度しか出力されない。次のプログラムと比較してみよう。こちらにはパターンが 2 つある。

```
$2 >= 20
$3 >= 20
```

上例のプログラムでは、2 つの条件を同時に満たす入力行は 2 度出力される。

```
Beth    21       0
Mark    25       20
Mark    25       20
Mary    22.50    22
Mary    22.50    22
```

次のプログラムでは、$2 が 20 未満**かつ** $3 も 20 未満、という条件が**偽**となる入力行を出力する。

```
!($2 < 20 && $3 < 20)
```

上例の条件式は本節冒頭に挙げた例と等価だが、読解性は劣る。

データ検証

　現実世界のデータには常にエラーが存在する。データが正しくフォーマットされているか、また値が妥当な範囲に収まっているかを検証する際にも、Awk は優れたツールとなる。この種の処理を**データ検証**（data validation）と言う。

　データ検証には生来負の側面がある。本来目的とする入力行ではなく、目的に合致しない恐れがある入力行を出力する性質のためだ。次のプログラムは emp.data の各行に対し、5 つの観点から妥当性を検証する。いずれも比較によるパターンを用いる。

```
NF != 3   { print $0, "number of fields is not equal to 3" }
$2 < 15   { print $0, "rate is too low" }
$2 > 25   { print $0, "rate exceeds $25 per hour" }
$3 < 0    { print $0, "negative hours worked" }
$3 > 60   { print $0, "too many hours worked" }
```

何も問題がなければ、何も出力しない。

BEGIN と END

　BEGIN パターンは、最初の入力ファイルの先頭行の直前に一致する組み込みパターンだ（特殊パターン）。また、END パターンは最後に処理した入力ファイルの末尾行直後に一致する。次のプログラムは BEGIN を用い、単語間に適切な数の空白を埋めた、見出し行を出力する。

```
BEGIN { print "NAME    RATE    HOURS"; print "" }
      { print }
```

出力は次の通り。

```
NAME    RATE    HOURS

Beth    21      0
Dan     19      0
Kathy   15.50   10
Mark    25      20
Mary    22.50   22
Susie   17      18
```

　;（セミコロン）で区切れば、1 行に複数の文を記述できる。print "" は空白行を出力する点に注意されたい。引数を伴わない print が現在入力行を出力する動作とは異なる。

1.5 計算

アクションとは改行やセミコロンで区切られた文が並んだものだ。ここまで提示したアクションはどれも単一の print 文または printf 文だったが、本節では簡単な算術演算や文字列を用いた計算の文を提示する。NF のような組み込み変数に限らず、自分で変数を作成し、値を持たせ、計算に使用する。Awk では、ユーザ変数をあらかじめ宣言する必要はない。使用するだけで変数としての存在が確保される。

カウント

次のプログラムは変数 emp を用い、15 時間以上働いた従業員数をカウントする。

```
$3 > 15 { emp = emp + 1 }
END     { print emp, "employees worked more than 15 hours" }
```

上例は、第 3 フィールドが 15 以上の入力行があれば、変数 emp に 1 を加える。emp.data を渡せば次のような出力が得られる。

```
3 employees worked more than 15 hours
```

Awk で数値として使用する変数の初期値は 0 だ。すなわち、上例の変数 emp は初期化する必要がない。

次のような処理は頻繁に実行される。

```
emp = emp + 1
```

使用頻度が非常に高いため、C 言語および C 言語に影響を受けたプログラミング言語では、簡単に記述できるようインクリメント演算子 ++ を備えている。

```
emp++
```

本節でもすぐに使用するが、対応するデクリメント演算子 -- もある。

先の例を、++ を用い書き換えると次のようになる。

```
$3 > 15 { emp++ }
END     { print emp, "employees worked more than 15 hours" }
```

総和と平均

単純に従業員数を数えるならば、組み込み変数 NR が使える。NR はこれまで読み込んだ入力行数を保持し、入力行をすべて読み込んだ後ならば、入力行数そのものになる。

```
END { print NR, "employees" }
```

出力は次の通り。

```
6 employees
```

NR を用い、平均賃金を求めるプログラムを挙げる。

```
    { pay = pay + $2 * $3 }
END { print NR, "employees"
      print "total pay is", pay
      print "average pay is", pay/NR
    }
```

冒頭のアクションは全従業員の賃金総額を求める。END のアクションにより次のような出力が得られる。

```
6 employees
total pay is 1456
average pay is 242.667
```

自明だが、printf を使えば体裁を整えた見やすい出力も可能だ。例えば、小数点以下は 2 桁に揃えるなどがある。上例には、エラーを起こす恐れが隠されている。滅多にないことだが NR がゼロの場合だ。この場合、プログラムはゼロによる除算を実行しようとし、エラーメッセージが出力されるだろう。

変数に加算するには短縮形の += 演算子が使える。この演算子は左辺値の変数に右辺値の値を加算する。+= 演算子を用い先の例を書き換えれば、次のように小さくまとまった記述となる。

```
    { pay += $2 * $3 }
```

テキスト処理

Awk の変数は数値に限らず、文字列も保持できる。次のプログラムは時間給がもっとも高い従業員を特定する。

```
$2 > maxrate { maxrate = $2; maxemp = $1 }
END { print "highest hourly rate:", maxrate, "for", maxemp }
```

次の出力が得られる。

```
highest hourly rate: 25 for Mark
```

上例では変数 maxrate が数値を、変数 maxemp が文字列を保持する。もし時間給が最高額の従業員が複数いる場合、このプログラムは最初に見つけた従業員しか出力しない。

文字列の連結

既存の文字列を複数つなぎ合わせ、新たな文字列を生成することもできる。このような処理を**文字列の連結**（string concatenation）と言う。Awk プログラムでの文字列連結は、単に文字列を並べて記述すれば良い。明示的な連結演算子などは存在しない（今から思えば、この設計は最適とは言えないかもしれない。バグを発見しにくくなることがあるのだ）。

文字列を連結するプログラム例を挙げる。

```
    { names = names $1 " " }
END { print names }
```

上例は、names という変数に読み込んだ名前と空白を追加し、全従業員名を 1 つの文字列とする。names は END のアクションで出力する。

```
Beth Dan Kathy Mark Mary Susie
```

上例では入力行を読み込む度に、冒頭の文が 3 つの文字列を連結している。それまでの names の値、読み込んだ入力行の先頭フィールド、それに空白文字だ。連結結果は names へ新たな値として代入される。入力行をすべて読み終えると、names は全従業員の名前を空白で区切った 1 つの文字列として保持した状態になる（目には見えないが、文字列の末尾に空白文字がある）。文字列を保持する変数の初期値は null 文字列だ（すなわち何も文字が入っていない状態）。そのため上例でも names を明示的に初期化する必要がない。

最終入力行の表示

NR などの組み込み変数は END のアクション実行時でも値を保持している。$0 も同様だ。次のプログラムは最終入力行を出力する 1 つの方法だ。

```
END { print $0 }
```

プログラムの出力は次の通り。

```
Susie    17       18
```

組み込み関数

先に述べたように、Awk は組み込み変数を備える。フィールド数や入力行数など、頻繁に使用される数値だ。同様に、有用な値を計算する組み込み関数も備えている。

平方根、対数、乱数などの数値演算以外にも、テキストを操作する関数もある。代表的なものに、文字列の長さを返す length 関数がある。例えば次のプログラムは、従業員の名前の長さを求める。

```
{ print $1, length($1) }
```

出力は次の通り。

```
Beth 4
Dan 3
Kathy 5
Mark 4
Mary 4
Susie 5
```

行数、単語数、文字数のカウント

次のプログラムは length、NF、NR を利用し、Unix プログラムの wc のように入力された行数、単語数、文字数をカウントする。ここでは些少だが簡略化のため、フィールドを単語とみなす。

```
    { nc += length($0) + 1
      nw += NF
    }
END { print NR, "lines,", nw, "words,", nc, "characters" }
```

emp.data を渡した場合の出力は次の通り。

```
6 lines, 18 words, 71 characters
```

入力行の末尾にある改行文字もカウントするため、nc には 1 を加えてある。$0 は改行文字を含まないためだ。

1.6　制御フロー文

Awk は、C 言語を基にした、条件分岐の if-else 文や繰り返しを実現する文を複数備えている。制御文はアクションにのみ記述できる。

if-else 文

次のプログラムは、時間給が $30 以上の従業員を対象に、賃金の総額と平均を求める。平均を求める際には、ゼロによる除算を回避するため if 文で条件を設けている。

```
$2 > 30 { n++; pay += $2 * $3 }

END     { if (n > 0)
              print n, "high-pay employees, total pay is", pay,
                    "  average pay is", pay/n
          else
              print "No employees are paid more than $30/hour"
        }
```

emp.data を渡した場合の出力は次の通り。

```
No employees are paid more than $30/hour
```

上例の if-else 文は、if 直後に記述された条件式を評価し、その結果が真であれば先の print 文を、偽であれば後の print を実行する。カンマの位置で改行すれば、複数行にまたがる長い文を記述できる点にも目を向けて欲しい。

また if 文から分岐する先の実行文が 1 つしか存在しなければ、波括弧（{}）は不要である点にも注目して欲しい。実行文が複数になれば波括弧は必須だ。

```
$2 > 30 { n++; pay += $2 * $3 }

END     { if (n > 0) {
              print n, "employees, total pay is", pay,
                      "  average pay is", pay/n
          } else {
              print "No employees are paid more than $30/hour"
          }
        }
```

　上例では、if ブロック、else ブロックそれぞれに波括弧を用いた。制御スコープを明確にするためだ。一般に、例え冗長でも、波括弧を用いる方が良いだろう。

while 文

　while 文には条件式と本体があり、条件式が真の間は本体内の文を繰り返し実行する。用いる計算式を示す。

$$value = amount(1 + rate)^{years}$$

　次のプログラムは上記式を用い、固定利率により毎年増加する預金額を求める。

```
# interest1 - compute compound interest
#   input:  amount  rate  years
#   output: compounded value at the end of each year

{   i = 1
    while (i <= $3) {
        printf("\t%.2f\n", $1 * (1 + $2) ^ i)
        i++
    }
}
```
（コメント訳）
interest1 – 複利計算
入力：元金　利率　年数
出力：年末時点の複利累積額

　while の直後に記述されている括弧内の式が繰り返しの条件だ。本体の繰り返し処理は条件の後にある波括弧で囲んだ部分で、上例では実行文が 2 つある。printf の書式にある \t はタブ文字を、また計算式の ^ はべき乗を表す。# から行末まではコメントであり、Awk は無視する。しかしプログラムを読む人にとっては処理内容を理解する助けとなる。

　このプログラムには 3 つの数値、すなわち元金、利率、年数を入力する。次の実行例は利率が 5%と 10% の 2 通りで、元金 $1,000 が 5 年間でどれだけ増加するかを出力する。入力するのは**太字の部分**だ。

```
$ awk -f interest1.awk
1000 .05 5
        1050.00
        1102.50
```

```
          1157.63
          1215.51
          1276.28
  1000 .10 5
          1100.00
          1210.00
          1331.00
          1464.10
          1610.51
```

for 文

　繰り返しには for 文もある。for 文は初期化、終了条件、増分（多くの場合で）、を 1 行にまとめて記述できる。やはり C 言語から拝借した構文だ。先に挙げた複利計算を for 文で記述すると次のようになる。

```
# interest2 - compute compound interest
#   input:  amount  rate  years
#   output: compounded value at the end of each year

{   for (i = 1; i <= $3; i++)
        printf("\t%.2f\n", $1 * (1 + $2) ^ i)
}
```

　上例で初期化部分の i = 1 は最初に一度しか実行されず、終了条件の i <= $3 が評価される。評価結果が真であれば、上例では printf 文が 1 つだけの、繰り返し本体を実行する。本体実行後に、増分の i++ を実行し、次の繰り返しを開始し、再度終了条件を評価する。コードは簡潔になり、また上例では内容が 1 文しかないため本体を波括弧で囲む必要もない。

　上例の for 文は繰り返し回数を 1 からある上限までとする標準的な方法で、慣用的に広く用いられている。初期化や終了条件が非標準的な for 文に出会ったら、誤りがないか時間をかけて確認するのが良い。

FizzBuzz

　繰り返しと条件の面白い例に、FizzBuzz というプログラムの実装がある。プログラマ職の応募者が最低限のプログラミング能力を有しているかを判断するために用いられることもある。処理内容は、1 から 100 までの数値を出力するが、その数が 3 で割り切れれば「fizz」と、5 で割り切れれば「buzz」と、さらに両方で割り切れれば「fizzbuzz」と出力する。

　このプログラムでは剰余演算子 % を用いる。

```
awk '
BEGIN {
  for (i = 1; i <= 100; i++) {
    if (i%15 == 0)  # divisible by both 3 and 5
      print i, "fizzbuzz"
    else if (i%5 == 0)
      print i, "buzz"
    else if (i%3 == 0)
```

```
        print i, "fizz"
    else
        print i
  }
}'
```

(コメント訳)
3 でも 5 でも割り切れる

　上例の処理は BEGIN ブロック内で完結しており、入力ファイルを渡しても単に無視される。複数ある else if のインデントレベルに注目して欲しい。同じレベルにしているのは一連の処理であることを分かりやすくするためだ。

1.7　配列

　Awk は、関連性が高い値を一まとめにする、配列も備えている。次のプログラムは入力を行ごとに逆順で出力する。冒頭のアクションでは入力行を配列 line に保持する。すなわち入力の先頭行を line[1] に、入力の 2 行目は line[2] に代入する。END アクションでは while 文を用い、配列を末尾から先頭の順で出力する。

```
# reverse - print input in reverse order by line

    { line[NR] = $0 }  # remember each input line

END { i = NR           # print lines in reverse order
    while (i > 0) {
        print line[i]
        i--
    }
}
```

(コメント訳)
reverse – 入力を行ごとに逆順で出力
全入力行を保持する
逆順で出力する

emp.data を渡した場合の出力は次の通り。

```
Susie   17      18
Mary    22.50   22
Mark    25      20
Kathy   15.50   10
Dan     19      0
Beth    21      0
```

同じ内容を for 文を用い実装した例も挙げておく。

```
# reverse - print input in reverse order by line (version 2)

    { line[NR] = $0 }  # remember each input line
```

```
END { for (i = NR; i > 0; i--)
         print line[i]
     }
```

　上例の配列の添字は数値だが、Awk が備えるもっとも有用な機能の 1 つに、添字を数値に限定しない点がある。配列の添字には任意の文字列も使用できるのだ。この点については別章で後述する。

1.8　便利な一行プログラム

　Awk はそれなりに複雑なプログラムも記述できるが、実用的なプログラムの多くは本書でこれまで挙げたものと同程度に簡潔だ。ここに短いプログラムをまとめて紹介しよう。読者が手軽に使え、また新たな知見が得られるだろう。多くはここまで述べた内容を変形させたものだ。

入力行の総数を出力	`END { print NR }`
先頭の 10 行を出力	`NR <= 10`
10 行目を出力	`NR == 10`
先頭行を含め、10 行おきに出力	`NR % 10 == 1`
全入力行の最終フィールドを出力	`{ print $NF }`
最終入力行の最終フィールドを出力	`END { print $NF }`
フィールド数が 5 以上の入力行を出力	`NF > 4`
フィールド数が 4 以外の入力行を出力	`NF != 4`
最終フィールドの値が 4 より大きい入力行を出力	`$NF > 4`
全入力行のフィールド総数を出力	`    { nf += NF }` `END { print nf }`
Beth を含む入力行数を出力	`/Beth/ { nlines++ }` `END    { print nlines }`
先頭フィールドが最大値の入力行を出力（正数の $1 が存在すると想定）	`$1 > max { max = $1; maxline = $0 }` `END      { print max, maxline }`

フィールドを持つ入力行を出力（すなわち、空行や空白しかない入力行を除外）	`NF > 0`
長さが 80 文字以上の入力行を出力	`length($0) > 80`
フィールド数とその入力行を出力	`{ print NF, $0 }`
先頭の 2 フィールドを入れ換え出力	`{ print $2, $1 }`
先頭の 2 フィールドを入れ換えた入力行全体を出力	`{ temp = $1; $1 = $2; $2 = temp; print }`
行頭に行番号を付加し出力	`{ print NR, $0 }`
先頭フィールドを行番号で置き換え出力	`{ $1 = NR; print }`
第 2 フィールドを削除し出力	`{ $2 = ""; print }`

フィールドを逆順で出力	`{ for (i = NF; i > 0; i--) printf("%s ", $i)`
	`  printf("\n")`
	`}`

入力行ごとに全フィールドの値の合計を出力	`{ sum = 0`
	`  for (i = 1; i <= NF; i++) sum = sum + $i`
	`  print sum`
	`}`

全入力行の全フィールドの合計を出力	`    { for (i = 1; i <= NF; i++) sum = sum + $i }` `END { print sum }`

フィールドを絶対値に変換し出力	`{ for (i = 1; i <= NF; i++) if ($i < 0) $i = -$i`
	`  print`
	`}`

1.9　さて次は？

　Awk の基礎は以上だ。Awk プログラムとはパターン–アクション文の並びであり、入力行それぞれに対しパターンを順に評価する。パターンに一致すれば、対応するアクションを実行する。パターンの記述には数値も文字列も使え、アクションでは計算や書式付き出力も可能だ。Awk は入力ファイルを自動的に読み取るだけではなく、入力行をフィールドに分割する。また、組み込み変数

や関数も備え、さらにユーザが変数、関数を定義することも可能だ。Awk のこれらの機能を組み合わせれば、多くの実用的な計算を簡潔に実現できる。この手軽さは、他の言語では必要になる細部を Awk が暗黙に処理するためだ。

　以降では、上記の概念を発展させる。読者には早い段階から自身でプログラムを記述することを強くお勧めする。言語に慣れる意味もあるし、大規模なプログラムでも理解しやすくなるためだ。さらに、疑問点を解消するのに小規模な実験に勝るものはない。また、本書を隅々まで読み通すのも良い。提示した例は言語について教示するものであり、特定機能の使い方や面白いプログラムの開発方法などを学べるだろう。

　例では必要に応じ言語機能を紹介したが、仕様詳細までは述べていない。詳細は「**付録 A：Awk リファレンスマニュアル**」にすべて、さらなる例とともにまとめてある。以降の章ではマニュアルを参照しつつ読み進めると理解が深まるだろう。

2章
Awk の実践例

　Awk は小規模ツールや個人用スクリプトの開発に適している。同じ処理の繰り返しを自動化したり、他の誰も目を向けないような、しかし当人にとっては重要な、特殊な計算などだ。

　本章では例題を多く取り上げる。直接的には読者の役に立たないものもあるかもしれないが（一部の読者には役立つだろう）、自身で開発するプログラムやプログラミングに応用できる手法など、新たな視点が得られるだろう。

　本章は、Awk が元々目的としていた単純な計算、および選択や変換、総和などの基本動作の例をふんだんに取り入れている。それ自体が興味深く、また有用なものばかりだ。Awk を紹介するものもあれば、プログラミングテクニックを示すものもある。一部の例は標準的な Unix ツールも併用する。Unix 環境では実用的な威力を発揮するだろう。

2.1　個人用ツール

　Awk はプログラム可能なツールとしても優れている。計算式を 1 コマンドにカプセル化し、個人用ツールとして手元に置いておける。本節では、著者陣が有用と考える小規模プログラムの例を挙げる。

BMI（体格指数）

　BMI（Body mass index、体格指数）は肥満を測る指標として広く使用されている、次の計算式を用い、身長と体重から指標となる数値を求める方法だ。

$$bmi = weight/height^2$$

　BMI の値が 18 から 25 の範囲は「普通／normal」と、25 から 30 までを「過体重／overweight」と、30 以上を「肥満／obese」と定義されている[*1]。公式には単位にメートルとキログラムを用いるが、ここでの実装ではインチとポンドを用いる。すなわち、プログラムで単位を変換する必要がある。1 キログラムは 2.2 ポンド、1 インチは 2.54 センチメートルとする。

```
# bmi: compute body mass index

awk 'BEGIN { print "enter pounds inches" }
     { printf("%.1f\n", ($1/2.2) / ($2 * 2.54/100) ^ 2) }'
```

[*1] 訳者注：数値範囲の定義は米国のものです。BMI 計算式は世界共通でも、数値の解釈は国により異なります。

```
(コメント訳)
bmi: BMI の算出
体重（ポンド）と身長（インチ）を入力
```

　上例を実行ファイル bmi に記述すると、プログラムとして実行できる。著者の 1 人を例にしてみよう。

```
$ bmi
enter pounds inches
190 74
24.4
```

　うん、彼は（かろうじて）「普通」の範囲だ。

　ダイエットの効果を知るため、または測り間違いじゃないかなどと自分の目を疑う場合でも、数値を変えて簡単に再実行できる。

```
$ bmi
enter pounds inches
195 74
25.1
200 75
25.1
```

単位変換

　BMI の例で用いた単位変換の係数は正しいだろうか？　数値を覚えていなくとも、構わない。Unix プログラムの units を使用すれば、数百もの単位を相互に変換できる。

```
$ units
586 units, 56 prefixes
You have: inches
You want: meters
        * 0.0254
        / 39.370079
You have: pounds
You want: kg
        * 0.45359237
        / 2.2046226
```

　次に挙げる cf プログラムは、ごく一部だが一般的な単位を変換する。ユーザインタフェースを改善しており、コマンドライン引数を取り[2]、その数値を温度、長さ、重量へ変換する。変換対象をユーザに問い合わせることなく、双方向に全変換を単純実行するのだ。cf という名前の由縁だが、当初このプログラムは、摂氏（Celsius）から華氏（Fahrenheit）への温度変換しか実行しなかった。例えば、現在の外気温は摂氏 7 度、これを華氏で言うと何度か？　という場面で使用していた。

---

[2] 訳者注：現代の units コマンド（GNU バージョン）は変換対象をコマンドライン引数に渡せます。

```
$ cf 7
7 C = 44.6 F;  7 F = -13.9 C
```

　長年使用するうちに変換する単位に長さと重量を追加した。74 インチは何センチメートル？ 74 キログラムは何ポンド？ という使い方だ。

```
$ cf 74
74 C = 165.2 F;  74 F = 23.3 C
74 cm = 29.1 in;  74 in = 188.0 cm
74 kg = 162.8 lb;  74 lb = 33.6 kg
```

　このプログラムは上記すべての単位へ変換する。出力からユーザが目的の数値を拾い出せば良い。
　説明が長くなったがプログラムを挙げる。コマンドライン引数を得るには、組み込み配列 ARGV を用いる。すべてのコードは BEGIN で完結しており、入力ファイルを読み込むことはない。

```
# cf:  units conversion for temperature, length, weight

awk 'BEGIN {
  t = ARGV[1]  # first command-line argument
  printf("%s C = %.1f F;  %s F = %.1f C\n",
    t, t*9/5 + 32, t, (t-32)*5/9)
  printf("%s cm = %.1f in;  %s in = %.1f cm\n",
    t, t/2.54, t, t*2.54)
  printf("%s kg = %.1f lb;  %s lb = %.1f kg\n",
    t, 2.2*t, t, t/2.2)
}' $*
(コメント訳)
cf: 温度、長さ、重量の単位変換
先頭にあるコマンドライン引数
```

　上例の末尾にある $* はプログラム起動時に渡されたコマンドライン引数を表す、シェルスクリプトでの記法だ。シェルが $* をコマンドライン引数の文字列リストに展開する。コマンドラインにはファイル名を渡すのが一般的だが、この cf プログラムでは数値を渡す。また、先頭にある数値だけを使用し、他のコマンドライン引数はすべて無視する。

　Awk は組み込み配列 ARGV をコマンドライン引数で初期化する。先頭引数が ARGV[1] と、次の引数が ARGV[2] となり、ARGV[ARGC-1] まで初期化する。ARGC もやはり組み込み変数で、コマンドライン引数の個数を表す。ARGV[0] は自プログラム名であり、通常は "awk" という文字列だ。ARGV は後述する例でも取り上げる。また、リファレンスマニュアル「**A.5.5 コマンドライン引数と変数**」にはその仕様詳細を収録してある。

シェルスクリプトについて

　先に挙げた bmi もこの cf もシェルスクリプト（shell script）だ。すなわち、記述言語こそスクリプトだが、C 言語などのコンパイル言語で記述したプログラムとまったく同じように起動できる実行ファイルだ。Unix システムでファイルを実行可能とするには chmod コマンドを一度だけ使用すれば良い（"change mode"）。

```
$ chmod +x bmi cf
```

　スクリプトファイルをコマンドサーチパス内のディレクトリ下に置けば（$HOME/bin の場合が多い）、組み込みコマンドと同様に使用できる。著者陣の環境でも実際にそうしている。

訳者補足
上記の方法でスクリプトファイルを実行ファイルにする場合、Linux など Unix 環境では、スクリプトファイルの先頭行を #!/usr/bin/awk -f とする方法も有用です（awk コマンドのパスはシステム依存）。
Awk に限らず実行可能スクリプトファイル一般を起動すると、システムはシェルを起動し、シェルがスクリプトファイルを読み込み実行します。しかし、先頭行が #! で始まる場合は、システムがシェルの代わりに #! 直後に記述されたコマンドを起動します。仮にシステムがこの機能を備えていなくとも、先頭文字が # である以上、コメントとみなされ実害はありません。
コマンドラインから Awk を起動する場合、-f オプションの後には通常は Awk プログラムファイル名を記述しますが、スクリプトファイルの先頭行に記述する場合は自ファイルがそのまま読み込まれるため、後ろに何も記述しません。また、Awk プログラムへ渡すファイルなどの引数も、通常のコマンド引数として渡せます。
スクリプトファイルがシェルの機能を使わない純粋な Awk プログラムならば、chmod +x と合わせ、有用な機能です。

2.2　選択

　Awk プログラムの基本構造は、入力行から処理対象を選択するパターンとそれを処理するアクションが並んだものだ。Awk プログラムは使い捨ての場合が多い。すなわち、コマンドラインに直接入力し、多くても 2、3 回しか実行しないものだ。しかし、有用性が高く、また毎回キーボード入力するには長く複雑な Awk プログラムもある。このようなものはスクリプトファイルとして別途保存し、必要に応じ起動すれば良い。

　本書にある例には Unix の既存ツールと同じ機能を実装するものもある。既存ツールを置き換える意図はなく、Awk を学ぶためのプログラム例として挙げてある。既存ツールを自分用の特注バージョンに作り変えられるほど Awk の柔軟性は高いと言える（Unix システムが異なると、動作も異なる既存ツールもある。このような場合でも常に同じ動作となる実装を確保する意味もある）。Unix コマンド head を例に考えよう。このコマンドは、ディフォルトでは、渡されたファイルの先頭 10 行を出力するが、この動作は sed コマンドでも簡単に実装できる。10q とすれば良いのだ。同様のことは Awk でも次のように一行プログラムで実装できる。

```
NR <= 10
```

　しかし上例は、入力が大規模になった場合、効率に問題が生じる。先頭の 10 行までしか必要ではないのに入力をすべて読み込むためだ。この点を改善したバージョンを挙げる。このバージョンでは 10 行目までを出力し、その場で終了する。

```
{ print }
NR == 10 { exit }
```

元のバージョンでは所要時間が入力サイズに応じ変化するが、改善したバージョンでは常に短時間で終了する。

別の例を考えよう。出現頻度順でソート済みの値が並んでいるとし、高頻度と低頻度を確認するべく、先頭の3つと末尾の3つを見たい場合はどうすれば良いだろうか？ 単純な解の1つに入力全体を一時的に保持し、目的の行だけを出力する方法がある。

```
awk '{ line[NR] = $0 }
 END { for (i = 1; i <= 3; i++) print line[i]
       print "..."
       for (i = NR-2; i <= NR; i++) print line[i]
     }' $*
```

上例は、入力が7行未満の場合には正しい結果とならないが、個人用ツールとしては、ユーザ自身がこの制限を認識しておけば実質的に問題にはならないだろう。

しかし、出力するのはごく一部にも関わらず、入力ファイルすべてを保持するため、入力ファイルが大規模になれば所要時間に悪影響を及ぼす恐れがある。この点を改善し、先頭の3行までは入力を読み込んだ時点で出力し、以降は常に最新の3行までを保持するようにしてみる。プログラム終了時に保持してある3行を出力するのだ。

```
awk 'NR <= 3 { print; next }
     { line[1] = line[2]; line[2] = line[3]; line[3] = $0 }
 END { print "..."
       for (i = 1; i <= 3; i++) print line[i] }' $*
```

上例にある next 文は、現在入力行の処理を停止し、Awk プログラムの先頭から次の入力行を処理する。

意外なことに、この改善バージョンは元のバージョンよりも3割ほど遅い。恐らくは入力行のコピーが大量に発生したためだろう。さらに改善してみよう。今度は循環バッファを用いる。保持するのはやはり3行だけだが、添字を0、1、2、0、... と循環させ、常に最終3行しか保持しないようにする。これで入力行のコピーは発生しなくなる。

```
awk 'NR <= 3 { print; next }
     { line[NR%3] = $0 }
 END { print "..."
       i = (NR+1) % 3
       for (j = 0; j < 3; j++) {
         print line[i]
         i = (i+1) % 3
       }
     }' $*
```

実際に測定してみると、この改善バージョンの速度性能は最初のバージョンからわずかにしか改善しない。END ブロックに複雑な添字計算を導入するというコストに対し、性能向上は些細という状況だ。100万行の入力でもほんの2、3秒で処理するプログラムに対し、複雑さをもたらすのは割に合わない。

入力をそのまま処理する方法と、配列に一時蓄え最後に END ブロックで処理する方法の間には、常にトレードオフが存在する。幸いにも現代のプロセッサはきわめて高速であり、メモリも潤沢だ。

そのため、CPU 時間やメモリを節約しようと必要以上に努めるよりも、通常は可能な限り簡潔な
コードから始めるのが良い。プログラムの改善には常に言えることだが、まずは簡潔に、その次に
複雑化するけれど高速に、と考える。もちろん真にその必要がある場合に限る。

　上例の変形として、先頭 n 行を読み捨て、以降を出力する例を考える。先頭行が値を持たない単
なる見出しにすぎず、値を持つ行だけを処理したい場合に有用なプログラムだ。

```
awk 'NR > 1'
```

　先に挙げた head に対応するコマンドとして tail がある。これも考えてみよう。先頭ではなく、
末尾の n 行を出力するプログラムだ。このプログラムはユーザが自分用のバージョンを作りたくな
る好例でもある。tail には末尾 n 行を逆順で出力するという特に便利なオプションがあるが、すべ
てのバージョンで実装されているわけではないというのがその理由だ。単純バージョンの Awk プロ
グラムを挙げる。tail-r とでも名付けよう。先の head 同様に入力をすべて読み込み、末尾の 3 行
を逆順で出力する。

```
awk '{ line[NR] = $0 }
 END { for (i = NR; i > NR-3; i--) print line[i] }' $*
```

　上例の i > NR-3 を i > 0 で置き換えると、入力ファイル全体を逆順で出力するようになる。

演習 2-1. 先に挙げた、先頭と末尾の数行ずつを出力するプログラムを、入力行数が少ない場合でも
　　　　正しく動作するよう改造しなさい。

演習 2-2. 入力行を逆順で出力するプログラムで、出力行数をコマンドライン引数で指定するバー
　　　　ジョンを実装しなさい。

2.3　変換

　入力データを変換し出力することこそコンピュータの仕事と言えるが、Awk は特にテキストデー
タの変換が得意だ。入力されたテキストデータ全体、もしくは一部になんらかの変更を加え、出力
する処理だ。

行末文字

　その一例に行末文字がある。Windows と macOS、Unix では残念ながら（そして無駄なことに）、
テキスト 1 行の終らせ方が異なるのだ。Windows では、テキスト行は復帰文字 \r と改行文字 \n
で終わるが、macOS と Unix では改行文字のみだ[*3]。Awk では、理由は多々あるが（開発者の文化
的背景や、ごく初期の Unix での経験も影響している）、改行文字のみとしている。そうは言っても
Windows 形式で行が終っても正しく処理できる。

　Awk はテキスト置換関数 sub を備えており、これを使うと行末の \r を排除できる。関数 sub(*re*,
repl, *str*) は文字列 *str* 内で、正規表現 *re* に最初に一致する部分を文字列 *repl* で置き換える。

[*3] 訳者注：OS X 以前の Classic Mac OS は復帰文字のみでした。

str が省略された場合は、代わりに $0 を処理対象とする。

```
{ sub(/\r$/, ""); print }
```

上例は行末の復帰文字を削除してから出力する。

似た関数に gsub がある。gsub もやはり文字列を置換するが、こちらは正規表現に一致する箇所すべてを対象とする。名前の g は「グローバル（global）」を意味する。sub も gsub も置換した部分の個数を返す。この戻り値を利用すると、変更されたか否かの判断に利用できる。

逆のことも簡単にできる。行末の改行文字の直前に復帰文字が存在せず、復帰文字を挿入する場合は、次のように置換すれば良い。

```
{ if (!/\r$/) sub(/$/, "\r"); print }
```

上例の条件式は、正規表現が一致しなかった場合に真となる。すなわち、行末に復帰文字が存在しない場合だ。正規表現についてはリファレンスマニュアル「A.1.4 正規表現詳細」に仕様詳細を収録してある。

多段組

次に挙げる例は入力データを多段組で出力する Awk プログラムだ。ここで入力行は、例えばファイル名や人名のように、基本的に文字数が少ないと想定する。次のような人名データがあったとしよう。

```
Alice
Archie
Eva
Liam
Louis
Mary
Naomi
Rafael
Sierra
Sydney
```

上記データを次のような形式で出力してみよう。

```
Alice   Archie  Eva     Liam    Louis   Mary    Naomi
Rafael  Sierra  Sydney
```

この例にはさまざまな設計上の判断があるが、ここでは2点に絞り検討しよう。他は演習として、特に改造意欲のある読者に残すことにする。

まず挙げられる設計上の大きな判断は、入力すべてを読み込み全体のサイズを把握するか、またはどんなデータがあるかが分からないまま逐次出力するかだ。さらにもう1つ、出力順序を行優先と列優先のどちらにするかの判断もある（本書では行優先を選択する）。列優先とするならば、出力前に入力をすべて読み込まなければならない。

まず逐次出力バージョンを考えよう。入力行はすべて10文字以内という前提を設ける。列間の空白文字を2文字とすると、幅が60文字の出力行には5列入れられる。出力行がそれ以上長くなる

場合は切り詰めて良い。その場合に切り詰めたことが分かる印、なんらかのマークを残す手も考えられる（マークは残しても残さなくとも良い）。または行の中間に省略記号（...）を挿入する、複数の列に分割するなどの方法もあるだろう。プログラム動作にこのような変化を加える場合は、オプション引数により選択可能とすることもできるが、ここで取り上げる簡潔な例としては間違いなく過剰だ。

　入力行を切り詰める逐次出力バージョンを挙げる。切り詰めたことが分かるマークは何も残さない。このバージョンがもっとも単純だ。

```
# mc: streaming version of multi-column printing

{ out = sprintf("%s%-10.10s   ", out, $0)
  if (++n >= 5) {
    print substr(out, 1, length(out)-2)
    out = ""
    n = 0
  }
}

END {
  if (n > 0)
    print substr(out, 1, length(out)-2)
}
```
（コメント訳）
mc：多段組の逐次出力バージョン

　上例にある sprintf 関数は printf に似ており、指定された書式に従った文字列を作成するが、その文字列を出力せず戻り値として返す。書式の %-10.10s は、文字列を 10 文字幅に切り詰め、左寄せするという意味だ。

　2 行目のインクリメント演算子を解説しよう。

```
if (++n >= 5)
```

　この 1 行はインクリメント演算子 ++ の、一見些細だが実は重要なポイントを使用している。インクリメント演算子を変数名の後に記述した場合（後置、postfix）、式の評価結果はインクリメントする前の変数の値となる。すなわち、インクリメント演算は評価後に実行されるのだ。++n のように前置すると（prefix）、インクリメント演算は先に実行され、インクリメント後の値が評価結果となる。

　多段組出力の実装をもう 1 つ挙げよう。入力データをすべて読み込み、もっとも広い幅を特定する実装だ。特定した幅を用い、printf の書式を生成し、列の幅を確保した上で出力する。なお、ここで記述している %% は、生成する書式文字列内では % に変換される。

```
# mc: multi-column printer

{ lines[NR] = $0
  if (length($0) > max)
    max = length($0)
}
END {
```

```
    fmt = sprintf("%%-%d.%ds", max, max)  # make a format string
    ncol = int(60/(max+2) + 0.5) # int(x) returns integer value of x
    for (i = 1; i <= NR; i += ncol) {
      out = ""
      for (j = i; j < i+ncol && j <= NR; j++)
        out = out sprintf(fmt, lines[j]) "   "
      sub(/ +$/, "", out)  # remove trailing spaces
      print out
    }
}
```

（コメント訳）
mc：多段組出力
書式文字列を生成
int(x) は x の整数部を返す
末尾の空白を削除

上例については次の 3 行を解説しよう。

```
    for (j = i; j < i+ncol && j <= NR; j++)
      out = out sprintf(fmt, lines[j]) "   "
    sub(/ +$/, "", out)  # remove trailing spaces
```

この 3 行では変数 out の末尾へ、出力する値と空白を追加し、出力行を生成している。繰り返しを終了後に、sub を用い行末の空白を削除している。この正規表現は、行末にある 1 つ以上の空白を表現している。そもそも行末に空白を追加しないようにすることも可能だが、この例のように後で削除する方が処理が簡単になる場合が多い。

演習 2-3. 本文で述べたオプション動作をいくつか実装しなさい。

2.4　データ要約

　表形式のデータを要約する処理も Awk の得意分野だ。最大値、最小値、それに列ごとの集計などがある。いずれも各フィールドにはどんな値があるか、欠損（空の値）はあるかなど、データ検証の基礎となる処理だ。本節では例を複数提示するが、探索的データ分析をテーマとする次章ではさらに掘り下げて解説する。

　次に挙げる addup スクリプトは、フィールド別に入力を合計し、終了時に各合計値を出力する。配列、添字の簡単な練習とも言える。

```
# addup: add up values in each field separately

{ for (i = 1; i <= NF; i++)
    field[i] += $i
  if (NF > maxnf)
    maxnf = NF
}

END {
  for (i=1; i <= maxnf; i++)
```

```
        printf("%6g\t", field[i])
    printf("\n")
}
```

（コメント訳）
addup：フィールド別合計

　先にも述べたが、上例の 2 行目にある += 演算子は左辺値の変数に右辺値の式の値を加算する。**代入演算子**（assignment operator）の一種であり、field[i] = field[i] + $i の記述を短縮した形だ。Awk の算術演算子ではすべてこの短縮形が使用できる。

　ここで、変数やフィールドの値が数値でなかったらどうなるだろうか？　心配御無用。Awk は文字列の先頭に数字があればそれをそのまま数値として扱うが、逆に数字でなければ値をゼロとして扱う。例えば "50% off" という文字列を数値として扱うと、その値は 50 となる。

　著者陣が所蔵するスクリプトの中には、上例の addup と同じテーマを扱うものが多数ある。フィールド別に最大値、最小値を求める、平均や分散など単純な統計値を求める、有効値（非欠損値）を数える、最頻値や逆にもっとも頻度が低いものを出力するなどだ。いずれもデータの性質や概要の把握、それに異常や隠れた問題を発見するのに非常に役立つ。

　Google Sheets、Python の Pandas ライブラリなど、スプレッドシートツールの中には同様の機能を備えるものもある。それらと比較した場合の Awk の有利な点とは、ユーザが必要に応じ処理内容を自由にカスタマイズできる点だ。逆に不利な点を強いて挙げるとすれば、少量とは言え自身でコードを記述しなければならない点だ（当然のことだが）。

2.5　個人用データベース

　Awk が得意とする分野には、個人用データベースの管理もある。健康維持やフィットネス意識が高い人ならば、日々自分が歩いた／走った距離や、体重をはじめとした数値をすでに管理しているだろう。健康管理アプリには良いインタフェース、綺麗なグラフ、見やすい図式を提供するものも多い。ただ一部のアプリには、良い機能と引き換えに、プライバシーを侵害する恐れがある。また、言うまでもないことだが、ユーザのニーズにぴったりはまっているかという問題は常につきまとう。

　健康管理アプリ以外の方法として、データはテキストファイルに保存し、Awk やその他ツールで処理するものがある。簡単な例を挙げよう。毎日 10,000 歩以上歩くことを目標に、歩数を管理したいとする。まず、日付とその日の歩数の 2 つのフィールドを 1 行とし、テキストファイル steps を作成する。

```
...
6/24/23  9342
6/25/23  4493
6/26/23  4924
6/27/23  16611
6/28/23  8762
6/29/23  15370
6/30/23  17897
7/1/23   6087
7/2/23   7595
7/3/23   14347
```

```
7/4/23   15762
7/5/23   20021
...
```

　上記の数値は著者の 1 人が歩いた実際の歩数だ。この時は休暇をとり、景色の良いところを歩いた。もちろん天気の良い日に限るが。

　新規データをファイルの先頭に書くか、または末尾に書くかの選択はある。ここでは末尾へ追加するとした。

　どちらの方法にせよ、スクリプトを書けば一定期間ごとの平均歩数を簡単に求められる。期間を 7 日、30 日、90 日、1 年、データすべて、と変化させながら歩数を算出するプログラムを挙げる。このバージョンには些少だが装飾性を持たせている。

```
awk '
{ s += $2; x[NR] = $2 }

END {
  for (i = NR-6; i <= NR; i++) w += x[i]
  for (i = NR-30; i <= NR; i++) m += x[i]
  for (i = NR-90; i <= NR; i++) q += x[i]
  for (i = NR-365; i <= NR; i++) yr += x[i]
  printf("  7: %.0f  30: %.0f  90: %.0f  1yr: %.0f  %.1fyr: %.0f\n",
    w/7, m/30, q/90, yr/365, NR/365, s/NR)
}' $*
```

　次のような出力が得られる。

```
  7: 9679  30: 11050  90: 11140  1yr: 10823  13.7yr: 10989
```

　テキストファイルは多くの分野で利用できる。医療データ（体重、血糖値、血圧）、個人資産（株価、ポートフォリオ評価額）などだ。単純なフラットファイルに保管し、Awk やその他ツールで処理する方法には現実的な利点も多い。データはユーザ個人のものであり、他の誰のものでもない点も大きい。好きなテキストエディタで簡単に更新できるし、当初は考えなかったような方法でも処理できるなど将来への対応性も高い。

　例えば歩数カウントプログラムを拡張し、日々の歩数の差異が分かるようヒストグラムを生成することも可能だ。一定の運動量を維持しているのか、それともばらつきが大きいのかを把握できるだろう。

```
awk '
{ s += $2; x[NR] = $2; dist[int($2/2000)]++ }

END {
  for (i = NR-6; i <= NR; i++) w += x[i]
  for (i = NR-30; i <= NR; i++) m += x[i]
  for (i = NR-90; i <= NR; i++) q += x[i]
  for (i = NR-365; i <= NR; i++) yr += x[i]
  printf("  7: %.0f  30: %.0f  90: %.0f  1yr: %.0f  %.1fyr: %.0f\n",
    w/7, m/30, q/90, yr/365, NR/365, s/NR)

  scale = 0.05
```

```
      for (i = 1; i <= 10; i++) {
        printf("%5d:  ", i*2000)
        for (j = 0; j < scale * dist[i]; j++)
          printf("*")
        printf("\n")
      }
    }' $*
```

上例はアステリスク列を出力し、アステリスクの数がその歩数だけ歩いた日数に対応する。

```
 2000:  ****
 4000:  *********************
 6000:  ***********************************
 8000:  ************************************************
10000:  *************************************************
12000:  *****************************************
14000:  *********************************
16000:  *********************
18000:  *******
20000:  *
```

　しかし上例のプログラムは、歩数が 20,000 を超えた場合に対応していない。また長い期間の場合に、有意と判断できるだけのデータ量も必要だろう。いつかは出力行が長くなりすぎることも自明だが、この点については縮尺に対応する機能を実装してある。

　現実的に考えれば、上例のようなプロットプログラムはそれほど頻繁には使用しないだろう。特に他の優れたプロットパッケージが入手可能な場合には。「7.2 グラフ作図言語」では、上手にプロットする Python プログラムを生成するプログラムを提示する。また、高品質なグラフの生成には、フィールドをカンマで区切ったファイルを生成し、Excel や Google Sheets などで処理することも多い。それでも手作業の部分は必要になるだろうし、管理に加え、他ツールに渡すべくデータを柔軟に加工もできる Awk は優れた選択肢だ。

株価

　個人データの例をもう 1 つ挙げよう。多くの人が大きな関心を寄せるもの、株式投資だ。自分の資産はどう運用されているか？ 上手く行っているか？ ここではアドホックな例とし、株式銘柄の一覧を渡し、その株価をウェブから抽出（スクレイピング）するスクリプトを挙げる。

　ウェブスクレイピングは広く使用されている技術だ。ウェブサイトには情報を公開するものがあるが、その形式がユーザにとって最適とは限らない。ユーザとしては、必要な情報を抽出したくなる。一度で済む場合もあれば、定期的に何度も抽出することもあるだろう。ここでスクレイピングするのは株価だが、他の分野の情報に対しても同じアプローチを広く応用できるだろう。

　ウェブページは人間が読む形式で作られている。そのためここでのプログラムは、レイアウトやフォーマットなどの部分は排除するけれど目的の情報は排除しない、という処理が必要だ。Python の BeautifulSoup ライブラリなど、優れた HTML パーサを利用すればこの処理はずっと簡単になるだろう。しかし、Awk は新たにインストールする必要もなく、始める手間もずっと平易という利点がある。

　ここで利用するサイトは https://bigcharts.marketwatch.com だが、読者がこの書籍を手にした

時点でも利用できるかは残念ながら保証できない。スクレイピングするウェブページは次の通りだ。

> bigcharts.marketwatch.com/quotes/multi.asp?view=q&msymb=*tickers*

ここで *tickers* は株式銘柄を表す。複数ある場合はプラス記号で区切る形式とする。実行例を挙げよう。

```
$ quote aapl+amzn+fb+goog
  AAPL  134.76
  AMZN   98.12
    FB   42.75
  GOOG   92.80
$
```

ここでのウェブページの取得には、なくてはならない Unix プログラム、curl を利用する。取得したウェブページから HTML を排除するのが Awk だ。使える情報を見つけ出すには試行錯誤、すなわち Awk の出力をよく検証し、正規表現を用い不要部分を排除する作業を繰り返す必要がある。ありがたいことにこのサイトは作りが統一的で綺麗にできており、スクレイピングも楽だ。プログラムを提示するが、長い文字列は 2 行に分割してある。分割位置のバックスラッシュに注意して欲しい。

```
# quote - retrieve stock quotes for a list of tickers

curl "https://bigcharts.marketwatch.com/quotes/\
multi.asp?view=q&msymb=$1" 2>/dev/null |
awk '
  /<td class="symb-col"/ {
      sub(/.*<td class="symb-col">/, "")
      sub(/<.*/, "")
      symb = $0
      next
  }
  /<td class="last-col"/ {
      sub(/.*<td class="last-col">/, "")
      sub(/<.*/, "")
      price = $0
      gsub(/,/, "", price)
      printf("%6s  %s\n", symb, price)
  }
'

(コメント訳)
quote - 指定された銘柄リストの株価を取得
```

コマンドライン引数には株式銘柄を渡し、スクリプトではこれを $1 として受け取り、curl へ渡す。2>/dev/null はシェルでよく使用される方法で、curl が出力する進捗レポートを読み捨てる。この部分は本題ではない。

演習 2-4. 自分専用の株価追跡プログラムを実装しなさい。Excel などでグラフ化できるよう、出力形式は CSV としなさい。

2.6 個人用ライブラリ

Awk はささやかながら組み込み関数を備えている。length、sub、substr、printf など、1、2 ダースはあり、それぞれの詳細はリファレンスマニュアル「A.2.1 式」にまとめてある。さらにユーザが独自に関数を定義することも可能だ。ユーザ関数は必要に応じ Awk プログラムに取り込み、コールできる。例えば、内部では sub または gsub をコールするが、戻り値を置換数ではなく置換後の文字列とするユーザ関数などが考えられる。本節では著者陣が数年来有用と考える関数定義を多数例示する。

rest(*n*) は *n* 番目以降の入力フィールドを返す。

```
# rest(n): returns fields n..NF as a space-separated string

function rest(n,    s) {
  s = ""
  while (n <= NF)
    s = s $(n++) " "
  return substr(s, 1, length(s)-1)  # remove trailing space
}

# test it:
{ for (i = 0; i <= NF+1; i++)
    printf("%3d [%s]\n", i, rest(i))
}
```
（コメント訳）
rest(n): n から NF までのフィールドを空白区切りの 1 文字列として返す
末尾の空白を削除
動作確認

上例の関数 rest はローカル変数を使用している。s だ。しかし Awk にはそもそも宣言がない（良くない設計だったと考えている、残念ながら）。そのため、コール側から渡されなかった引数は、すべて関数のローカル変数とみなす。例えば、rest には引数を 1 つ、n を渡しコールすれば、第 2 引数 s は rest のローカル変数となる。

本書では、慣例として、ローカル変数はその名前を関数宣言に含める。但し、多少なりともその位置付けを明確にするため、空白を余分に加える。別の形態としては、変数名を工夫する方法がある。例えば変数名の前もしくは後に、アンダースコア（_）を付加するなどだ。

```
function rest(n,    _s) {
  _s = ""
  while (n <= NF)
    _s = _s $(n++) " "
  return substr(_s, 1, length(_s)-1)
}
```

上例は見た目があまり良くない。

もう 1 つの方法として、ローカル変数の直前にやはり使用しない引数を追加し、その名前を locals や _（アンダースコア）とする形態もある。どの方法も未熟な言語設計に対する不完全な回避策にすぎない。

rest と同じテーマで言えば、subfields(*m*, *n*) 関数もある。*m* 番目から *n* 番目までの連続する
フィールドを返す関数だ。他にも、配列の全要素を空白区切りの 1 つの値として返す join 関数や、
配列を次のような JSON ファイルへ変換する関数もある。

```
{"name": "value", ...}
```

標準 Awk（standard Awk）環境ならば、上記のような関数はユーザのプログラム内にコピーしなけ
ればならない。すなわち、カット／ペーストだ。一般に、カット／ペーストは容易だが盲目的な使
用にはリスクもある。別ファイルのプログラムを include する方法もあり、その仕様詳細はリファ
レンスマニュアル「A.5.4 getline 関数」に収録してある。コマンドラインオプション -f を複数回
用い、複数の Awk ソースファイルを読み込むことも可能だ。

日付の形式

「2.5 個人用データベース」の冒頭に挙げた例では、日付の形式を mm/dd/yy とした。これは米国
では一般的な表記だが、国や文化が異なれば違う形式となる。さらに言えばこの形式は並びは直観
的ではなく、ソートにも算術演算にも手間がかかる。日付を直接的にソート可能にするべく、この
形式を ISO 標準の形式 yyyy-mm-dd へ変換する関数 datefix を考えてみよう。容易に実装できる。

```
# datefix: convert mm/dd/yy into yyyy-mm-dd (for 1940 to 2039)

awk '
function datefix(s,    y, date) {
  split(s, date, "/")
  y = date[3]<40 ? 2000+date[3] : 1900+date[3]   # arbitrary year
  return sprintf("%4d-%02d-%02d", y, date[1], date[2])
}

{ print(datefix($0)) }
' $*
```
（コメント訳）
datefix: mm/dd/yy 形式を yyyy-mm-dd 形式へ変換（対象範囲は 1940 年から 2039 年まで）
根拠貧弱な年変換

```
$ datefix
12/25/23
2023-12-25
```

上例で使用している組み込み関数 split(*s*, *arr*, *sep*) は、区切り文字 *sep* で文字列 *s* を区切
り、それぞれを要素とする配列 *arr* を作成する。配列要素の添字は 1 から始まり、戻り値は要素
数だ。区切り文字は正規表現で指定し、文字列の "*sep*" とも、またスラッシュで囲んだ正規表現
/*sep*/ とも記述できる。*sep* を省略した場合は Awk 起動時に --csv オプションが指定されている
かを調べ、指定されていれば CSV 形式とする。指定されていなければ、フィールド区切り文字であ
る組み込み変数 FS を使用する（仕様詳細は「A.5.2 CSV 入力」を参照）。

特殊な場合が 1 つあり、*sep* が空文字列 ""、もしくは空正規表現 // だった場合は、文字列を 1
文字ずつに区切る。すなわち、配列要素はすべて 1 文字となる。

上例のプログラムでは 2 桁の年を 4 桁に変換しているが、変換規則に十分な根拠があるとは言い難い。ここでは単純に 40 よりも小さな値ならば 2000 年代とし、それ以外は 1900 年代としている。

?: 演算子は、C 言語同様の *expr₁* ? *expr₂* : *expr₃* という構文を持つ。まず *expr₁* を評価し、真であれば *expr₂* を実行し、その結果を返す。真でなければ *expr₃* を実行し、結果を返す。実行するのはいずれか一方だ。?: 演算子は実質的に、式の中に記述可能な、`if-else` 文の短縮形だ。便利に使えるが、解読不能なコードを生んでしまう濫用も多い。

注意点の最後に挙げるのは `sprintf` の書式だ。`%02d` とは整数を 2 桁で出力するが、その際、値が 1 桁ならば先頭に 0 を付け加え 2 桁にする。

オペレーティングシステムから現在日時を得たいとしよう。これには Unix の `date` コマンドが使える。ここではその出力を加工する。もっとも単純な方法は `date` を実行し、その出力を Awk の `getline` 関数にパイプでつなぐことだ。`getline` は指定されたファイルやパイプからその内容を読み込む。

```
"date" | getline date    # get current date and time
split(date, d)
date = d[2] " " d[3] ", " d[6]

(コメント訳)
現在日時を得る
```

ほんの少しの処理で、日時の形式を変換できる。

```
Tue Oct 10 13:46:50 EDT 2023
```

上記を次のように変換できる。

```
Oct 10, 2023
```

先に挙げた `datefix` を応用すれば、いくらでも好きな形式に変換できる。

外部コマンドの出力と、パイプを介した `getline` による入力についての仕様詳細は「A.5.4 getline 関数」を参照されたい。

月（month）の名前を数値へ変換したいとしよう。すなわち、Jan を 1、Feb を 2 とする。Awk では配列を用い、`m["Jan"]=1`、`m["Feb"]=2` のように代入文をずらずら書けば実現できるが、代入文が多くなると手間がかかる。便利な方法として文字列を分割し、インデックス配列にするものがある。

例 2-1　isplit 関数
```
# isplit - make an indexed array from str

function isplit(str, arr,   n, i, temp) {
    n = split(str, temp)
    for (i = 1; i <= n; i++)
        arr[temp[i]] = i
    return n
}
```

（コメント訳）

`isplit – str` からインデックス配列を生成

例 2-1 の関数 `isplit` は `split` 同様に配列を生成するが、その添字（subscript）は文字列内の単語であり、要素の値は文字列内での単語の位置（インデックス）だ。

```
isplit("Jan Feb Mar Apr May Jun Jul Aug Sep Oct Nov Dec", m)
```

上例を実行すると `m["Jan"]` の値は 1 と、`m["Dec"]` の値は 12 となる。

`split` 関数には第 3 引数として正規表現を渡すこともできる。`isplit` でも上記以外の他の用途を考慮し、正規表現を（文字列として）渡せることもできるだろう。

演習 2-5. 適切な形式で明日の日付を出力するスクリプト `tomorrow` を実装しなさい。

演習 2-6. Python の `re.sub` 関数同様の、置換後の文字列を返す `sub` と `gsub` を実装しなさい。

2.7　章のまとめ

本章では、著者陣が個人的に有用と考えるスクリプトを披露した。恐らくは、大半のスクリプトはそのままでは読者のニーズにマッチしないだろう。しかし、読者のプログラムに新たな視点をもたらし、プログラミングを容易にするさまざまな手法を紹介できたことを願う。

ほとんどの例は、値を算出する算術演算や、情報を保持する配列、演算をカプセル化する関数を組み合わせた式を基にしている。この構成はプログラミングの重要な基礎だ。この点を念頭に設計した Awk では特に容易に実装できるが、他の言語でもこのアプローチは遜色なく、その価値を失わない。時間をかけてでも習得するに値するものだ。

3章
探索的データ分析

　前章では個人用途の小規模スクリプトを多数取り上げたが、特定の問題に特化したものや独自性の高いものもあった。本章では実際によくある Awk の典型的な使い方を述べる。すなわち、Awk と他ツールを組み合わせ、現実のデータを用いその全体像をつかむことを目的に、形式張らず自由にデータを探索する。この手法を**探索的データ分析**（EDA、exploratory data analysis）と言う。統計学の先駆者 John Tukey が提唱した手法だ。

　Tukey は箱ひげ図をはじめとしたデータ可視化技術を多く発明した人物だ。また、統計処理プログラミング言語 S に多大な影響を与え、S 言語はその後 R 言語に進化し今日でも広く使用されている。高速フーリエ変換（Fast Fourier Transform）の共同発明者でもあり、さらに「bit」と「software」という用語を作った人物でもある。著者陣は 1970 – 80 年代にベル研で彼と同僚だった。友人としての付き合いもあった。創造性に富んだ優秀な研究者が多く集まった環境だが、彼はその中でもひときわ輝く存在だった。

　探索的データ分析の真髄は仮説を立て結論への道程を描く前に、まずデータと遊び、そこから何かを発見することにある。Tukey 自身も次のように述べている。

> 答えを見つけるよりも、問題を見つける方がずっと重要な場合が多い。探索的データ分析とは探求姿勢、遊び心にも似た柔軟性、そして可視化への活用を言うものであり、決して手法の寄せ集めではない。

　探索的データ分析は、多くの場合で、次のようなことを含む。物事のカウント、単純な統計値の算出、さまざまな方法でのデータ整理、一定のパターンや共通点、外れ値、異常データの発見、基本的なグラフなどの可視化などだ。重要なのは、ある一点のみを追及し答えを求めるのではなく、短時間で終わる小規模な実験的分析を多数繰り返し、なんらかの洞察を得ることだ。データが持つ真意に気付き始めた時に、改めてこの意義を認識できるだろう。

　EDA では、シェルをはじめとした Unix の標準ツール、`wc`、`diff`、`sort`、`uniq`、`grep`、それにもちろん正規表現を用いるのが一般的だ。これらはいずれも Awk との親和性が高く、Python や他の言語でも有用なことが多い。

　本書ではさまざまなファイル形式を取り扱う。値をカンマ区切った CSV 形式、タブで区切った TSV 形式、JSON、HTML、XML などだ。CSV や TSV などは Awk で容易に扱えるが、他のファイル形式では他ツールの方が上手なこともある。

3.1　タイタニック号の乗客データ

　最初に取り上げるデータは、1912年（明治45年）4月15日に沈没したタイタニック号に関するものだ。このデータを選んだのはまったくの偶然や興味本位ではなく、著者の1人が大西洋横断の船旅の途中で、沈没地点の近くを通った経験が影響している。

集計データ：titanic.tsv

　Wikipediaにある、乗客と乗組員の集計データをファイルtitanic.tsvに抜粋した。CSVやTSVによくある形だが、先頭行はヘッダであり以降の行のデータを説明している。列を区切るのはタブ文字だ。

```
Type     Class    Total   Lived   Died
Male     First    175     57      118
Male     Second   168     14      154
Male     Third    462     75      387
Male     Crew     885     192     693
Female   First    144     140     4
Female   Second   93      80      13
Female   Third    165     76      89
Female   Crew     23      20      3
Child    First    6       5       1
Child    Second   24      24      0
Child    Third    79      27      52
```

　データというものは多くがそうだが（すべてのデータがそうかもしれない）、誤りが含まれている。ここでも簡単に検査してみよう。行には5つのフィールドがあり、第3フィールドの値は4番目（生還者数）と5番目（犠牲者数）を合計した値に一致するはずだ。この検査にパスしなかった行を出力するプログラムを挙げる。

```
NF != 5 || $3 != $4 + $5
```

　データの形式が正しく、かつ値も正しければ、上例のプログラムはヘッダの1行しか出力しないはずだ。

```
Type     Class    Total   Lived   Died
```

訳者補足
上例のヘッダ行のみを出力するパターンにある、`$3 != $4 + $5`ついて補足します。3つのフィールドはいずれも文字列で数字を含んでいません。そのため、`$4 + $5`ではいずれも数値のゼロと扱われ、評価結果も数値のゼロとなります。比較演算の`!=`では左辺、右辺の両方ともに数値でなければ文字列へ変換されるため、`"Total" != "0"`と扱われ、評価結果は真となり、最終的にヘッダ行は出力されます。

　上例の最低限の検査を済ませた上で、他の部分を見て行こう。乗客を分類し、それぞれの乗客数を見てみる。

　ここでは数値による分類ではなく、Male（男性）や Crew（乗組員）といった言葉を用い分類する。Awk の配列では任意の文字列も添字に使用できる点が威力を発揮する。gender["Male"] や class["Crew"] という式が使えるのだ。

　任意の文字列を添字に使用できる配列を**連想配列**（associative array）と言う。他の言語にも同等機能はあり、呼び方も辞書（dictionary）、マップ、ハッシュマップなどさまざまにある。連想配列は非常に便利で柔軟性も高い。本書でも大いに活用する。

```
NR > 1 { gender[$1] += $3; class[$2] += $3 }

END {
  for (i in gender) print i, gender[i]
  print ""
  for (i in class) print i, class[i]
}
```

上例を実行すると次の出力が得られる。

```
Female 425
Child 109
Male 1690

Third 706
First 325
Crew 908
Second 285
```

Awk の for 文には特殊な構文があり、連想配列全体を処理できる。

```
for (i in array) { statements }
```

　この for 文では変数 i に配列の添字が順に代入され、その値をもって statements を実行する。この場合の、配列要素を処理する順序は不定とされており、決まった順番などはなんら想定できない。

　生還率はどうだろうか？ 一等船室、二等船室など乗客の等級や、性別、年代は生還率と相関があるだろうか？ ここで用いる集計データでも簡単な算出は可能だ。例えば、先の分類で生還率を求めてみよう。

```
NR > 1 { printf("%6s  %6s  %6.1f%%\n", $1, $2, 100 * $4/$3) }
```

　上例の出力をパイプで Unix コマンド sort -k3 -nr に渡し、ソートする（第 3 フィールドをキーに、数字は文字コードではなく数値とし、降順でソートする）。

```
 Child  Second  100.0%
Female   First   97.2%
Female    Crew   87.0%
Female  Second   86.0%
 Child   First   83.3%
Female   Third   46.1%
 Child   Third   34.2%
```

```
Male    First    32.6%
Male    Crew     21.7%
Male    Third    16.2%
Male   Second     8.3%
```

女性と子どもの生還率は平均よりも高いことが明らかだ。

ここに挙げたプログラミング例では、データファイルの先頭にあるヘッダ行を特別扱いしている。データを何度も処理するようであれば、プログラムで毎回特別扱いするよりもデータファイルからヘッダ行を削除してしまう方が簡単だろう。

乗客データ：passengers.csv

ファイル passengers.csv はもっと大きなデータファイルだ。それぞれの乗客の詳細情報がある。乗組員の情報は一切ないが。元ファイルはやはり Wikipedia にある乗客リストと、広く使用されている機械学習データをマージしたものだ。出身地、救命ボート番号、切符代金など、11 の項目がある。

```
"row.names","pclass","survived","name","age","embarked",
    "home.dest","room","ticket","boat","sex"
...
"11","1st",0,"Astor, Colonel John Jacob",47,"Cherbourg",
    "New York, NY","","17754 L224 10s 6d","(124)","male"
...
```

このデータファイルの大きさはどれくらいだろう？ Unix コマンド wc を用いれば、行数、単語数、文字数を確認できる。

```
$ wc passengers.csv
   1314    6794 112466 passengers.csv
```

または、「1章 Awk チュートリアル」でも述べたように、2 行だけの Awk プログラムでも同じ内容を簡単に確認できる。

```
     { nc += length($0) + 1; nw += NF }
END { print NR, nw, nc, FILENAME }
```

空白文字を除き、同じファイルを用いれば同じ出力結果となる。

passengers.csv はカンマ区切りの形式、CSV ファイルだ。CSV 形式は厳密には定義されていないが、一般的にカンマやダブルクォーテーションマーク (") を含むフィールドは、ダブルクォーテーションマークで囲むこととされている。また、カンマやダブルクォーテーションマークを含んでも含まなくとも、フィールドをダブルクォーテーションマークで囲むのは許容される。値を持たないフィールドは "" と記述し、フィールド内のダブルクォーテーションマークは二重のダブルクォーテーションマークで囲む。例えば、"""foo""" は "foo" を、""","""" は "," を表す。CSV ファイルのフィールドには改行文字も含められる。詳細については「A.5.2 CSV 入力」を参照されたい。

CSV は Microsoft Excel や、Apple Numbers、Google Sheets などのスプレッドシートでも使用される形式だ。Python の Pandas ライブラリや R 言語では、ディフォルトの入力形式となっている。

　Awk では 2023 年（令和 5 年）のバージョンからコマンドオプション --csv を導入し、前述の規則に従い入力行をフィールドに分割できるようになった。以前のバージョンではフィールド区切り文字を明示的にカンマに設定すると（FS=,）、フィールド内に値として記述されたカンマでもフィールドを分割してしまうため、有用になるのは、クォーテーションマークを持たない、もっとも単純な場合の CSV 形式に限られる。以前のバージョンの Awk では、事前に Excel や Python の csv モジュールなど他のツールを用い、データを他の形式へ変換するのが簡単で良いだろう。

　選択肢として考えられる他のファイル形式に、タブ区切りの TSV 形式がある。考え方は CSV とほぼ同等だがより単純だ。フィールドはタブ 1 つで区切り、クォートはできない。すなわち、フィールドにタブ文字や改行文字を含められない。TSV 形式は Awk で容易に扱える。FS="\t" とするか、またはコマンドオプション -F"\t" を渡せば、フィールド区切り文字をタブに設定できる。

　データの分析に取り掛かる前に、ファイル形式が正しいかの確認をした方が良い。例えばフィールド数がすべての入力行で等しいかは、次のプログラムで検証できる。

```
awk '{print NF}' file | sort | uniq -c | sort -nr
```

　上例で先にある sort コマンドで同じ値を 1 箇所にまとめ、uniq -c コマンドにより値ごとに 1 行にまとめる。その際にまとめた行数も出力する。最後の sort -nr ではまとめた行数をキーに数値として降順でソートする。すなわち、最大値が先頭に出力される。

　passengers.csv に --csv オプションを用い上例のコマンドを実行すると、次の出力が得られる。

```
1314 11
```

　フィールド数はすべての行で一致していると確認できた。これで十分とは言えないが、このデータファイルでは有効な検証だ。仮にフィールド数が異なる行が存在しても、Awk を用い容易に特定できる。このデータファイルの場合では、例えば NF != 11 とすれば良い。

　CSV を直接取り扱わないバージョンの Awk では、コマンドオプションに -F, を用いても異なる出力となる。

```
624 12
517 13
155 14
 15 15
  3 11
```

　上記の出力は、ほぼすべての行で、値としてカンマを使用していることを示している。

　それに対し、CSV の生成は直観的で分かりやすい。関数 to_csv を提示しよう。この関数はダブルクォーテーションマークを二重にし、値をダブルクォーテーションマークで囲むことで、文字列を適切に変換する。個人用ライブラリに収蔵するに値する関数の一例と言える。

```
# to_csv - convert s to proper "..."

function to_csv(s) {
  gsub(/"/, "\"\"", s)
  return "\"" s "\""
}
```

(コメント訳)
to_csv - s を正しい "..." に変換

(ダブルクォーテーションマークをバックスラッシュによりクォートしている点に注意)
次に挙げる関数 rec_to_csv と arr_to_csv では、上例の to_csv を用いている。to_csv に加え、間にカンマを挿入すれば、連想配列やインデックス配列でも CSV 形式の 1 行に変換できる。

```
# rec_to_csv - convert a record to csv

function rec_to_csv(   s, i) {
  for (i = 1; i < NF; i++)
    s = s to_csv($i) ","
  s = s to_csv($NF)
  return s
}
```
(コメント訳)
rec_to_csv - 入力行を CSV へ変換

```
# arr_to_csv - convert an indexed array to csv

function arr_to_csv(arr,    s, i, n) {
  n = length(arr)
  for (i = 1; i <= n; i++)
    s = s to_csv(arr[i]) ","
  return substr(s, 1, length(s)-1) # remove trailing comma
}
```
(コメント訳)
arr_to_csv - インデックス配列へ変換
末尾のカンマを削除

次のプログラムは元データファイルから等級、生還、人名、年齢、性別の 5 つを抽出し、タブ区切りで出力する。

```
NR > 1 { OFS="\t"; print $2, $3, $4, $5, $11 }
```

出力例は次の通り。

```
1st 0   Allison, Miss Helen Loraine  2   female
1st 0   Allison, Mr Hudson Joshua Creighton 30   male
1st 0   Allison, Mrs Hudson J.C. (Bessie Waldo Daniels) 25   female
1st 1   Allison, Master Hudson Trevor   0.9167 male
```

大半の年齢は整数だが一部に小数がある。上例では最終行が該当する。Helen Allison は 2 歳だが、Master Hudson Allison は生後 11 ヵ月だったことが分かる。彼は一家で唯一の生還者だ（Wikipedia 以外からの情報だが、Allison の運転手 George Swane （18 歳） も犠牲になった。一家のメイドと料理人は生還した）。
乳児は何人いたのだろうか？ 次のプログラムで確認できる。

```
$4 < 1
```

フィールド区切り文字をタブにし実行すると、次の出力が得られる。

```
1st     1       Allison, Master Hudson Trevor     0.9167 male
2nd     1       Caldwell, Master Alden Gates      0.8333 male
2nd     1       Richards, Master George Sidney    0.8333 male
3rd     1       Aks, Master Philip          0.8333 male
3rd     0       Danbom, Master Gilbert Sigvard Emanuel   0.3333 male
3rd     1       Dean, Miss Elizabeth Gladys (Millvena)    0.1667 female
3rd     0       Peacock, Master Alfred Edward     0.5833  male
3rd     0       Thomas, Master Assad Alexander    0.4167  male
```

演習 3-1. 単語カウントプログラムを改造し、Unix の wc コマンドと同じように入力ファイルごとに
カウントしなさい。

さらにデータ検証

　検証しておきたい点はまだある。2 つあるデータファイルの内容は完全に一致しているだろう
か？　どちらも出典は Wikipedia だが、Wikipedia が常に正確な情報を提供してくれるとは限らない。
例えば基本的な項目、passengers ファイルにある乗客数を確認してみよう。

```
$ awk 'END {print NR}' passengers.csv
1314
```

　上例では先頭にあるヘッダ行もカウントしているため、実際の乗客数は 1313 人だ。別の角度か
らも確認してみよう。次のプログラムは titanic ファイルの乗組員以外の第 3 フィールドを合計
する。

```
$ awk '!/Crew/ { s += $3 }; END { print s }' titanic.tsv
1316
```

　3 人違っている。何かがおかしい。
　もう 1 つ確認してみよう。子どもは何人いただろうか？

```
awk --csv '$5 <= 12' passengers.csv
```

　上例を実行すると 100 行の出力があるが、titanic.tsv を集計した 109 人とは食い違う。子ども
と判断したのは 13 歳以下だろうか？　そうすると 105 行の出力だ。14 歳以下だろうか？　そうする
と 112 行だ。名前に「Master」を明記した乗客数をカウントし、子どもと判断した年齢を推測して
みよう[1]。

```
awk --csv '/Master/ {print $5}' passengers.csv | sort -n
```

　上例の出力から、名前に「Master」を明記した乗客の年齢上限が 13 歳と分かる。確定とは言えな
いが、推定値として 13 歳を子どもと判断する境界にして良いだろう。

---

[1] 訳者注：1912 年（明治 45 年）当時は、"Mister" と呼ぶほどの年齢に達していない少年を "Master" と呼ぶ古い習慣が
あっただろう、という推測に基づいています。

　乗客数にしろ子どもの人数にしろ、一致すべき数字が実際には一致せず、このデータファイルには信頼に欠ける部分があることを示している。データを探索する際には、その形式面でも値や項目などの内容面でも、誤りや不整合に対する備えが欠かせない。なんらかの結論を導き出す前に隠れた問題点を発見し、これに対処する作業が大きな割合を占めるのが現実だ。

　ここまで、単純な処理だけれど、この種の問題点を発見するのに役立つものを取り上げた。フィールドの分離、グループ化、出現頻度が最大と最小の値の特定など、一般的な処理を行うツールを取り揃えておけば、本節で示したようなデータ検証を上手に行えるだろう。

演習 3-2. 自身のニーズや好みを活かし、データ検証ツールをいくつか実装しなさい。

3.2　ビールの評価データ

　次に挙げるデータセットは、ビールの熱烈なファンのサイト RateBeer.com が公開している、およそ 160 万件のビール評価を集めたものだ。このデータは膨大であり、その内容を把握するのにすべての行を逐一調べるのは非現実的だ。データを探索、検証するには Awk のような信頼できるツールを用いる必要がある。

　元データの出典は、機械学習（machine-learning）アルゴリズムの実験サイト Kaggle にあり、https://www.kaggle.com/datasets/rdoume/beerreviews で公開されている。この面白いデータを公開してくれた RateBeer、Kaggle、データセットの作成者に感謝する。

　基本的な項目から始めよう。データファイルの大きさは？　どんな風に見えるデータか？　単純にサイズを測るには wc コマンドに勝るものはない。

```
$ time wc reviews.csv
 1586615 12171013 180174429 reviews.csv

real    0m0.629s
user    0m0.585s
sys     0m0.037s
```

　今更驚くに値しないが、wc は高速だ。しかし先にも述べたように、Awk で wc と同じ機能を実装するのは容易だ。

```
$ time awk '{ nc += length($0) + 1; nw += NF }
END { print NR, nw, nc, FILENAME }' reviews.csv
1586615 12170527 179963813 reviews.csv

real    0m9.402s
user    0m9.159s
sys     0m0.125s
```

　この速度比較に限っては Awk は桁違いに遅い。ほとんどの場合で Awk は高速だが、他のプログラムの方が適切な場合は確かにある。やや意外だが Gawk は 5 倍も高速であり、1.9 秒しかかからなかった。

　それ以上に意外な点がある。単語数、文字数のカウント結果が wc と Awk で異なるのだ。この点については後で掘り下げるが、今のところは wc はバイト数をカウントするが（すなわち、文字はす

べて ASCII だと暗黙に仮定している）[*2]、Awk は Unicode UTF-8 文字をカウントすると前置きし、両者が異なる結果を出した部分の一例を挙げておく。

```
95,Löwenbräu AG,1257106630,4,4,3,atis,Munich Helles Lager,4,4,
        Löwenbräu Urtyp,5.4,33038
```

UTF-8 は文字によりバイト数が変化するエンコーディングだ。ASCII 文字はすべて 1 バイト長だが、他の言語では 2 バイト長、3 バイト長の文字がある。例えばウムラウト付きの文字は UTF-8 では 2 バイト長になるし、アジア圏で使われる文字には 3 バイト長のものもある。このような文字に対し、wc は Awk よりも多くバイト数（文字数）をカウントする。

元データには 13 の評価項目があるが、ここで使用するのはそのうちの醸造所、評価点数、ビールタイプ、ビール銘柄、アルコール度数（体積に対するアルコール比率、ABV）の 5 項目だけとする。使用する項目だけを抽出し別ファイルを作成しておこう。さらに出力フィールド区切り文字 OFS を設定し、元の CSV 形式から TSV 形式へ変換しておく。すると次のようなデータになる（長い行は 2 行に分割し、分割位置にバックスラッシュを加えてある）。

```
Amstel Brouwerij B. V.  3.5 Light Lager Amstel Light    3.5
Bluegrass Brewing Co.   4   American Pale Ale (APA) American \
        Pale Ale   5.79
Hoppin' Frog Brewery    2.5 Winter Warmer   Frosted Frog \
        Christmas Ale  8.6
```

この変換によりデータファイルのサイズを 180 メガバイトから 113 メガバイトに削減できた。まだ膨大だが、扱いやすさは向上したと言える。

上例の抜粋部分を見ても ABV の値にはばらつきがあることが分かる。ここで 1 つの疑問が湧く。ABV の最大値はいくつだろうか？ 評価した中でアルコール度数がもっとも高いビールはどれだろうか？ この疑問の答えは次のプログラムで容易に得られる。

```
NR > 1 && $5 > maxabv { maxabv = $5; brewery = $1; name = $4 }
END { print maxabv, brewery, name }
```

次の出力が得られる。

```
57.7 Schorschbräu Schorschbräu Schorschbock 57%
```

これは異常に高く突出した値だ。一般的なビールのアルコール度数のおよそ 10 倍にもなる。こう考えるとデータに誤りがあると思えるが、ウェブ上で調べたところその通りの値だと確認できた。ここでさらなる疑問が湧く。このアルコール度数は本当に突出した外れ値だろうか？ それともこの程度のビールは他にも多数あり、アルコールでできた巨大な氷山の一角にすぎないのだろうか？ 試しにアルコール度数が 10% 以上のものを出力してみよう。

```
$5 >= 10 { print $1, $4, $5 }
```

[*2] 訳者注：厳密には、多くの場合、wc は文字数については 1 文字ずつカウントせず、stat(2) ファミリから得た結果（stat.st_size）を表示します。

するとビール評価は 195,000 件以上もあることが分かる。少なくとも RateBeer に評価を寄せた人々の間では、高アルコールビールは人気があるようだ。

疑問がさらに続くのも当然だが、今度は低アルコールビールを見てみよう。例えば 0.5% 未満のビールはどうだろうか？ 米国の一部ではアルコールフリーに分類される度数だ。

```
$5 < 0.5 { print $1, $4, $5 }
```

低アルコールビールの評価は 68,800 件しかないことが分かる。この結果から低アルコールビールは著しく不人気だとうかがえる。

アルコール度数と評価点数に相関はあるだろうか？

```
$ awk -F'\t' '$5 >= 10 {rate += $2; nrate++}
    END {print rate/nrate, nrate}' rev.tsv
3.93702 194359
```

```
$ awk -F'\t' '$5 <= 0.5 {rate += $2; nrate++}
    END {print rate/nrate, nrate}' rev.tsv
3.61408 68808
```

```
$ awk -F'\t' '{rate += $2; nrate++}
    END {print rate/nrate, nrate}' rev.tsv
3.81558 1586615
```

この結果は統計的に有意差とは言えないが、高アルコールビールの平均評価点数は全体の平均評価点数より高く、また低アルコールビールより高いことが分かる（著者陣の 1 人の嗜好に一致する結果だ）。

でも待って！ さらにデータを確認すると、ABV を入力していない評価が 67,800 件もあると分かった！ アルコール度数のフィールドが空欄になっているのだ。この点を踏まえ、低アルコールビールを再カウントしよう。

```
$ awk -F'\t' '$5 != "" && $5 <= 0.5 {rate += $2; nrate++}
    END {print rate/nrate, nrate}' rev.tsv
2.58895 1023
```

アルコールが入っていないビールなど人気も高評価も得られないと、ビール愛好家でなくともすぐに見てとれる結果だ。

ここから、データ全体の隅々にまで目を行き届かせなければならないという教訓が得られる。値が欠損しているフィールドはあるか？ 明示的に「N/A（not available、無効）」とされているフィールドはあるか？ 各フィールドが持つ値の範囲は？ 重複しない値は何か？ これらの点はデータ探索の初期段階で明確にすべきであり、その処理を自動化する単純スクリプト開発は良い足掛かりになるだろう。

3.3　データのグループ化

　データセットに重複しない値はいくつあるかという点に絞って考えてみよう。先の例に用いた sort と uniq -c は非常によく使用する組み合わせだ。キーボード入力してもタイプ量は少なく間違いもしないため、これまではそのまま使用して来たが、恐らくはスクリプト化した方が良いだろう。ここでタイタニック号のデータを用い、「重複しない値」を考える。このデータを選択したのは単に規模が小さいためだ。

　乗客の男性、女性はそれぞれ何人いるだろうか？

```
$ awk --csv '{g[$11]++}
    END {for (i in g) print i, g[i]}' passengers.csv
female 463
sex 1
male 850
```

　上記出力は期待通りだ。「sex（性別）」は見出し行であり、これ以外の値は「male（男性）」と「female（女性）」しかない。一等、二等などの等級、生還か否か、年齢なども同様のプログラムで確認できる。例えば全1313人の乗客中、年齢が明記されていない者が258人いることが分かる。

　また、次のプログラムで年齢別にカウントしてみよう。

```
$ awk --csv '{g[$5]++}
    END {for (i in g) print i, g[i]}' passengers.csv | sort -n
```

　次の出力が得られる。

```
...
 1 4
1 4
 2 6
2 7
 3 6
3 2
...
```

　年齢フィールドのおよそ半数に無用の空白が挿入されている！ あらかじめ修正しておかなければ、今後の処理ですぐにおかしな結果になってしまう。

　ソートは異常値の検知にも利用でき、先頭部分は同じだが以降の部分は異なる文字列を、同じ箇所にまとめられる、強力でありながら広く応用できる方法だ。Mr や Colonel（大佐）などの敬称をカウントする例を考えよう。名前フィールド内で2番目の単語のみを出力すれば、敬称の大部分を簡単に抽出できる。

```
$ awk --csv '{split($4, name, " ")
  print name[2]}' passengers.csv | sort | uniq -c | sort -nr
 728 Mr
 229 Miss
 191 Mrs
  56 Master
```

```
   16 Ms
    7 Dr
    6 Rev
    ...
$
```

上例では敬称ではないものが多数出力される。不要な出力だが、同時にプログラムの要改善点を示してくれる。例えば、略称に続く記号類を排除すれば、次のような差異はまとめられる。

```
    6 Rev
    1 Rev.
    1 Mlle.
    1 Mlle
```

この試行から Colonel と Col が1つずつあることも判明した。同じ階級を意味すると想定しておこう。

また50年以上前に Ms（ミズ。既婚女性、未婚女性ともに使える敬称）が使用されている点は興味深い。Ms が使用されるようになったのはもっと後になってからだ[*3]。と言っても、ここでは Ms が表現する当時の社会的立場や用法などについては分からないが。

タイタニック号の乗客敬称と同様に、ビールのデータでも醸造所、ビールタイプ、評価した人は、それぞれどれだけあるかというのも調べられる。

```
{ brewery[$2]++; style[$8]++; reviewer[$7]++ }
END { print length(brewery), "breweries," length(style), "styles,"
            length(reviewer), "reviewers" }
```

次の出力が得られる。

```
5744 breweries, 105 styles, 33389 reviewers
```

length に配列を渡すとその要素数が得られる。

上例を変形させれば、ビールタイプごとの人気を調べられる。

```
{ style[$8]++ }
END { for (i in style) print style[i], i }
```

次の出力が得られる（Awk プログラムの出力をソートした上で、「2.2 選択」で挙げた head と tail 相当の処理も加えてある）。

```
117586 American IPA
85977 American Double / Imperial IPA
63469 American Pale Ale (APA)
54129 Russian Imperial Stout
50705 American Double / Imperial Stout

...
```

[*3] 訳者注：Ms は既婚、未婚を問わず女性に対し使用できる敬称として、米国では 1950 年代に使用され始めたとされており、1912 年時点ではまず使われていなかっただろうという推測があります。

```
686 Gose
609 Faro
466 Roggenbier
297 Kvass
241 Happoshu
```

　上例のようなフィールドの選択と、その統計量を求める作業を多数行うようであれば、「2 章 Awk
の実践例」で述べたような短いスクリプトをいくつか用意しておくと良いだろう。スクリプトで特
定のフィールドを選択し、別のスクリプトでソートやまとめ（uniq）を行うと良い。

3.4　Unicode 文字

　国境を越えた飲物にふさわしく、ビールの名前には非 ASCII 文字も多い。次に挙げる Awk プログ
ラム charfreq は、入力データ内にある Unicode コードポイント（Unicode スカラ値）それぞれの
出現頻度をカウントする（1 コードポイントは一般に 1 文字に対応するが、複数のコードポイント
を組み合わせて表現する文字も一部にある）。

例 3-1　charfreq プログラム

```
# charfreq - count frequency of characters in input

awk '
{ n = split($0, ch, "")
  for (i = 1; i <= n; i++)
    tab[ch[i]]++
}

END {
  for (i in tab)
    print i "\t" tab[i]
}' $* | sort -k2 -nr
```
（コメント訳）
charfreq – 文字別出現頻度カウント

　上例では split の区切り文字に空文字列を指定しているため、分割結果は入力行の 1 文字を 1 要
素とする配列 ch となる。ch の要素を添字とする配列 tab がカウント結果だ。カウント合計値は処
理の最後に出力し、それを sort コマンドで降順にソートする。
　ビール評価のデータをこのプログラムでカウントすると、非常に時間がかかる。2015 年製
MacBook Air で 250 秒もかかった。2 倍以上高速な、105 秒もかからない別バージョンを挙げる。

```
# charfreq2 - alternate version of charfreq

awk '
{ n = length($0)
  for (i = 1; i <= n; i++)
    tab[substr($0, i, 1)]++
}

END {
```

```
    for (i in tab)
      print i "\t" tab[i]
  }' $* | sort -k2 -nr
```

（コメント訳）
charfreq2 – charfreq の別バージョン

上例では split の代わりに substr を用い、1 文字ずつ抽出し処理している。部分文字列関数 substr(s, m, n) は、文字列 s の、m の位置から始まる長さ n 文字の部分文字列を返す（m の原点は 1）。m と n が表現する内容が元文字列 s の範囲外ならば、空文字列 "" を返す。文字数 n を省略すると、末尾までの部分文字列を返す。仕様詳細についてはリファレンスマニュアル「**A.2.1 式**」を参照されたい。

GNU バージョンの Awk 実装である Gawk はここでも高速だ。先のバージョンでも所要時間は 72 秒、改善した別バージョンでは 42 秒しかかからなかった。

他の言語ではどうだろうか？ 比較のため**例 3-1** の charfreq を Python へ簡単に移植してみた。

```python
# charfreq - count frequency of characters in input

freq = {}
with open('../beer/reviews.csv', encoding='utf-8') as f:
  for ch in f.read():
    if ch == '\n':
      continue
    if ch in freq:
      freq[ch] += 1
    else:
      freq[ch] = 1
for ch in freq:
  print(ch, freq[ch])
```

Python バージョンでは、明示的なファイル処理コードが必要なわりに、Gawk と同じ 45 秒だった（著者陣は Python に精通していない。上例にも改善点はきっとあるだろう）。

このデータファイルでは改行文字を除き 195 種類の文字を使用している。もっとも使用頻度が高いのは空白文字で、以降に通常文字（印字可能文字）が並ぶ。

```
         10586176
  ,      19094985
  e      12308925
  r      8311408
  4      7269630
  a      7014111
  5      6993858
  ...
```

ドイツ語のウムラウトなどヨーロッパ言語が多いが、日本語、中国語の文字もある。

```
  ア      1
  ケ      1
  サ      1
  ル      1
```

```
山      1
葉      1
黒      229
```

最後の文字「黒（hēi）」は、中国のアルコール度数の高い黒ビール（単に黒とも呼ばれる）に使用
されている。

```
Mikkeller ApS,2,American Double / Imperial Stout,Black (黒),17.5
```

3.5　簡易グラフとチャート

　データの可視化は探索的データ分析で重要な部分だ。嬉しいことにグラフやチャートを作成する
優秀なプロットライブラリはいくつもある。特に Python の Matplotlib や Seaborn パッケージは優
れている。また、Gnuplotも簡便な可視化ツールだ。それにもちろん Excel をはじめとしたスプレッ
ドシートプログラムも良好なチャートを作成する。ここではデータをプロットする最小限の方法し
か取り上げず、これ以上の方法については読者に挑戦して頂きたい。

　ABV と評価点数に相関はあるか？ 評価者は高アルコールビールを好むか？ 散布図を描くとその
傾向が一目瞭然だが、150 万件もの点を打つのは手間がかかる。Awk でその 0.1%（およそ 1,500 件）
の標本を抽出し散布図を作成してみよう。

```
$ awk -F'\t' 'NR%1000 == 500 {print $2, $5}' rev.tsv >temp
$ gnuplot
plot 'temp'
$
```

　上例を実行すると**図 3-1** のグラフが生成される。この結果から、評価点数と ABV 間にはせいぜい
弱い相関がある程度に留まることが分かる。

　Tukey の箱ひげ図は中央値、四分位数、その他の特性を表示する。箱ひげ図は四分位範囲箱ひげ
図とも言い、箱から上下に「ひげ」が出ており、それぞれ四分位範囲の（通常は）1.5 倍まで伸びる。
このひげの外にある点は外れ値だ。

　次に挙げる簡単な Python プログラムは、先に挙げたビールの評価点数と ABV の標本を用い、箱
ひげ図を生成する。標本データファイル temp には、1 行に空白区切りの 2 つの値、評価点数と ABV
が並んでいる。見出し行はない。

```
import matplotlib.pyplot as plt
import pandas as pd

df = pd.read_csv('temp', sep=' ', header=None)
plt.boxplot(df[0])
plt.show()
```

　上例は**図 3-2** の箱ひげ図を生成する。この図からは、評価点数の中央値は 4 であり、評価の半数
は 3.5 から 4.5 の範囲にあることが分かる。ひげは最大で四分位範囲の 1.5 倍まで伸びており、この
範囲に含まれない評価点数 1.5 と 1.0 は外れ値だ。

　評価点数が高いビールや醸造所の特定や、米国の大衆向けビールとの比較も可能だ。

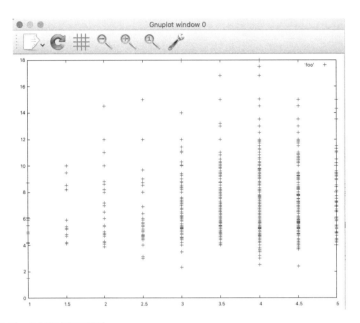

図 3-1　ABV とビール評価点数の関係

```
$ awk -F'\t' '/Budweiser/ { s += $2; n++ }
    END {print s/n, n }' rev.tsv
3.15159 3958


$ awk -F'\t' '/Coors/ { s += $2; n++ }
    END {print s/n, n }' rev.tsv
3.1044 9291


$ awk -F'\t' '/Hill Farmstead/ { s += $2; n++ }
    END {print s/n, n }' rev.tsv
4.29486 1555
```

　この結果から、大手メーカー製ビールと小規模クラフトビールとでは評価点数に顕著な差がある
ことが分かる。

3.6　章のまとめ

　探索的データ分析の目的は、結論について仮説を立てるより先に、共通パターンや異常値を探し、
まずデータを理解することにある。John Tukey も次のように述べている。

> なんらかのデータとそれに関する答えをいくら欲しても、必ずしも妥当な答えが得られるとは
> 限らない。まったくの的外れよりも、当たらずとも遠からずの方が良い。真っ当に見えるけれ

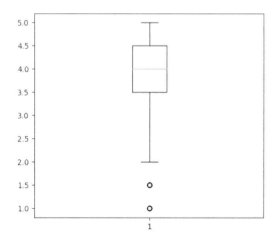

図 3-2　ビール評価標本の箱ひげ図

　　　ど筋違いの問いに対する正答よりも、適切な問いに対するおおよそでも正しい答えの方がはる
　　　かに価値がある。

　Awk は探索的データ分析の中心的役割を果たすツールとして学ぶに値する。Awk を用いればデータを簡潔にカウント、要約、検索できる。Awk だけでなんでもこなせるわけではないが、他ツール、特にスプレッドシートやプロットライブラリなどと組み合わせ活用すると、データが意味するところを的確に捉えるのに大いに威力を発揮する。

　探索的データ分析では異常値や不自然な点の特定が重要になる。ベル研の同僚がかつてこんなことを言っていた。「データの 1/3 は使い物にならない」。恐らくは皮肉を込めての発言だと思うが、おかしな値、信用できない値が無視できないほど多いデータは、著者陣も実際に多数目にして来た。データを分析するツールや技術を開発する際には、データの排除しなければならない部分や、注意深く扱う部分を特定できるようにする必要がある。

4章
データ処理

元々 Awk は、ここまでの 3 章で述べたような情報の抽出、データ検証、変形、要約など、日々の
データ処理を目的に開発したものだ。本章でもデータ処理という方向性は変わらないが、さらに複
雑な内容に取り組む。例示するものの大半は通常の 1 行ずつの処理だが、「4.4 マルチラインレコー
ド」では複数行にまたがる入力データの取り扱い方を述べる。

Awk プログラムは追加的に実装することが多い。プログラムの数行を書いてはテストし、さらに
数行を追加しては再テストという作業を繰り返す。本書のプログラムでも、ある程度の大きさのも
のはそのように実装した。

もちろん古典的な手法でも Awk プログラムは開発できる。プログラムの基本設計から始め、言語
マニュアルを確認しながら設計を深めて行く手法だ。しかし、既存のプログラムを目的に合わせて
改造して行く方がずっと容易なことが多い。本書で例示するプログラムも、この手法の出発点とな
るだろう。

4.1　データの変形とリダクション

データの形式変換は Awk でもっとも多い用途の 1 つだ。あるプログラムの出力を別のプログラム
へ渡す際に、その形式を変換する用途だ。もう 1 つの用途に、大規模データ内の必要部分の選択が
ある。この場合は書式を変更したり、後の集計用に情報を付加することが多い。本節ではこれらの
さまざまな例を提示する。

フィールド別の集計

ここまで、特定フィールドの値を合計する短い Awk プログラムをいくつも提示した。「2.4 データ
要約」ではフィールド別に値を合計する addup プログラムを示したが、これは入力フィールドを何
も検査しなかった。次に取り上げるプログラムは多少複雑になるが、やはり典型的なリダクション
処理だ。すなわち、入力行にはフィールドが複数あり、フィールドはそれぞれ数値を持ち、フィー
ルドがいくつあるかに関わらずフィールド別の合計値を求める。

あらかじめフィールド数を指定しなくて済むのは便利と言えるが、フィールドの値が数値である
か、すべての入力行でフィールド数は同一かなどは、addup プログラムでは一切確認していなかっ
た。次に挙げる addup 改善バージョンも合計するという処理内容は変わらないが、こちらはフィー
ルド数が先頭行と同じであることを確認する。

```
# addup2 - print column sums
#     check that each line has the same number of fields
#        as line one

NR==1 { nfld = NF }
      { for (i = 1; i <= NF; i++)
            sum[i] += $i
        if (NF != nfld)
            print "line " NR " has " NF " entries, not " nfld
      }
END   { for (i = 1; i <= nfld; i++)
            printf("%g%s", sum[i], i < nfld ? "\t" : "\n")
      }
```

(コメント訳)
addup2 – フィールド別の合計値出力
全入力行が先頭行と同じフィールド数を持つことを確認する

　上例の END アクションにある printf では、出力するのがフィールド間のタブ文字か、それとも合計値後の改行文字かを判断するのに条件演算子（三項演算子、条件式演算子とも言う）を用いている。?: 演算子使用の好例だ。

　ここで、フィールドには数値ではないものが混ざっているとしよう。合計に含めてはならない値だ。この対策にはフィールドが整数か否かを判定する関数 isint と、どのフィールドが数値かを記録する配列 numcol を追加する方法がある。関数とした理由は、判定を 1 箇所にまとめておき、将来の変更に備えるためだ。入力データを信頼できるならば、どのフィールドが数値かは先頭行だけを判定すれば良い。

例 4-1　addup3 プログラムと isint 関数

```
# addup3 - print sums of numeric columns
#     input:  rows of integers and strings
#        assumes every line has same layout
#     output: sums of numeric columns

NR==1 { nfld = NF
        for (i = 1; i <= NF; i++)
            numcol[i] = isint($i)
      }
      { for (i = 1; i <= NF; i++)
            if (numcol[i])
                sum[i] += $i
      }
END   { for (i = 1; i <= nfld; i++) {
            if (numcol[i])
                printf("%g", sum[i])
            else
                printf("--")
            printf(i < nfld ? "\t" : "\n")
        }
      }

function isint(n) { return n ~ /^[+-]?[0-9]+$/ }
```

```
(コメント訳)
addup3 - 数値フィールド別の集計
入力：各行は整数フィールドと文字列フィールドを持つ。すべての行で形式は同じと仮定する
出力：数値フィールドそれぞれの合計値
```

上例の関数 isint では、整数とは 1 つ以上の数字が連続したものという定義を基にしている。先頭に符号はあってもなくても構わない。浮動小数点数の汎用定義についてはリファレンスマニュアル「A.1.4 正規表現詳細」で述べる。

演習 4-1. 空行を無視するよう、**例 4-1** の addup3 を改造しなさい。

演習 4-2. 数値を判断する正規表現を一般化しなさい。実行性能に対する影響も確認しなさい。

演習 4-3. 例 4-1 addup3 の 2 番目の for 文で、numcol を用いた条件式を省くとどのような影響が出るか？

パーセンテージと四分位数の計算

フィールド別の合計値ではなく、全体の中に占める割合（パーセンテージ）を知りたいとしよう。これにはデータ全体を 2 度処理しなければならない（2 パス）。データ量が少なく、フィールドも 1 つしかなければ、最初のパスで値を内部配列に保持する方法が簡単で良いだろう。2 パス目（Awk の END パターンを用いればデータを再度読み込む必要はない）でパーセンテージを計算し出力する。

```
# percent - compute percentage each input number represents
#   input:  a column of nonnegative numbers
#   output: each number and its percentage of the total

    { x[NR] = $1; sum += $1 }

END { if (sum != 0)
        for (i = 1; i <= NR; i++)
            printf("%10.2f %5.1f\n", x[i], 100*x[i]/sum)
    }
(コメント訳)
percent - 入力した数値のパーセンテージ
入力：非負の数値。1 行に 1 つ
出力：入力された数値そのままと、全体の中で占める割合
```

処理内容がもっと複雑な場合でも同じアプローチが採れる。例えば、学生の成績の分布をモデル化する場合を考えてみよう。成績を 0 から 100 までの数値に変換し、ヒストグラムを作成すると良い。

例 4-2　histogram プログラム

```
# histogram - compute histogram of input numbers
#   input:  numbers between 0 and 100
#   output: histogram of deciles

    { x[int($1/10)]++ }
```

```
END { for (i = 0; i < 10; i++)
         printf(" %2d - %2d: %3d %s\n",
             10*i, 10*i+9, x[i], rep(x[i],"*"))
     printf("100:      %3d %s\n", x[10], rep(x[10],"*"))
    }

function rep(n, s,   t) {  # return string of n s's
    while (n-- > 0)
        t = t s
    return t
}
```
（コメント訳）
histogram – 入力された数値をヒストグラム化
入力：0 から 100 までの数値
出力：十分位数のヒストグラム
s を n 回繰り返した文字列を返す

　上例の関数 rep では、while ループの終了条件に後置デクリメント演算子 -- を用いている点に注意して欲しい。
　例 4-2 の histogram プログラムに、乱数で生成した成績データを渡し動作を確認してみよう。次に挙げるパイプラインの前にある Awk プログラムで、0 から 100 の範囲の乱数を 200 個生成し、histogram プログラムにパイプ経由で渡す（関数 rand は 0 以上 1 未満の数値を 1 つ返す）。

```
awk '
# generate random integers
BEGIN { for (i = 1; i <= 200; i++)
            print int(101*rand())
      }
' |
awk -f histogram
```
（コメント訳）
整数の乱数を生成

　次のような出力が得られる。

```
  0 -  9:  17 *****************
 10 - 19:  23 ***********************
 20 - 29:  20 ********************
 30 - 39:  15 ***************
 40 - 49:  15 ***************
 50 - 59:  21 *********************
 60 - 69:  19 *******************
 70 - 79:  19 *******************
 80 - 89:  22 **********************
 90 - 99:  25 *************************
100:       4 ****
```

演習 4-4. 入力データを指定された区間数で分割するよう、**例 4-2** の histogram プログラムを改造しなさい。区間を開始／終了する数値は、入力データに応じプログラムで判断する。

カンマを含む数値

12,345.67 のようなカンマや小数点を含む数値を考えよう。Awk はこのカンマを 1 つの数値の終了と解釈するため、カンマ付きの数値はそのままでは集計できない。まずカンマを削除する必要がある。

例 4-3　sumcomma プログラム

```
# sumcomma - add up numbers containing commas

    { gsub(/,/, ""); sum += $1 }
END { print sum }
```

（コメント訳）
sumcomma – カンマを含む数値を合計

上例で gsub の先頭引数は正規表現だ。この場合はカンマ 1 文字に一致する。gsub(/,/, "") は $0 に登場するすべてのカンマを空文字列に置換する。すなわち、カンマを削除する。

上例は、カンマが正しい位置に置かれているかなどは確認しない。また、出力時にカンマを挿入することもない。数値にカンマを挿入するには、次に示すプログラムのように、若干だが手間がかかる。次のプログラムは数値の 3 桁置きにカンマを挿入し、小数点以下は 2 桁とする。また、見習うべきお手本のような構造をしている。数値を書式に従い変換するだけの関数が 1 つあり、それ以外は入出力するだけの構造だ。このプログラムの動作確認を済ませたら、当初の目的であるプログラムにインクルードすれば良い。

例 4-4　addcomma プログラム

```
# addcomma - put commas in numbers
#   input:  a number per line
#   output: the input number followed by
#      the number with commas and two decimal places

    { printf("%-12s %20s\n", $0, addcomma($0)) }

function addcomma(x,   num) {
    if (x < 0)
        return "-" addcomma(-x)
    num = sprintf("%.2f", x)   # num is dddddd.dd
    while (num ~ /[0-9][0-9][0-9][0-9]/)
        sub(/[0-9][0-9][0-9][,.]/, ",&", num)
    return num
}
```

（コメント訳）
addcomma – 数値にカンマを挿入
入力：1 行に 1 つの数値
出力：入力された数値そのままとカンマを挿入した小数点以下 2 桁の数字
num の形式は dddddd.dd

基本的な考え方は、ループを用い小数点から左に進みながらカンマを挿入していく。ループを繰り返す度に現在位置より 3 桁先にカンマを 1 つ挿入する。現在位置にあるのは小数点かカンマのいずれかだ。カンマの先には少なくとも 1 つは数字が存在していなければならない。このアルゴリズ

ムは負数にも適用でき、**例 4-4** の addcomma は渡された数値が負数ならば正負を反転し、これを引数に自身をコールする。その戻り値の先頭にマイナス符号を改めて付加し、最終結果とする。カンマを挿入する際の sub に渡す置換文字列にある、& にも注意して欲しい。

適当なデータを渡し、動作確認した結果を示す。

```
0                          0.00
-1                        -1.00
.1                         0.10
-12.34                   -12.34
-12.345                  -12.35
12345                 12,345.00
-1234567.89       -1,234,567.89
-123.                   -123.00
-123456             -123,456.00
```

演習 4-5. カンマを含む数値を合計する **例 4-3** の sumcomma を、カンマ位置が適切かを確認するよう改造しなさい。

固定長フィールド

フィールド幅が固定長のデータは、データを使用する前に前処理が必要になる場合がある。プログラムの中にはフィールド区切り文字を使わず、固定長で出力するものがあり、この時、値が長いと隣のフィールドとつながってしまうこともある。

固定長フィールドを処理するには substr 関数が最適だ。substr を用いればフィールドのどんな組み合わせでも分解できる。Unix コマンドの ls を例にするが、ロング形式の出力は次のように 1 ファイルの情報を 1 行に詰め込む。

```
total 3024
drwxr-xr-x  9 bwk   staff      288 Mar  7  2019 Album Artwork
drwxr-xr-x  4 bwk   staff      128 Mar  7  2019 Previous iTunes Libraries
-rw-r--r--@ 1 bwk   staff    73728 Jul  3 19:34 iTunes Library Extras.itdb
-rw-r--r--@ 1 bwk   staff    32768 Jul 16  2016 iTunes Library Genius.itdb
-rw-r--r--@ 1 bwk   staff  1377841 Jul  3 19:34 iTunes Library.itl
drwxr-xr-x  6 bwk   staff      192 May 15  2020 iTunes Media
-rw-r--r--@ 1 bwk   staff        8 Jul  3 19:34 sentinel
```

ファイル名は最終フィールドに出力されるが、名前に空白を含むファイルにも対応するため、「2.6 個人用ライブラリ」で示した rest(9) 関数などで取り出す必要がある。他にも次に示すように substr を用いる方法がある。

```
{ print substr($0, index($0, $9)) }
total 3024
Album Artwork
Previous iTunes Libraries
iTunes Library Extras.itdb
iTunes Library Genius.itdb
iTunes Library.itl
iTunes Media
sentinel
```

上例では、ファイル名開始位置を特定するのに、index を用いている点に注意して欲しい。

演習 4-6. 上例は、$9 のファイル名と同じ文字列が、同じ行の前方に登場する場合には正しく動作しない。この点を修正しなさい。

シンボルのクロスリファレンス

Awk は別プログラムの出力から必要な情報を抽出する場面で使用されることが多い。入力データ形式が揃っている、またほとんど同一の形式であれば、substr などでフィールドを分割する程度の処理で済むだろう。しかし、別プログラムが「この出力を見るのは人間である」と考え、出力書式に凝ることもある。この場合、その出力を処理する Awk プログラムは、まず凝った書式を元に戻すような作業から始めなければならず、目的の情報を抽出するより先に前処理が必要になる。この前処理の簡単な例を述べよう。

一般にプログラム規模が増大すれば、ソースファイル数も増加する。この関数はどのソースファイルが定義しているか、またどの関数からコールされているかなどの情報は有用だ（必須と言える場合もある）。この場合、Unix プログラム nm が使える。nm はオブジェクトファイルを調べ、シンボルの一覧、定義箇所やそのアドレス、どのオブジェクトファイルから参照されているかを綺麗に表示してくれる。例えば次のような表示だ。

```
lex.o:
0000000000000000 T startreg
                 U strcmp
00000000000003d0 T string
                 U strlen
                 U strtod

lib.o:
00000000000002f0 T eprint
00000000000015f0 T errcheck
0000000000000680 T error
                 U exit
                 U fclose
```

上例でフィールドが 1 つしかない行はファイル名（lex.o の行）を、フィールド数が 2 の行はそのシンボルを参照している箇所（U と fclose の行）を表す。フィールド数が 3 の行はそのシンボルを定義している箇所を表す。文字 T はその定義がテキストシンボル（すなわち関数名）であることを、また文字 U はそのシンボルが未定義であることを表す。

あるシンボルを定義しているのはどのファイルか、またどのファイルが使用しているかなどを調べるのに、nm の出力をそのまま用いるのは無駄が多い。シンボルとファイル名が結び付いてない状態だからだ。C プログラムでは nm の出力は長大になる。Awk 自身のソースファイルは 9 つしかないが、nm の出力は 750 行にもなる。しかし次に挙げる 3 行だけの Awk プログラムを用いると、各シンボルに（コロンを含まない）ファイル名を簡単に付加できる。

例 4-5 nm.format プログラム
```
# nm.format - add filename to each nm output line
```

```
NF == 1 { sub(/:/,""); file = $1 }
NF == 2 { print file, $1, $2 }
NF == 3 { print file, $2, $3 }
(コメント訳)
nm.format – nm 出力の各行にファイル名を付加
```

先に挙げた nm 出力を、**例 4-5** の nm.format で処理した結果を挙げる。

```
lex.o T startreg
lex.o U strcmp
lex.o T string
lex.o U strlen
lex.o U strtod
lib.o T eprint
lib.o T errcheck
lib.o T error
lib.o U exit
lib.o U fclose
```

これで他のプログラムでも検索や、さらなる処理をしやすくなった。

ここで述べた方法では、シンボルがどのファイルに何度登場するかまでは分からないが、これはテキストエディタや別の Awk プログラムを使えば分かることだろう。また、nm はプログラムの記述言語を問わない点も意味を持ち、一般的なクロスリファレンスツールよりも柔軟性が高いと言える。その上、Awk プログラムはずっと短く簡潔だ。

4.2　データ検証

データが妥当であるか、または少なくとも妥当に見えるかを確認するデータ検証も、Awk プログラムがよく用いられる用途だ。「**3 章　探索的データ分析**」でもタイタニック号のデータを見る際にその例を挙げたが、本節ではデータを検証する汎用プログラムを例示する。「**4.1 データの変形とリダクション**」で取り上げた、フィールド別集計プログラムを例に考えてみよう。非数値であるべきフィールドに数値が入ったりしていないか？ また、その逆の形は？ このような検証は、集計プログラムから集計部分を除いた状態に近くなる。

```
# colcheck - check consistency of columns
#   input:  rows of numbers and strings
#   output: lines whose format differs from first line

NR == 1 {
    nfld = NF
    for (i = 1; i <= NF; i++)
        type[i] = isint($i)
}
{   if (NF != nfld)
        printf("line %d has %d fields instead of %d\n",
            NR, NF, nfld)
    for (i = 1; i <= NF; i++)
        if (isint($i) != type[i])
```

```
            printf("field %d in line %d differs from line 1\n",
                i, NR)
    }

    function isint(n) { return n ~ /^[+-]?[0-9]+$/ }
```

（コメント訳）
colcheck – フィールドの一貫性を検査
入力：数値、文字列の複数フィールドを持つ行
出力：先頭行と異なる形式の行

　上例は考えられる異常のすべてを検査しているわけでは決してない。整数か否かの判定は、ここでも単なる数字の連続とだけしか見ていない。正負の符号はあってもなくても構わない。正規表現の仕様詳細については、リファレンスマニュアル「**A.1.4 正規表現詳細**」を参照されたい。

開始／終了の整合

　本書の電子ファイル原稿では、プログラムソースを載せる部分は .P1 と記述した行から始まり、.P2 と記述した行で終わる[*1]。.P1 と .P2 は原稿テキスト整形コマンドであり、この 2 つに挟まれた部分をプログラムソースとしてフォントを変え、印刷データを出力する。プログラムソースはネストしないため、開始と終了のコマンドは必ず交互に並ぶという性質を持つ。

　　.P1 .P2 .P1 .P2 ... .P1 .P2

　開始／終了コマンドのいずれかを書き忘れただけでも、本書を印刷すると見苦しい結果になってしまうだろう。意図した通りに印刷するため、執筆時には次に挙げる簡単な整合性確認プログラムを用いた。ある程度の規模のプログラムならば似たような確認プログラムがよく用いられる。

```
# p12check - check input for alternating .P1/.P2 delimiters

/^\.P1/ { if (p != 0)
            print ".P1 after .P1 at line", NR
          p = 1
        }
/^\.P2/ { if (p != 1)
            print ".P2 with no preceding .P1 at line", NR
          p = 0
        }
END     { if (p != 0) print "missing .P2 at end" }
```

（コメント訳）
p12check – 入力中の .P1/.P2 の並びを検査

　開始／終了コマンドが正しい順序で並んでいれば、上例の変数 p の値は 0 1 0 1 0 … 1 0 と規則正しく変化していく。正しくない順序があればその旨のエラーメッセージを出力する。原稿確認に実際に使用したのはもう少し長いプログラムで、同種の誤りがないかを多数検査している。

[*1] 訳者注：著者陣は troff を用いています。本訳ではこれを Awk などを用い latex ソースに変換し、PDF と EPUB を作成しました。

演習 4-7. 開始／終了と同様のコマンドはプログラムソース用以外にも多数あり、ネストするものもある。どうすれば、これらすべてに対応するよう上例のプログラムを拡張できるか？

パスワードファイル検査

Unix システムのパスワードファイルは、その資格を持つユーザの名前などを持つ。パスワードファイル内の 1 行は 7 つのフィールドを持ち、区切り文字はコロンだ。

```
root:qyxRi2uhuVjrg:0:2::/:
bwk:1L./v6iblzzNE:9:1:Brian Kernighan:/usr/bwk:
ava:otxs1oTVoyvMQ:15:1:Al Aho:/usr/ava:
uucp:xutIBs2hKtcls:48:1:uucp daemon:/usr/lib/uucp:uucico
pjw:xNqy//GDc8FFg:170:2:Peter Weinberger:/usr/pjw:
...
```

先頭フィールドはユーザのログイン名を表し、ここでは英数字のみを使用すべきとする。次のフィールドは暗号化されたパスワードを表し、このフィールドが空の場合は誰でもそのユーザとしてログインできる。パスワードが設定されていればそれを知らなければログインできない。第3、第4フィールドには数字が入る。第6フィールドはユーザのログインディレクトリを表す、／（スラッシュ）で始まる文字列だ。次に挙げるプログラムはこれらの条件を満たさない行を、その行番号と診断メッセージとともに、すべて出力する。

```
# checkpasswd - check password file for correct format

BEGIN { FS = ":" }
NF != 7 {
    printf("line %d, does not have 7 fields: %s\n", NR, $0) }
$1 ~ /[^A-Za-z0-9]/ {
    printf("line %d, nonalphanumeric user id: %s\n", NR, $0) }
$2 == "" {
    printf("line %d, no password: %s\n", NR, $0) }
$3 ~ /[^0-9]/ {
    printf("line %d, nonnumeric user id: %s\n", NR, $0) }
$4 ~ /[^0-9]/ {
    printf("line %d, nonnumeric group id: %s\n", NR, $0) }
$6 !~ /^\// {
    printf("line %d, invalid login directory: %s\n", NR, $0) }
（コメント訳）
checkpasswd－パスワードファイルの形式を検査
```

上例は追加的に実装するプログラムの好例だ（プロトタイピング開発スタイル）。検査すべきと思える新たな項目を思い付いたら、条件を追加していけば良い。そしてプログラムのきめ細かさが向上していく。

データ検証プログラムの生成

先に挙げたパスワードファイル検査プログラムは手で作成したが、もっと楽しい作成方法がある。エラー条件と出力メッセージを用意し、そこから検査プログラムを自動生成する方法だ。まず、エ

ラー条件と出力メッセージだけをいくつか別ファイルにまとめる。このエラー条件とは先に挙げた
Awk プログラムのパターンそのままだ。入力行に対しエラー条件の評価結果が真の場合に、対応す
るメッセージを出力する。

```
NF != 7                 does not have 7 fields
$2 == ""                no password
$1 ~ /[^A-Za-z0-9]/     nonalphanumeric user id
```

　次に挙げるプログラムは、与えられたエラー条件と出力メッセージのペアを検査プログラムへ変
換する。

例 4-6　checkgen プログラム
```
# checkgen - generate data-checking program
#     input:  expressions of the form: pattern tabs message
#     output: program to print message when pattern matches

BEGIN { FS = "\t+" }
{ printf("%s {\n\tprintf(\"line %%d, %s: %%s\\n\",NR,$0) }\n",
    $1, $2)
}
```
（コメント訳）
checkgen – データ検査プログラムを生成
入力：パターンとメッセージをタブで区切った形式
出力：パターンに一致した場合に対応するメッセージを出力するプログラム

　出力はエラー条件のパターンと、対応するメッセージを出力するアクションが並んだ Awk プログ
ラムだ。

```
NF != 7 {
        printf("line %d, does not have 7 fields: %s\n",NR,$0) }
$2 == "" {
        printf("line %d, no password: %s\n",NR,$0) }
$1 ~ /[^A-Za-z0-9]/ {
        printf("line %d, nonalphanumeric user id: %s\n",NR,$0) }
```

　生成された検査プログラムを実行すると、入力行に対し条件を評価し、評価結果が真の場合に行
番号、エラーメッセージ、入力行を出力する。**例 4-6** の checkgen では、printf に渡す書式文字列
内の一部の文字をクォートする必要がある点に注意して欲しい。例えば % 文字を正しく出力するに
は %% と、また \n は \\n と記述する。
　別の Awk プログラムを生成する Awk プログラムというこの手法は、幅広く応用できる。もちろん
生成対象は Awk プログラムに制限されない。
　ここで一つ昔話をしよう。Awk を開発する上で刺激を受けたものの 1 つに、1970 年代半ばにベル
研にいた Marc Rochkind が開発したエラーチェックツールがある。Marc のプログラムは C 言語で
書かれていたが、入力として一連の正規表現を読み込み、これに一致する入力行をレポートする、
別の C プログラムを生成した。このアイデアはとても魅力に溢れていたため、著者陣は臆面もなく
拝借することにした。

4.3　bundle と unbundle

複数のテキストファイルを 1 ファイルにまとめる方法を考えてみよう。この動作を「bundle（バンドル、束ねる、梱包する）」と言う。もちろん、まとめた結果から元の複数ファイルを容易に復元できなければならず、この動作を「unbundle（アンバンドル）」と言う。本節ではこの 2 つの動作を実現する、小規模な Awk プログラムについて述べる。bundle にはディスク消費量を節約する、または電子メールで送信しやすいように 1 つにまとめるなどの用途がある。

bundle プログラムは簡潔だ。コマンドラインに直接入力しても構わないほど短い。処理内容は、入力行の先頭にそのファイル名を付加し出力することしかない。ファイル名は組み込み変数 FILENAME から得られる。

例 4-7　bundle プログラム

```
# bundle - combine multiple files into one

{ print FILENAME, $0 }
```
（コメント訳）
bundle – 複数ファイルを 1 つにまとめる

対応する unbundle プログラムはもう少し手がかかる。

例 4-8　unbundle プログラム

```
# unbundle - unpack a bundle into separate files

$1 != prev { close(prev); prev = $1 }
            { print substr($0, index($0, " ") + 1) >$1 }
```
（コメント訳）
unbundle – bundle された結果から元ファイル (複数) を取り出す

上例ではまず、すでにファイルをオープンしたかを調べ、オープンしていればこれをクローズする。bundle したファイル数がそれほど多くなければ（すなわち、Awk が内部で同時にオープンできるファイル数上限よりも小さければ）、このファイルクローズは省略できる。

話は逸れるが、上例の最終行にある >$1 は関係演算子ではなく、出力先を変更するものだ。ここでは $1 が保持する文字列を名前とするファイルを出力先としている。

bundle と unbundle には別実装もあるが、ここで挙げたものがもっとも単純なバージョンだ。ファイルサイズがそれほど大きくなければ、十分な節約効果が得られる。構造的に別の形態として、各行の先頭ではなく、入力ファイル名を独立した行とし、以降にそのファイル内容を出力するものもある。この場合、入力ファイル名は出力中に一度しか登場しない。

演習 4-8. 例 4-7 の bundle では、入力ファイル名に空白文字が含まれないことを前提にしている。名前に空白を含むファイルも処理できるよう修正しなさい。

演習 4-9. 例 4-7 の bundle の出力ファイルにヘッダとトレイラと付加するよう改造し（それぞれファイル冒頭、末尾に加える付加情報）、元バージョンと改造バージョンの実行速度と出

力サイズを比較しなさい（**例 4-8** の unbundle にも対応が必要）。比較結果から、プログラムの複雑度と実行性能のトレードオフを考察しなさい。

4.4　マルチラインレコード

ここまで提示した入力データは、どれも 1 件が 1 行に収まるものだ。しかし現実には、1 件が複数行にわたるデータも多い（マルチラインレコード。入力行はレコード／record とも言い、複数行データをマルチラインレコードと呼ぶ）。その 1 つに住所録がある。

```
Adam Smith
1234 Wall St., Apt. 5C
New York, NY 10021
212 555-4321
```

文献情報もマルチラインレコードの代表例だ。

```
Donald E. Knuth
The Art of Computer Programming
Volume 4B: Combinatorial Algorithms, Part 2
Addison-Wesley, Reading, Mass.
2022
```

個人が持つさまざまなデータにも該当するものが多い。

```
Chateau Lafite Rothschild 1947
12 bottles at 12.95
```

サイズがそれほど大規模ではなく、かつ一般的な構造の情報であれば、作成するにも保守するにも手間はかからない。以前は図書館でよく使われていた索引カードや、料理のレシピカードなどもそうだ。Awk でマルチラインレコードを処理するには、1 行データの場合よりも若干だが手間がかかる。本節ではその方法をいくつか述べる。

空行区切り

住所録を例に考えよう。まず人名、住所 1、住所 2、電話番号の 4 行があり、これを全データが持つ必須情報とする。以降に付属情報の行が続くが、存在しない場合もある。データ 1 件を表すのは複数行の情報であり、データを区切るのは空行とする。

```
Adam Smith
1234 Wall St., Apt. 5C
New York, NY 10021
212 555-4321

David W. Copperfield
221 Dickens Lane
Monterey, CA 93940
408 555-0041
work phone 408 555-6532
```

```
birthday February 2

Canadian Consulate
466 Lexington Avenue, 20th Floor
New York, NY 10017
844 555-6519
```

　データが空行で区切られている場合は、直接的に処理できる。レコード区切りを表す変数 RS に空文字列を設定すれば（RS=""）、複数行でもグループ化し 1 データと扱える。

```
BEGIN { RS = "" }
/New York/
```

　先の住所録データを上例に渡すと、データ 1 件が何行にわたろうとも、New York という文字列を含むデータをすべて出力する。

```
Adam Smith
1234 Wall St., Apt. 5C
New York, NY 10021
212 555-4321
Canadian Consulate
466 Lexington Avenue, 20th Floor
New York, NY 10017
844 555-6519
```

　上例では各データを区切る空行が失われている。入力データの形式を維持し出力データも空行で区切るには、出力レコード区切り文字 ORS に二重改行 "\n\n" を設定する。

```
BEGIN { RS = ""; ORS = "\n\n" }
/New York/
```

　姓が Smith という人全員の名前と電話番号を知りたいとしよう。すなわち先頭行が文字列 Smith で終わるデータの 1、4 行目だ。この動作は各行をフィールドとみなすと容易に実現できる。FS に改行文字 "\n" を設定すれば良い。

```
BEGIN        { RS = ""; FS = "\n" }
$1 ~ /Smith$/ { print $1, $4 }   # name, phone
（コメント訳）
名前、電話番号
```

　次の出力が得られる。

```
Adam Smith 212 555-4321
```

　マルチラインレコードの場合、FS がどんな内容であろうとも、改行文字は常にフィールド区切り文字になる（--csv オプションが指定されない限り）。上例のように RS に "" を設定すると、ディフォルトのフィールド区切り文字は空白、タブ、改行の任意の並びとなるが、FS に "\n" を設定すれば、フィールド区切り文字は改行文字のみとなる。

　RS には正規表現も設定できる。この場合、正規表現に一致するものがデータを区切る。ダッシュ文字のみ（複数でも構わない）の行がデータを区切る場合を例に挙げよう。

```
record 1
------
record 2
------
record 3
------
```

次のように RS を設定すれば容易に処理できる。

```
RS = "\n---+\n"
```

上例はデータ区切りを 3 つ以上のダッシュ文字のみの行と設定している。

マルチラインレコードの処理

　1 行ずつ処理するプログラムがすでに手元にある場合、Awk プログラムを 2 つ追加すればマルチラインレコードに対応させられる。追加するプログラムの 1 つ目はマルチラインレコードを 1 行データに変換する。これで既存プログラムが処理できるようになる。2 つ目のプログラムは、1 行データとして処理された結果をマルチラインレコードに復元するプログラムだ。

　先に挙げた住所録を Unix の sort コマンドでソートしてみよう。次の例にあるパイプラインは姓をキーにソートする。

```
# pipeline to sort address list by last names

awk '
BEGIN { RS = ""; FS = "\n" }
      { printf("%s!!#", x[split($1, x, " ")])
        for (i = 1; i <= NF; i++)
            printf("%s%s", $i, i < NF ? "!!#" : "\n")
      }
' $* |
sort |
awk '
BEGIN { FS = "!!#" }
      { for (i = 2; i <= NF; i++)
            printf("%s\n", $i)
        printf("\n")
      }
'
```

(コメント訳)
住所録にある姓をキーにソートするパイプライン

　上例の先頭にある Awk プログラムでは、split($1, x, " ") により各データの先頭行を配列 x に分割する。split の戻り値は分割後の要素数であり、x[split($1, x, " ")] は姓に対応する (ここでは名前の末尾にある単語を姓と仮定している。仮に John D. Rockefeller Jr. のような名前があると正常に動作しない)。このプログラムがマルチラインレコード 1 件を 1 行に連結する。連結後の 1 行は先頭に姓、次に !!#、その後にデータ 1 件分の文字列が続くが、改行文字は !!# で置換する (すなわち !!# がフィールドを区切る)。区切り文字には !!# 以外も使えるだろう。データ本体では

使用しておらず、かつソート順序がデータ本体よりも前に位置するものであれば、どんな文字でも構わない。

　上例の sort コマンドの後ろにある Awk プログラムでは、この区切り文字を基に行を分割し、マルチラインレコードを復元する。

演習 4-10. パイプライン先頭にある Awk プログラムを、データ内に !!# が存在するかを確認するよう改造しなさい。

ヘッダ／トレイラ付きのレコード

　レコードを区切る場合に、区切り文字の代わりにヘッダとトレイラを用いる場合もある。再び簡単な住所録を例に考えてみよう。今度は各レコードの前に、そのレコードの人物の職業などの付属情報を表すヘッダがある。ヘッダの直後には、先の例同様に名前がある。レコードの末尾にはトレイラがあり（ファイル内最終データには例外的にトレイラは存在しない）、ここではトレイラを空行とする。

```
accountant
Adam Smith
1234 Wall St., Apt. 5C
New York, NY 10021

doctor - ophthalmologist
Dr. Will Seymour
798 Maple Blvd.
Berkeley Heights, NJ 07922

lawyer
David W. Copperfield
221 Dickens Lane
Monterey, CA 93940

doctor - pediatrician
Dr. Susan Mark
600 Mountain Avenue
Murray Hill, NJ 07974
```

　住所録に載っている医者をすべて出力したい場合は、範囲パターンを用いるのがもっとも簡単だ。

```
/^doctor/, /^$/
```

　上例の範囲パターンは先頭に doctor という文字列を持つ行から、空行（/^$/ は空行に一致する）までの範囲を出力する。

　続いてやはり医者のレコードを出力するが、ヘッダ行を省くプログラムを挙げる。

```
/^doctor/ { p = 1; next }
p == 1
/^$/      { p = 0 }
```

　上例のプログラムでは変数 p を用い、出力を制御している。目的のヘッダを含む行を見つけると p に 1 を代入し、以降でトレイラを見つければディフォルト初期値でもある 0 を代入する。出力するのは p が 1 の場合なので、データ本体とトレイラのみが出力される。ヘッダとトレイラの組み合わせは容易に変更できるだろう。この動作は先に挙げた開始／終了の例とよく似ている。

名前 – 値のペアデータ

　アプリケーションデータの中には、単純なテキスト行の並び以上に複雑な構造を持つものもある。住所録を考えても、国名を含むデータもあるかもしれないし、住所の一部しか記されていないものもあるかもしれない。

　なんらかの構造を持つデータを扱う方法の 1 つに、各レコードのフィールドそれぞれに識別子となる名前やキーワードを付加する方法がある。例えば次のような形式のデータを用い、小切手帳を管理するとしよう[*2]。

```
check    1021
to       Champagne Unlimited
amount   123.10
date     1/1/2023

deposit
amount   500.00
date     1/1/2023

check    1022
date     1/2/2023
amount   45.10
to       Getwell Drug Store
tax      medical

check    1023
amount   125.00
to       International Travel
date     1/3/2023

amount   50.00
to       Carnegie Hall
date     1/3/2023
check    1024
tax      charitable contribution

to       American Express
check    1025
amount   75.75
date     1/5/2023
```

　空行で区切るマルチラインレコードという点は先の例と変わらないが、今度は各レコード内で値それぞれが識別子相当の名前を持っており、名前、タブ、値という構造をとる。この構造ならば、別

[*2] 訳者注：国内では馴染みが薄い小切手ですが、米国では日常的に利用されます。自分の口座残高より多く小切手を振り出してしまう事態も度々起こるため、手元で残高と支払を記録する必要性があるのでしょう。

レコードならばフィールドが異なっても構わないし、フィールドの順序も問題にならない。

　上例のようなデータを処理する方法に、空行を区切りとし 1 行ずつ扱うものがある。行ごとに名前と値があるが相互には関係しない。例えば入金（deposit）と小切手支払（check）をそれぞれ集計する場合は、入金と小切手支払の金額データ（amount）に注目すれば良い。

```
# check1 - print total deposits and checks

/^check/   { chk = 1; next }
/^deposit/ { dep = 1; next }
/^amount/  { amt = $2; next }
/^$/       { addup() }

END        { addup()
             printf("deposits $%.2f, checks $%.2f\n",
                 deposits, checks)
           }

function addup() {
    if (chk)
        checks += amt
    else if (dep)
        deposits += amt
    chk = dep = amt = 0
}
（コメント訳）
check1 - 入金と小切手支払それぞれの合計を出力
```

上例を実行すると次の出力が得られる。

```
deposits $500.00, checks $418.95
```

　上例は簡潔だしデータの出現順序などに依存せず上手く動作する（もちろん入力データが正しければという前提はあるが）。しかし気が抜けない部分が多く、初期化、再初期化、ファイル終端処理に注意を払わなければならない。そこで魅力的な代替案として、マルチラインレコードをデータ 1 件として読み込み、必要に応じ分解する方法を提示しよう。次に挙げるプログラムも入金と小切手支払を集計するが、指定された名前に対応する値を抽出する関数 field を用いる。

例 4-9　field 関数と check2 プログラム

```
# check2 - print total deposits and checks

BEGIN            { RS = ""; FS = "\n" }
/(^|\n)deposit/  { deposits += field("amount"); next }
/(^|\n)check/    { checks += field("amount"); next }
END              { printf("deposits $%.2f, checks $%.2f\n",
                       deposits, checks)
                 }

function field(name,   i, f) {
    for (i = 1; i <= NF; i++) {
        split($i, f, "\t")
        if (f[1] == name)
```

```
            return f[2]
    }
    printf("error: no field %s in record\n%s\n", name, $0)
}
```

例 4-9 の関数 field(name) は、現在行から名前が引数 name に一致するデータを検索し、対応する値を返す。

　方法は他にもまだある。各フィールドを連想配列に分解し、値のみを使用する方法だ。次のプログラムは小切手支払のみを簡潔に出力する。出力例から先に挙げよう。

```
1/1/2023   1021   $123.10   Champagne Unlimited
1/2/2023   1022    $45.10   Getwell Drug Store
1/3/2023   1023   $125.00   International Travel
1/3/2023   1024    $50.00   Carnegie Hall
1/5/2023   1025    $75.75   American Express
```

プログラムは次の通り。

例 4-10　check3 プログラム

```
# check3 - print check information

BEGIN { RS = ""; FS = "\n" }
/(^|\n)check/ {
    for (i = 1; i <= NF; i++) {
        split($i, f, "\t")
        val[f[1]] = f[2]
    }
    printf("%8s %5d %8s  %s\n",
        val["date"],
        val["check"],
        sprintf("$%.2f", val["amount"]),
        val["to"])
    delete val
}
(コメント訳)
check3 – 小切手支払の出力
```

　例 4-10 の check3 では、sprintf を用い金額の前にドル記号を付加している点に注目して欲しい。この生成した文字列を、printf により右寄せ出力している。sprintf により目的の書式で生成した文字列を、プログラムの他の箇所で使用することはよくある。

演習 4-11. すべてがマルチラインレコードで、名前が x で値 y を持つデータを出力するコマンド lookup x y を実装しなさい。

4.5　章のまとめ

　本章ではさまざまなデータ処理アプリケーションを例示した。住所録から情報を取得する、数値から基本統計量を求める、データを検証するなどだ。Awk がこのように多様な処理をきわめて上手

にこなせる理由も 1 つではない。Awk のパターン – アクションというモデルがこの種のデータ処理に向いている点が大きいが、さらにフィールド区切り／レコード区切りが設定可能、データの構造や形式に幅広く対応できる柔軟性、数値にも文字列にも効果的な連想配列、split、substr をはじめとしたテキスト分解関数、出力形式に柔軟に対応できる printf も挙げられる。以降の章では、これらの機能を活用したアプリケーションをさらに述べる。

## 5章

レポートとデータベース

　本章では、データファイルからの情報抽出とレポート生成について述べる。扱うのは表形式のデータばかりだが、手法自体はもっと複雑な形式にも応用できる。本章の主眼は、協調動作し、密接な関係を持つプログラム群の実装にある。一度処理するだけでは目的に辿り着けないが、複数回処理することで解決が容易になるデータ処理の例を多数取り上げる。

　本章は単一データファイルからのレポート生成から始める。レポートの最終的な見せ方も重要だが、データファイルのスキャンにも注意が必要だ。その後、相互に関係する複数ファイルに記述されたデータを扱う方法へ進む。ここでは、一連のデータファイルをリレーショナルデータベースと捉え、汎用的なアプローチを採る。利点は他にもあるが、数値ではなく名前を用いフィールドを参照できる利点が挙げられる。

5.1　レポートの生成

　Awk はデータファイルから情報を抽出し、書式を用い、レポートにまとめるのが得意だ。レポートに限らず、なんらかのアクティビティをまとめた「ダッシュボード」も生成できる。ここではこの生成を、準備（prepare）、ソート（sort）、書式を用いた整形（format）の 3 段階に分けて考える。

　「準備」ではデータを選択する。目的の情報を得るためなんらかの計算処理をすることもあるだろう。「ソート」は、出力する情報を特定の順序で並べる場合に必要な作業だ。ここでは「準備」作業の出力をシステムの sort コマンドに渡すこととする。最後の「整形」作業は Awk プログラムをもう 1 つ用い、ソートしたデータを目的の書式で出力する。

単純レポート

　使用するデータは以下に示す countries というファイルだ。

```
Russia       16376    145      Europe
China        9388     1411     Asia
USA          9147     331      North America
Brazil       8358     212      South America
India        2973     1380     Asia
Mexico       1943     128      North America
Indonesia    1811     273      Asia
Ethiopia     1100     114      Africa
Nigeria      910      206      Africa
Pakistan     770      220      Asia
```

```
Japan           364     126     Asia
Bangladesh      130     164     Asia
```

countries は国名を面積でソートした上位 1 ダースのデータだ。数値は面積と人口で（それぞれ単位は 1000 平方キロメートルと 100 万人）、フィールドはタブ文字で区切ってある。特段面白いデータではないし数値も公式発表されたものとは異なるが、ある意味では幅広いデータの典型と言える。テキストと数値が混在しているため、選択と計算に向いている例だ。

ここで、人口、面積、人口密度のレポートを生成するとしよう。レポートでは国名を大陸名ごとにまとめ、大陸名はアルファベット順にソートする。大陸グループ内では人口密度をキーに降順でソートする。すると、次のようなレポートとなる。

```
CONTINENT       COUNTRY     POPULATION   AREA    POP. DEN.

Africa          Nigeria         206       910      226.4
Africa          Ethiopia        114      1100      103.6
Asia            Bangladesh      164       130     1261.5
Asia            India          1380      2973      464.2
Asia            Japan           126       364      346.2
Asia            Pakistan        220       770      285.7
Asia            Indonesia       273      1811      150.7
Asia            China          1411      9388      150.3
Europe          Russia          145     16376        8.9
North America   Mexico          128      1943       65.9
North America   USA             331      9147       36.2
South America   Brazil          212      8358       25.4
```

このレポートの「準備」をするのが次に挙げる prep1 プログラムだ。countries ファイルを渡すと必要情報をソートし出力する。

例 5-1　prep1 プログラム

```
# prep1 - prepare countries by continent and pop density

BEGIN { FS = "\t" }

    { printf("%s,%s,%d,%d,%.1f\n",
        $4, $1, $3, $2, 1000*$3/$2) | "sort -t, -k1,1 -k5rn"
    }
```
（コメント訳）
prep1 – 大陸名と人口密度でソート

上例の出力は 1 行がカンマ区切りの 5 つのフィールド（大陸名、国名、人口、面積、人口密度）からなる。

```
Africa,Nigeria,206,910,226.4
Africa,Ethiopia,114,1100,103.6
Asia,Bangladesh,164,130,1261.5
Asia,India,1380,2973,464.2
Asia,Japan,126,364,346.2
Asia,Pakistan,220,770,285.7
Asia,Indonesia,273,1811,150.7
```

```
Asia,China,1411,9388,150.3
Europe,Russia,145,16376,8.9
North America,Mexico,128,1943,65.9
North America,USA,331,9147,36.2
South America,Brazil,212,8358,25.4
```

例 5-1 の prep1 では Unix の sort コマンドへパイプ経由で直接書き込んでいる（| 演算子）。出力はすべて sort コマンドへ送られ、その結果プログラムの出力もソート済みとなる。パイプの仕様詳細については「**A.4.5 パイプ出力**」を確認されたい。

sort コマンドの -t, オプションはフィールド区切り文字にカンマを指定する。ソートキーを指定するオプションは渡した順序で解釈され、-k1,1 は先頭フィールドを 1 次キーとし、-k5rn は第 5 フィールドを数値として降順にソートする 2 次キーという指定だ。2 次キーが使用されるのは 1 次キーが同一の場合に限られる（別途「**7.3 ソートオプションジェネレータ**」では、簡単な英単語からソートオプションを生成するプログラムを実装する）。

別の方法として sort コマンドを Awk プログラム内に埋め込まず、別プロセスとするものがある。Awk プログラムの出力を print > file と別ファイルへ向け、このファイルを別途ソートする。

```
$ awk '...' >temp
$ sort temp
```

この方法は本章で挙げるすべての例に適用できる。

これで「準備」と「ソート」の作業は済んだ。目的の書式でレポートを生成しよう。次に挙げる form1 プログラムだ。

例 5-2 form1 プログラム
```
# form1 - format countries data by continent, pop density

BEGIN { FS = ","
        printf("%-15s %-10s %10s %7s %12s\n\n",
            "CONTINENT", "COUNTRY", "POPULATION",
            "AREA", "POP. DEN.")
      }
      { printf("%-15s %-10s %7d %10d %10.1f\n",
            $1, $2, $3, $4, $5)
      }
(コメント訳)
form1 – countries データを大陸名と人口密度をキーに整形
```

次のコマンドを入力する。

```
awk -f prep1 countries | awk -f form1
```

例 5-1 の prep1 自身が出力を整形し、さらに**例 5-2** の form1 で再整形すれば、prep1 が sort に指定する分かりにくいオプションを不要にできる。sort は、ディフォルトでは、入力を辞書順にソートする。目的のレポートでは、先にも述べたように大陸名はアルファベット順でも大陸グループ内では人口密度を数値として降順にソートしたい。sort のオプションを不要にするには、prep1 で大陸名と人口密度から、辞書順にソートされても自動的に目的の順序となるような値を作りだし、

この値を出力行の先頭に付加すると良い。このような値は 1 種類ではないが、例えば固定長の大陸名と人口密度の逆数をつなげた値がある。次の prep2 を例に挙げよう。

例 5-3　prep2 プログラム

```
# prep2 - prepare countries by continent, inverse pop density

BEGIN { FS = "\t" }
      { den = 1000*$3/$2
        printf("%-15s,%12.8f,%s,%d,%d,%.1f\n",
            $4, 1/den, $1, $3, $2, den) | "sort"
      }
(コメント訳)
prep2 - countries を大陸名と人口密度の逆数で準備／ソート
```

例 5-3 の prep2 に countries ファイルを渡すと、次の出力が得られる。

```
Africa        , 0.00441748,Nigeria,206,910,226.4
Africa        , 0.00964912,Ethiopia,114,1100,103.6
Asia          , 0.00079268,Bangladesh,164,130,1261.5
Asia          , 0.00215435,India,1380,2973,464.2
Asia          , 0.00288889,Japan,126,364,346.2
Asia          , 0.00350000,Pakistan,220,770,285.7
Asia          , 0.00663370,Indonesia,273,1811,150.7
Asia          , 0.00665344,China,1411,9388,150.3
Europe        , 0.11293793,Russia,145,16376,8.9
North America , 0.01517969,Mexico,128,1943,65.9
North America , 0.02763444,USA,331,9147,36.2
South America , 0.03942453,Brazil,212,8358,25.4
```

prep2 にある %-15s という書式は、大陸名を出力するのに十分な長さの文字数を表す。また、逆数の出力書式は %12.8f だが、やはり十分な桁数と言えるだろう。最後の「整形」プログラムは前掲の **例 5-2** の form1 からあまり変わらないが、第 2 フィールドは出力しない。このようにソートキーを自作し、sort コマンドのオプションを排除する手法は広く用いられており、本書でも「**6 章 テキスト処理**」の索引プログラムで改めて活用する。

最終出力で大陸名を毎回出力せず、最初の一度だけにすると見映えが良くなる。例 5-2 の form1 を改造し、この動作を実装した form2 を挙げる。

```
# form2 - format countries by continent, pop density

BEGIN { FS = ","
        printf("%-15s %-10s %10s %7s %12s\n",
            "CONTINENT", "COUNTRY", "POPULATION",
            "AREA", "POP. DEN.")
      }
      { if ($1 != prev) {
            print ""
            prev = $1
        } else {
            $1 = ""
        }
        printf("%-15s %-10s %7d %10d %10.1f\n",
```

```
                    $1, $2, $3, $4, $5)
        }
```

次のように実行する。

```
awk -f prep1 countries | awk -f form2
```

次の出力が得られる。

```
CONTINENT       COUNTRY     POPULATION    AREA    POP. DEN.

Africa          Nigeria        206         910      226.4
                Ethiopia       114        1100      103.6

Asia            Bangladesh     164         130     1261.5
                India         1380        2973      464.2
                Japan          126         364      346.2
                Pakistan       220         770      285.7
                Indonesia      273        1811      150.7
                China         1411        9388      150.3

Europe          Russia         145       16376        8.9

North America   Mexico         128        1943       65.9
                USA            331        9147       36.2

South America   Brazil         212        8358       25.4
```

　上例の整形プログラム form2 のようなものをコントロールブレイク（control break）プログラムと言う。関連する行をまとめたグループが変わる度に、なんらかの処理を追加する動作を意味する。上例では変数 prev が大陸名を保持しており、prev の値が変化した時にのみ大陸名を出力している。
　コントロールブレイクは入力をすべて読み込み、単純に添字を利用した方が簡潔になる場合もある。このアプローチを実装した form2a を挙げる。

```
# form2a - format countries by continent, pop density

BEGIN { FS = ","
        printf("%-15s %-10s %10s %7s %12s\n",
            "CONTINENT", "COUNTRY", "POPULATION",
            "AREA", "POP. DEN.")
      }
{ cont[NR] = $1; country[NR] = $2; pop[NR] = $3
  area[NR] = $4; den[NR] = $5
}
END {
  for (i = 1; i <= NR; i++) {
    if (cont[i] != cont[i-1])
      print ""
    c = cont[i] == cont[i-1] ? "" : cont[i]
    printf("%-15s %-10s %7d %10d %10.1f\n",
            c, country[i], pop[i], area[i], den[i])
  }
}
```

　上例は特段簡潔になったとは見えないかもしれない。確かにこの例ではそうだが、他の場面では有用になるだろう。

　この人口密度の例から言えるのは、複数の Awk プログラムを用いればきめ細かな整形が可能となる点だ。しかし文字数を数えたり、配置を綺麗に出力する printf の書式など、手間のかかるあまり嬉しくない作業がある。もし、データ形式が変更されると悪夢のような事態を引き起こすことになる。

　ここから表形式を整形するプログラムの可能性が見えて来る。列を揃えた上で出力するプログラムを挙げよう。文字列フィールドは最長文字数のものが収まるだけの幅で左寄せし、数値フィールドは最大桁数の幅で右寄せした上で中央寄せで出力する。header というファイルを見出し行とし、countries データファイルを渡すと次のような結果となる。

```
$ awk -f table header countries
COUNTRY        AREA    POPULATION    CONTINENT
Russia        16376       145        Europe
China          9388      1411        Asia
USA            9147       331        North America
Brazil         8358       212        South America
India          2973      1380        Asia
Mexico         1943       128        North America
Indonesia      1811       273        Asia
Ethiopia       1100       114        Africa
Nigeria         910       206        Africa
Pakistan        770       220        Asia
Japan           364       126        Asia
Bangladesh      130       164        Asia
```

プログラムは次の通り。

```
# table - simple table formatter

BEGIN {
    FS = "\t"; blanks = sprintf("%100s", " ")
    num_re = "^[+-]?([0-9]+[.]?[0-9]*|[.][0-9]+)$"
}
{   row[NR] = $0
    for (i = 1; i <= NF; i++) {
        if ($i ~ num_re)
            nwid[i] = max(nwid[i], length($i))
        wid[i] = max(wid[i], length($i))
    }
}
END {
    for (r = 1; r <= NR; r++) {
        n = split(row[r], d)
        for (i = 1; i <= n; i++) {
            sep = (i < n) ? "    " : "\n"
            if (d[i] ~ num_re)
                printf("%*s%s", wid[i], numjust(i,d[i]), sep)
            else
                printf("%-*s%s", wid[i], d[i], sep)
        }
    }
```

```
    }

    function max(x, y) { return (x > y) ? x : y }

    function numjust(n, s) {    # position s in field n
        return s substr(blanks, 1, int((wid[n]-nwid[n])/2))
    }
```
（コメント訳）
table – 表形式の単純フォーマッタ
n 番目のフィールドの位置 s

　上例では 1 パス目で入力行を配列に保持し、数値フィールド、文字列フィールドそれぞれの最大幅を決定し、2 パス目（END アクション）で全データを適切な位置に出力する。文字列フィールドの左寄せは容易だ。i 番目のフィールドの最大幅を表す wid[i] を用い、printf の書式に幅を指定する。ある文字列フィールドの最大幅を 10 とすれば、そのフィールドを出力する書式は %-10s となる。書式中に登場するアスタリスク * は、その次の引数の数値に置換される。

```
    printf("%-*s%s", wid[i], d[i], sep)
```

　上例にある * は wid[i] の値に置換される。
　数値フィールドの場合はもう少し手がかかる。i 番目の列に出力する数値 v は、以下に図示するように右寄せする必要がある。

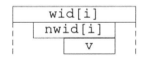

　図の v の右側の空白量は (wid[i]-nwid[i])/2 と表現できる。関数 numjust がこの分の空白を v の末尾へ連結する。フィールド最長幅を 10 とすれば出力書式に %10s と指定する。

演習 5-1. この表フォーマッタでは、扱う数値の小数点以下の桁数がすべて同じと仮定している。この仮定が成立しない場合でも正しく動作するよう改造しなさい。

5.2　クエリのパッケージ化とレポート

　同じクエリ[1]を繰り返し発行するようであれば、キー入力を減らすよう 1 コマンドにパッケージ化するのが良いだろう。国名を指定し、人口、面積、人口密度を知りたいとしよう。例えばインドについて知りたければ、次のように入力する。

---

[1] 訳者注：データに対する検索など要求全般。

```
awk '
BEGIN { FS = "\t" }
$1 ~ /India/ {
    printf("%s:\n", $1)
    printf("\t%d million people\n", $3)
    printf("\t%.3f million sq. km.\n", $2/1000)
    printf("\t%.1f people per sq. km.\n", 1000*$3/$2)
}
' countries
```

上例の出力は次の通り。

```
India:
        1380 million people
        2.973 million sq. km.
        464.2 people per sq. km.
```

　ここで別の国の情報を知りたくなったとしよう。その度に国名を変え同じコマンドを再びキー入力するなど、くたびれてしまうだろう。このプログラムを実行ファイルにまとめておけばずっと便利なことはすぐに分かる。実行ファイル名を info とでもし、次のように実行できれば良い。

```
$ info India
$ info USA
...
```

　Awk プログラムに国名を渡すもっとも簡便な方法は、プログラム実行の前に、コマンドラインから変数に値を代入する -v オプションだ（仕様詳細はリファレンスマニュアル「**A.5.5　コマンドライン引数と変数**」を参照されたい）。

例 5-4　info プログラム

```
awk -v country=$1 '
# info - print information about country
#     usage: info country-name

BEGIN { FS = "\t" }

$1 ~ country {
    printf("%s:\n", $1)
    printf("\t%d million people\n", $3)
    printf("\t%.3f million sq. km.\n", $2/1000)
    printf("\t%.1f people per sq. km.\n", 1000*$3/$2)
}
' countries
```
（コメント訳）
info – 指定された国の情報を出力
使用法：info 国名

上例は起動コマンドラインの先頭引数を、変数 country へ代入する。

```
$ info Brazil
Brazil:
```

```
            212 million people
            8.358 million sq. km.
            25.4 people per sq. km.
    $
```

例 5-4 の info へは正規表現も渡せる点に注目して欲しい。国名の一部だけの指定や、複数の国名を一度に指定することが可能だ。

```
$ info 'China|USA'
```

定型文書

Awk は、定型文書などフォーマットが固定された文書や、定型書簡内のパラメータを置換する処理も得意だ。

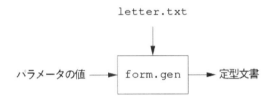

文書の元となるテンプレートはファイル letter.txt に別途用意する。テンプレート内にパラメータがあり、文書を生成する際に実際の値へ置換する。例えば以下に挙げるテンプレートにはパラメータが 4 つあり（#1 から #4）、それぞれ国名、人口、面積、人口密度に置換される。

```
Subject: Demographic インフォメーション - #1
From: AWK Demographics 社

ご照会のあった #1 情報ですが、弊社の最新リサーチによりますと
人口は #2（100 万人）、面積は #3（100 万平方キロメートル）と判明し、
ここから #1 の人口密度は #4 人 / 平方キロメートルとなります。
```

次の入力を渡すと、

```
Bangladesh,164,0.130,1261.5
```

次のような結果が生成される。

```
Subject: Demographic インフォメーション - Bangladesh
From: AWK Demographics 社

ご照会のあった Bangladesh 情報ですが、弊社の最新リサーチによりますと
人口は 164（100 万人）、面積は 0.130（100 万平方キロメートル）と判明し、
ここから Bangladesh の人口密度は 1261.5 人 / 平方キロメートルとなります。
```

次に挙げる form.gen が定型文書生成プログラムだ。

例 5-5　form.gen プログラム

```
# form.gen - generate form letters
#   input:  prototype file letter.txt; data lines
#   output: one form letter per data line

BEGIN {
    FS = ","
    while (getline <"letter.txt" > 0) # read form letter
        form[++n] = $0
}

{   for (i = 1; i <= n; i++) { # read data lines
        temp = form[i]          # each line generates a letter
        for (j = 1; j <= NF; j++)
            gsub("#" j, $j, temp)
        print temp
    }
}
```

(コメント訳)
form.gen – 定型文書を生成
入力：元文書 letter.txt、および置換パラメータ
出力：生成した定型文書
元文書ファイルの読み込み
元文書を 1 行ずつ置換、出力

例 5-5 の form.gen の BEGIN アクションでは、ファイル letter.txt からテンプレートを読み込み、1 行ずつ配列 form に保持する。以降のアクションは入力行（置換パラメータ）を読み込み、保持しているテンプレートのコピーにある #n を gsub により置換している。gsub の先頭引数にある、# と j による文字列の連結に注目して欲しい。

5.3　リレーショナルデータベース

　本節では q という名前の、Awk ライクなクエリ言語を実装する。さらにデータベースの構成を記述した relfile を基に、q のクエリを Awk プログラムへ翻訳するクエリトランスレータ qawk も実装し、これらを基盤に単純なリレーショナルデータベースシステムを構築する。このシステムは Awk に次の 3 つの機能をもたらし、データベース言語へと進化させる。

> フィールドは数字ではなく名前により参照できる。
> データベースファイルを 1 つに制限せず、複数ファイルを使用できる。
> 複数のクエリをインタラクティブに発行できる。

　数字ではなく名前によりフィールドを使用できる利点は言うまでもないだろう。$2 よりも$area の方がずっと直観的で分かりやすい。しかし、データベースを複数ファイルに分散できる利点はまだ腑に落ちないかもしれない。複数ファイル構成のデータベースの方が維持、管理しやすくなる主な理由は、すべてを詰め込んだ大規模な 1 ファイルよりも、ごく少数のフィールドしか持たない小規模ファイルの方が編集しやすい点にある。一般的に言ってもそうだろう。またこのデータベースシステムでは、プログラムを変更することなくデータベースを再構築できる。しかしその一方で、

データベースに情報を追加する際には、整合性を維持するため、関係するファイルすべてを追随させなければならないという欠点もある。

　ここまで扱ってきたデータベースは、1 行に country、area、population、continent の 4 つのフィールドを持つ、countries という単一ファイルだ。このデータベースにファイルを 1 つ追加してみよう。ファイル名を capitals とし、1 行に国名と首都名の 2 つのフィールドを記述する。

```
Russia       Moscow
China        Beijing
USA          Washington
Brazil       Brasilia
India        New Delhi
Mexico       Mexico City
Japan        Tokyo
Ethiopia     Addis Ababa
Indonesia    Jakarta
Pakistan     Islamabad
Bangladesh   Dhaka
```

countries 同様に、capitals もタブ区切りだ。

　ここで countries と capitals から、アジアに属する国名、およびその人口と首都を得たいとすると、両ファイルをスキャンし、その結果を組み合わせて出力することになる。入力データがそれほど大きくなければという条件はあるが、そのコマンド例を挙げよう。

```
awk ' BEGIN { FS = "\t" }
     FILENAME == "capitals" {
         cap[$1] = $2
     }
     FILENAME == "countries" && $4 == "Asia" {
         print $1, $3, cap[$1]
     }
 ' capitals countries
```

仮に次のように記述できれば、ずっと簡単になることは間違いない。

```
$continent ~ /Asia/ { print $country, $population, $capital }
```

　もちろん、この値はどのデータベースに存在するか、またどうすれば同列に扱えるかをプログラムに実装する必要がある。上例のような記述こそ、後述する q で使用するクエリ表現だ。

自然結合

　さて、用語について少し触れておこう。リレーショナルデータベースでは、ファイルは**テーブル**やリレーションと、フィールドは**属性**と呼ばれる。例えば、capitals テーブルは country と capital の属性を持つ、などと使用する。

　自然結合（natural join）または省略して単に「結合」とは、共通する属性を基に、2 つのテーブルを 1 つにまとめる演算だ。結合結果のテーブルには 2 つのテーブルの属性すべてが取り込まれ、重複する属性は 1 つにまとめられる。先に挙げた 2 つのテーブル、countries と capitals を結合すると、次の属性を持つ 1 つのテーブルが得られる（このテーブルを cc と呼ぶことにしよう）。

```
country, area, population, continent, capital
```

ccテーブルにはcountriesとcapitalsの両テーブルに登場する国名の行が生成され、国名に
続き、面積、人口、大陸名、首都が並ぶ。

```
Russia      16376   145    Europe         Moscow
China        9388  1776    Asia           Beijing
USA          9147   331    North America  Washington
Brazil       8358   212    South America  Brasilia
India        2973  1380    Asia           New Delhi
Mexico       1943   128    North America  Mexico City
Indonesia    1811   273    Asia           Jakarta
Ethiopia     1100   114    Africa         Addis Ababa
Pakistan      770   220    Asia           Islamabad
Japan         364   126    Asia           Tokyo
Bangladesh    130   164    Asia           Dhaka
```

　ここで実装する結合演算は、対象のテーブルすべてを共通属性でソートし、その属性が一致する
行同士をマージする。複数のテーブルにある属性を含むクエリに対しては、まず対象テーブルをす
べて結合し、必要に応じ一時ファイルに結合結果を保持し、この結合結果に対しクエリを発行する。
クエリの例を再掲しておこう。

```
$continent ~ /Asia/ { print $country, $population, $capital }
```

　上例のクエリの場合は、まずcountriesとcapitalsを結合し、結果テーブルに対しクエリを発
行する。ここで鍵となるのは、どのテーブルをどう結合するかを判断する汎用的な方法だ。
　Unixコマンドのjoinを用いれば結合演算は可能だ。joinコマンドを使用できない環境ならば、
Awkで実装したバージョンを使用すれば良い。このバージョンは両ファイルの先頭フィールドが一
致する行を結合する。次の2つのテーブルを結合してみよう。

属性1	属性2	属性3
A	w	p
B	x	q
B	y	r
C	z	s

属性1	属性4
A	1
A	2
B	3

　結合結果は**表5-1**のようになる。

表5-1　2つのテーブルの結合結果

属性1	属性2	属性3	属性4
A	w	p	1
A	w	p	2
B	x	q	3
B	y	r	3

　join では入力テーブルのサイズが異なっていても問題ではないが、ソート済みであることは必須だ。出力行は、入力フィールドの先頭が一致する行を組み合わせたものとなる。

　Awk で実装した join プログラムを挙げる。

例 5-6　join プログラム

```
# join - join file1 file2 on first field
#   input:  two sorted files, tab-separated fields
#   output: natural join of lines with common first field

BEGIN {
    OFS = sep = "\t"
    file2 = ARGV[2]
    ARGV[2] = ""  # read file1 implicitly, file2 explicitly
    eofstat = 1   # end of file status for file2
    if ((ng = getgroup()) <= 0)  # ng is the next group
        exit      # file2 is empty
}

{   while (prefix($0) > prefix(gp[1]))
        if ((ng = getgroup()) <= 0)
            exit # file2 exhausted
    if (prefix($0) == prefix(gp[1]))  # 1st attributes in file1
        for (i = 1; i <= ng; i++)      #     and file2 match
            print $0, suffix(gp[i])   # print joined line
}

function getgroup() { # put equal prefix group into gp[1..ng]
    if (getone(file2, gp, 1) <= 0)    # end of file
        return 0
    for (ng = 2; getone(file2, gp, ng) > 0; ng++) {
        if (prefix(gp[ng]) != prefix(gp[1])) {
            unget(gp[ng])     # went too far
            return ng-1
        }
    }
    return ng-1
}

function getone(f, gp, n) {  # get next line in gp[n]
    if (eofstat <= 0) # eof or error has occurred
        return 0
    if (ungot) {       # return lookahead line if it exists
        gp[n] = ungotline
        ungot = 0
        return 1
    }
    return eofstat = (getline gp[n] <f)
}

function unget(s)  { ungotline = s; ungot = 1 }

function prefix(s) { return substr(s, 1, index(s, sep) - 1) }

function suffix(s) { return substr(s, index(s, sep) + 1) }
```

(コメント訳)
join – 先頭フィールドをキーに file1 と file2 を結合
入力：タブ区切りのソート済みファイル
出力：共通する先頭フィールドをキーに自然結合した行
BEGIN
file1 は暗黙に（ディフォルト動作で）読むが、file2 は getline で読む
file2 の EOF 状態を表す変数
ng は次のグループ（next group）を表す
file2 が空ならば終了
body
file2 を読み切ったので終了
先頭属性が file1 と file2 で一致したら行を結合し出力
function getgroup
先頭属性が一致する file2 の行を gp[1..ng] に代入
EOF に達しているので return
読みすぎた（file2 の行を読み込んだが先頭属性が一致しない）
function getone
gp[n] に次行を読み込む
EOF または読み取りエラーが発生したので return
前回読み取りすぎた行があればそれを返す

　上例のプログラムはコマンドライン引数を 2 つとる。いずれも入力ファイル名だ。file1 は Awk が通常通り自動的に 1 行ずつ読み込むが、file2 はプログラムが getline で明示的に読み込む。file1 を処理した後に Awk が file2 を自動的に読む込むのを抑制するため、BEGIN アクションで ARGV[2] に空文字列を代入しておく。file2 からは、file1 と先頭属性が共通する行を読み込み、その属性が続く範囲（グループ）で行を結合し出力する。

　関数 getgroup は、その次に先頭属性が共通する file2 の行（複数の場合もある）を配列 gp に読み込む。読み込んだ行に対し getone をコールするが、読み込んだ結果、先頭属性が共通しないと判明すれば、unget によりその行を別の変数に退避し、配列 gp には代入しない。共通するか否かを判断するには先頭属性を取り出す必要があり、この処理を関数 prefix にまとめてある。将来変更しやすくするためだ。

　関数 getone と unget による入力行のプッシュバック動作をよく理解して欲しい（読み込みはしたけれど配列 gp には代入せず、「未読み取り」状態として扱う）。getone が file2 から次の行を読み取る際には、前回 unget が退避した行があるかをまず確認し、もしあれば新たな行を読み取らず退避しておいた行を返す。

　本章で先に取り上げたコントロールブレイクプログラムでは、1 行多く読み込んだ行の処理を遅延させたが、ここで取り上げたプッシュバック動作はこの問題に対するもう 1 つの解だ。上例の関数 getone と unget によるプッシュバック動作は、読み込んだ行をまだ読み込んでいない振りをするものだ。

演習 5-2. 例 5-6 の join では入力ファイルがソート済みかなどのエラー処理をしていない。この問題を修正しなさい。プログラムはどれだけ肥大するか？

演習 5-3. 1 ファイルを先に読み込み、その内容をすべて保持し、その上で結合する動作の join を

実装しなさい。どちらのバージョンの join が簡潔か?

演習 5-4. 入力ファイルの任意のフィールド(複数の場合あり)を結合し、任意に選択したフィールドのみを任意の順序で出力するよう、**例 5-6** の join を改造しなさい。

relfile

データベースを複数テーブルに分散して持つ場合、どのテーブルにはどんな情報が置かれているかを管理する必要がある。ここではこの情報を relfile というファイルに記述する(名前の「rel」は「relation /関係性」に由来する)。relfile にはデータベース内のテーブル名、そのテーブルが持つ属性名、さらにテーブルがまだ存在していない場合に構築する方法を記述する。すなわち relfile とは次の形式のテーブルディスクリプタ(テーブル記述子)が並んだものだ。

```
tablename:
    attribute
    attribute
    ...
    !command
    ...
```

上例の *tablename*(テーブル名)と *attribute*(属性名)は文字列だ。*tablename* の後にはそのテーブルで使用する属性名の行が続き、属性名の前には空白文字またはタブ文字を置く。属性名の後には、そのテーブルを構築するコマンドを記述する(必須ではなくオプション。複数可)。コマンドの先頭には感嘆符(!)を置く。テーブルにコマンドが記述されていなければ、そのテーブルファイルはすでに存在することを意味し、これをベーステーブル(base table)と言う。データの入力や更新はベーステーブルに対し行う。

relfile にコマンドを記述したテーブルは派生テーブル(derived table)と言う。派生テーブルは必要になった時点で構築される。

本書で使用する、拡張したデータベース用の relfile を挙げる。

```
countries:
        country
        area
        population
        continent
capitals:
        country
        capital
cc:
        country
        area
        population
        continent
        capital
        !sort countries >temp.countries
        !sort capitals >temp.capitals
        !join temp.countries temp.capitals >cc
```

　上例の relfile は、countries と capitals という 2 つのベーステーブルがあり、cc という派生テーブルがあることを表す。cc を構築するには、2 つのベーステーブルそれぞれをソートし、その結果を一時ファイルとし、この一時ファイル同士を結合する。すなわち、次のように構築される。

```
sort countries >temp.countries
sort capitals >temp.capitals
join temp.countries temp.capitals >cc
```

　relfile には**ユニヴァーサル関係テーブル**（universal relation）を含めることがよくある。ユニヴァーサル関係テーブルとは relfile の末尾に記述する、全属性を持たせたテーブルだ。全属性を持たせることにより、属性のどんな組み合わせにも対応できる。上例の cc テーブルは、この国名 – 首都名データベースにおけるユニヴァーサル関係テーブルだ。

　データベースの設計としては、頻繁に発行されるクエリや属性の依存関係を考慮した方が良いだろう。特に複雑なデータベースではそうだ。しかし、少数のテーブルしか持たず、後述する q でも十分な速度が得られる程度の小規模なデータベースでは、relfile が備える威力は見えにくいかもしれない。

q：Awk ライクなクエリ言語

　ここで実装するクエリ言語 q は、内容的には 1 行だけの Awk プログラムだが、フィールドの参照には番号ではなく属性名を用いる。クエリを処理するクエリトランスレータ qawk は発行されたクエリを次のように処理する。

> 発行されたクエリに記述された属性をすべて特定する。

> relfile の先頭から始め、特定した属性をすべて持つテーブルを特定する。最初に見つかったテーブルがベーステーブルならば、そのテーブルをクエリの入力として使用する。テーブルが派生テーブルならば、その派生テーブルを構築し、クエリの入力として使用する（すなわち、ベーステーブルか派生テーブルかを問わず、クエリに使用される属性の組み合わせをすべて網羅するテーブルが、relfile に記述されていなければならない）。

> 発行された q クエリを Awk プログラムへ翻訳する。すなわち、名前によるフィールド参照を、Awk 本来の番号によるフィールド参照へ置換する。置換後に前項で決定したテーブルに対しクエリを発行する。

　q クエリの例を挙げる。

```
$continent ~ /Asia/ { print $country, $population }
```

　上例の q クエリは continent、country、population の 3 つの属性を使用している。すべて最初に記述されている countries テーブルに記述されている属性だ。クエリトランスレータはこのクエリを次の Awk プログラムへ翻訳する。

```
$4 ~ /Asia/  { print $1, $3 }
```

上例が `countries` ファイルに対し実行する Awk プログラムだ。
q クエリの例を続ける。

```
{ print $country, $population, $capital }
```

今度のクエリには `country`、`population`、`capital` の属性があるが、これをすべて持つのは派生テーブル `cc` しか存在しない。そのためクエリトランスレータは `relfile` に記述されたコマンドにより `cc` を構築し、その後次のように翻訳したクエリを発行する。

```
{ print $1, $3, $5 }
```

上例の Awk プログラムをたった今生成したばかりの `cc` ファイルに対し実行する。

ここまで「クエリ」という用語を用いてきたが、この単語が本来持つ検索／問い合わせ以外にも、qawk では計算なども可能だ。面積の平均を求める例を挙げる。

```
{ area += $area }; END { print area/NR }
```

qawk：q-Awk トランスレータ

本章を締めくくるのは、 q クエリを Awk プログラムへ翻訳する qawk の実装だ。

qawk はまず `relfile` を読み込み、テーブル名を配列 `relname` に保持する。また、テーブルを構築するコマンドがあれば配列 `cmd` にやはり保持する。例えば i 番目のテーブルを構築するコマンドならば、`cmd[i,1]` から順に代入する。さらにテーブルが持つ属性（のインデックス）を 2 元配列 `attr` に保持する。同様に例を挙げると、i 番目のテーブルの属性 a のインデックスを `attr[i,a]` へ代入する。

次に qawk はクエリを読み込み、使用されている属性を特定する。クエリ内で $name と記述されている文字列だ。続いて `subset` 関数により、クエリ内の全属性を持つ最初のテーブル T_i を特定する。その後、クエリ内の属性をインデックスに置換し、Awk プログラムを生成する。テーブル T_i を構築する必要があればそのコマンドも実行し、最後に T_i を入力とし、生成したばかりの Awk プログラムを実行する。

`relfile` の読み込み以降の、クエリの読み込み／置換／テーブルの特定／ Awk プログラム実行の処理サイクルを、クエリが発行される度に繰り返す。**図 5-1** に qawk の動作概要を示す。

qawk の実装を挙げる。

例 5-7　qawk プログラム

```
# qawk - awk relational database query processor

BEGIN { readrel("relfile") }
/./   { doquery($0) }

function doquery(s,   i,j) {
    delete qattr  # clean up for next query
    query = s    # put $names in query into qattr, without $
    while (match(s, /\$[A-Za-z]+/)) {
        qattr[substr(s, RSTART+1, RLENGTH-1)] = 1
        s = substr(s, RSTART+RLENGTH+1)
```

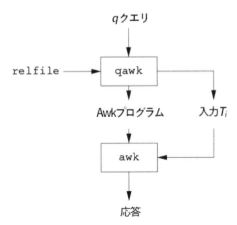

図 5-1　qawk の動作

```
    }
    for (i = 1; i <= nrel && !subset(qattr, attr, i); )
        i++
    if (i > nrel) {   # didn't find a table with all attributes
        missing(qattr)
    } else {          # table i contains attributes in query
        for (j in qattr)   # create awk program
            gsub("\\$" j, "$" attr[i,j], query)
        for (j = 1; j <= ncmd[i]; j++)  # create table i
            if (system(cmd[i, j]) != 0) {
                print "command failed, query skipped\n", cmd[i,j]
                return
            }
        awkcmd = sprintf("awk -F'\t' '%s' %s", query, relname[i])
        printf("query: %s\n", awkcmd)   # for debugging
        system(awkcmd)
    }
}

function readrel(f) {
    while (getline <f > 0) {  # parse relfile
        if ($0 ~ /^[A-Za-z]+ *:/) {      # name:
            gsub(/[^A-Za-z]+/, "", $0)  # remove all but name
            relname[++nrel] = $0
        } else if ($0 ~ /^[ \t]*!/)      # !command...
            cmd[nrel, ++ncmd[nrel]] = substr($0,index($0,"!")+1)
        else if ($0 ~ /^[ \t]*[A-Za-z]+[ \t]*$/)  # attribute
            attr[nrel, $1] = ++nattr[nrel]
        else if ($0 !~ /^[ \t]*$/)       # not white space
            print "bad line in relfile:", $0
    }
}

function subset(q, a, r,   i) {  # is q a subset of a[r]?
```

```
        for (i in q)
            if (!((r,i) in a))
                return 0
        return 1
}

function missing(x,   i) {
    print "no table contains all of the following attributes:"
    for (i in x)
        print i
}
```

（コメント訳）
qawk – awk リレーショナルデータベースクエリ処理系
function doquery
次のクエリに備えクリーンナップ
クエリ中の $name を、$ を削除の上 qattr へ代入
クエリ中の全属性を持つテーブルが存在しない
i 番目のテーブルがクエリ中の全属性を持つ
awk プログラムを生成
i 番目のテーブルを構築
デバッグ出力
function readrel
relfile を解析
テーブル名：
名前文字列以外は削除
！コマンド行はあるか
属性
先頭文字は空白またはタブか
function subset
q は a[r] に含まれるか？

演習 5-5. 使用環境が Awk の system 関数に未対応の場合は、一連のコマンドを別ファイル（複数ファイル可）に書き出し、別途実行するように**例 5-7** の qawk を改造しなさい。

演習 5-6. 例 5-7 の qawk は派生テーブルを構築する際に 1 コマンドずつ system 関数をコールするが、この動作を一度の system 関数で全コマンドを実行するよう改造しなさい。

演習 5-7. 使用する派生テーブルがこれまでに構築したことがあるかを確認するよう、**例 5-7** の qawk を改造しなさい。構築したことがあり、かつ作成元ベーステーブルがそれ以降更新されていなければ、派生テーブルを再構築する必要はなく、以前に構築したものを再利用できる。「7 章 専用言語」に示す make プログラムも参考にしなさい。

演習 5-8. マルチラインクエリ（複数行クエリ）を入力／編集する機能を実装しなさい。例 5-7 の qawk にわずかな改造を加えれば、マルチラインクエリに対応させられる。編集機能についてはユーザの好みのテキストエディタを起動する方法や、Awk で簡易エディタを実装する方法が考えられる。

5.4　章のまとめ

　前章までは Awk のアドホックな使用例が多かったのに対し、本章では情報へのアクセスと表示を系統立てて示した。

　レポート生成処理は「**分割統治法**（divide and conquer）」が最適な場合が多い。データの準備専用のプログラム、必要に応じソート、最後に別プログラムでの書式出力という構造だ。コントロールブレイクは処理を遅延させるか、または入力行のプッシュバック方式で処理できる。入力行のプッシュバックの方が綺麗に対応できる場合がある（本章では取り上げなかったが、パイプラインで処理できる場合もある）。書式の細かい部分については、手で文字数を数えることはせず、機械的な部分にはプログラムを用いるのが良い。

　Awk は製品として販売されるようなデータベース向けのツールではないが、個人用途の小規模データベースに対しては非常に効果的だ。また、基礎概念を説明する場面でも役立つ。本章の**例 5-7** qawk トランスレータはこの 2 点を示す好例だ。

6章
テキスト処理

　本章で例示するプログラムには共通テーマがある。自然言語のテキスト操作だ。単語や文章をランダムに生成する、限定的ながらもユーザと対話する、などのテキスト処理だ。大半のプログラムは説明を目的としているため、実用性は高くなく玩具程度かもしれないが、ドキュメント執筆支援プログラムとして実用されているものもある。

6.1　ランダムなテキスト生成

　ランダムデータ生成プログラムには多様な用途がある。Awk では疑似乱数を 1 つ返す組み込み関数、rand が核となる。rand 関数は種（seed、疑似乱数生成の初期値）から乱数を生成するため、異なる乱数シーケンスが欲しければ、srand(n) を一度コールし、rand を種 n で初期化する必要がある。srand の引数を省略するとディフォルトで現在時刻が用いられる。srand の戻り値は前回使用した種なので、これを用いれば乱数シーケンスを再現できる。

ランダムな選択

　rand が返す戻り値は 0 以上 1 未満の浮動小数点数だが、欲しい乱数は 1 から n までの整数という場合が多い。rand の戻り値から整数乱数を算出するのは容易だ。

例 6-1　randint 関数

```
# randint - return random integer k, 1 <= k <= n

function randint(n) {
    return int(n * rand()) + 1
}
（コメント訳）
randint - 整数乱数 k、1 <= k <= n
```

　上例の randint(n) は rand から得た浮動小数点数を 0 から n の範囲に収まるよう乗算する。小数点以下を切り捨て、0 から n-1 の範囲の整数とし、1 を加える。

　例 6-1 の randint を用いると、次のように文字をランダムに選択できる。

```
# randlet - generate random lower-case letter

function randlet() {
```

```
        return substr("abcdefghijklmnopqrstuvwxyz", randint(26), 1)
    }
```
(コメント訳)
randlet – アルファベット小文字をランダムに生成

同様に n 個の要素を持つ配列 x[1]、x[2]、…、x[n] から、要素をランダムに出力する場面でも利用できる。

```
    print x[randint(n)]
```

もっと面白い問題がある。既存の配列の要素をランダムに選択し出力するが、その順序は**元配列内での順序を維持する**のだ。例えば配列 x の要素が昇順で並んでいれば、ランダムに選択した結果も昇順でなければならない。

次に挙げる関数 randk は、配列 a の先頭 n 個の要素から、ランダムに選択した k 個の要素を、順序を維持し出力する。

例 6-2　randk 関数
```
    # randk - print in order k random elements from a[1]..a[n]

    function randk(a, k, n,    i) {
        for (i = 1; n > 0; i++)
            if (rand() < k/n--) {
                print a[i]
                k--
            }
    }
```
(コメント訳)
randk – a[1]..a[n] からランダムな k 個を順序を維持し出力

上例の関数では変数 k が出力の残数を、n が配列内要素の残数を表す。i 番目の要素を出力するか否かを判断するのが条件式 rand() < k/n だ。その要素を出力すれば k をデクリメントし、また、判断結果に関わらず、要素を 1 つ判断すれば n をデクリメントする。

同じテーマだが若干変形したプログラムもある。入力されたデータからランダムに 1 つを選択するプログラムだ。次に挙げる randline は入力量とは独立に、一様な確率で（均等に）、入力の 1 行を選択する。

```
    # randline - print one random line of input stream

    awk ' BEGIN { srand() }
        { if (rand() < 1 / ++n) out = $0 }
        END { print out }
    ' $*
```
(コメント訳)
randline – 入力行をランダムに 1 つ出力する

有用なアルゴリズムの好例と言え、またクラスにいる学生から 1 人を選び出すという面白い使い方もできる（少なくとも教師側から見れば面白い）。

使用例も挙げておこう。

```
$ randline class.list
John
$ randline class.list
Jane
$
```

　変形したプログラムをもう 1 つ挙げよう。入力行をランダムに並べ換えるプログラムだ。次に示す通り容易に実装できる。

```
BEGIN { srand() }
{ x[rand()] = $0 }
END { for (i in x) print x[i] }
```

　上例では BEGIN ブロックにある srand が、プログラム実行の度に新たな並びとなることを保証する。入力行はすべて内部配列に保持するが、その際の添字をランダムとする。配列から入力行を出力する際の順序を決定するのは for ループだ。この出力順序は指定できずランダムと言えなくもないが、実は Awk の実装により固定されている。そのため rand の実行が必須となる。

演習 6-1. rand の戻り値が実際にどれほどランダムかを確認しなさい。

演習 6-2. 例 6-2 の randk は、引数 n に応じ実行時間が増減する。すなわち n に比例する。1 から n までの重複しない整数乱数を k 個出力し、実行時間が k に比例するプログラムを実装しなさい。

演習 6-3. トランプゲーム「ブリッジ」のランダムな手札を生成するプログラムを実装しなさい。

ランダムなことわざ生成

　ことわざのような決まり切った文から新たな文を生成する、cliché（クリシェ、決まり文句）生成プログラムを考えよう。次のような文を渡すとする。

例 6-3　cliche データ

```
A rolling stone:gathers no moss.
History:repeats itself.
He who lives by the sword:shall die by the sword.
A jack of all trades:is master of none.
Nature:abhors a vacuum.
Every man:has a price.
All's well that:ends well.
転石:苔を生ぜず
歴史は:繰り返す
剣に生きる者は:剣に死す
多芸は:無芸
自然は:真空を嫌う
誰にも:賄賂は効くものだ
終わり良ければ:すべて良し
```

上例では主語と述語をコロンにより区切っている。cliché プログラムは主語と述語それぞれをランダムに選択し、これをつなげ、新たな文を生成する。運が良ければ、風変わりなことわざを生み出すこともあるだろう。

```
A rolling stone repeats itself.
History abhors a vacuum.
Nature repeats itself.
All's well that gathers no moss.
He who lives by the sword has a price.
転石 繰り返す
歴史は 真空を嫌う
自然は 繰り返す
終わり良ければ 苔を生ぜず
剣に生きる者は 賄賂は効くものだ
```

プログラムコードは直観的で分かりやすい。

例 6-4 cliche プログラム
```
# cliche - generate an endless stream of cliches
#     input:  lines of form subject:predicate
#     output: lines of random subject and random predicate

BEGIN { FS = ":" }

      { x[NR] = $1; y[NR] = $2 }

END   { for (;;) print x[randint(NR)], y[randint(NR)] }

function randint(n) { return int(n * rand()) + 1 }
```
（コメント訳）
cliche – クリシェを無限に生成
入力：主語と述語をコロンで区切った文
出力：主語と述語それぞれをランダムに選択しつなげた文

上例のプログラムは、敢えて無限ループしているので使用には注意が必要だ。

訳者補足
本訳では **例 6-3** に日本語データを加えたため、**例 6-4** の cliché プログラムの出力に不自然な点が生まれます。具体的には、和文には本来存在しない空白文字が挿入される、主語と述語で英文と和文が混ざる、の 2 点です。
前者の空白文字については、print 文にあるカンマを空白で置き換えれば抑制できます（文字列の連結演算）。しかし、英文の場合でも文字列を連結してしまうと、今度は英単語がつながってしまい英文がおかしくなってしまいます。この点に対処するには和文と英文で出力を切り分ける必要があり、これはそのまま英文和文が混ざってしまう点への対処になります。
単純にデータファイルを英文のみ、和文のみの 2 つに分け、cliché プログラムもそれぞれ個別に実行する方法もありますが（print 文のカンマについては、オプション引数や文字種別の判定で対応できるでしょう）、以下に同一ファイルに和文を加えた場合に対処するコードを示します。

```
BEGIN { FS = ":" }

      { x[NR] = $1; y[NR] = $2 }
```

```
              !begin_j &&
              #!/^[\x01-\x7f]+$/
              !/^[[:cntrl:][:punct:][:space:][:alnum:]]+$/ \
                      { begin_j = NR }

END     { for (;;) {
                      i = randint(NR)
                      j = randint(begin_j - 1)
                      if (i < begin_j)
                          print x[i], y[j]
                      else
                          print x[i] y[j + begin_j - 1]
                  }
              }

function randint(n) { return int(n * rand()) + 1 }
```

英文に続き和文が並ぶことを前提とし、和文が始まる行番号を変数 begin_j に保持します。この時、和文か否かの判断には、ascii 文字のみからなる行の否定という正規表現を用いています。
END アクションでの出力では、randint から得た乱数を行番号とし、begin_j との大小比較で英文和文を区別しています。

演習 6-4. ランダムに生成した結果が、元の文と一致した場合は出力しないよう、**例 6-4** の cliche プログラムを改造しなさい。

ランダムな文章

　一連の文を生成、解析する規則をまとめたものを**文脈自由文法**（context-free grammar）と言う。ここでその規則 1 つ 1 つを**生成規則**（production）と言い、次の形式をとる。

$$A \rightarrow B\ C\ D\ ...$$

　上例の生成規則は、任意の A を B　C　D　... と「書き換え」られるという意味だ。左辺のシンボル A はさらに展開可能なため、**非終端シンボル**（nonterminal symbol）と言う。右辺にはこれ以上展開されない**終端シンボル**（terminal symbol）か、または（A のような）非終端シンボルを記述できる。左辺が同一の生成規則が複数存在することもある。

　「**7.7 サブセット Awk 用の再帰下降型パーサ**」では Awk 自身の文法の一部を披露し、これを基に Awk プログラムを解析するパーサを実装するが、本章では解析より生成に焦点を当てる。例えば「the boy walks slowly（少年はゆっくり歩く）」、「the girl runs very very quickly（少女はとてもとても速く走る）」のような文を生成する規則だ[*1]。

例 6-5　文の生成規則
```
Sentence -> Nounphrase Verbphrase
```

[*1] 訳者注：日本語用の生成規則を追加しました。動詞句には、日本語用に動詞の位置を移動したものも 1 つ追加定義してあります。

```
Nounphrase -> the boy
Nounphrase -> the girl
Verbphrase -> Verb Modlist Adverb
Verb -> runs
Verb -> walks
Modlist ->
Modlist -> very Modlist
Adverb -> quickly
Adverb -> slowly
文 -> 名詞句 動詞句
名詞句 -> 少年は
名詞句 -> 少女は
動詞句 -> 動詞 修飾語句リスト 副詞
動詞句 -> 修飾語句リスト 副詞 動詞
動詞 -> 走る
動詞 -> 歩く
修飾語句リスト ->
修飾語句リスト -> とても 修飾語句リスト
副詞 -> 速く
副詞 -> 遅く
```

ここでは非終端シンボルには大文字を、終端シンボルには小文字を用いる。

上例の生成規則が非終端シンボルの文を生成する過程を述べる。初めの非終端シンボルを Sentence / 文とする。この非終端シンボルを左辺に持つ生成規則を1つ選択する。

```
Sentence -> Nounphrase Verbphrase
      文 -> 名詞句 動詞句
```

次に右辺から任意の非終端シンボルを選択する。Nounphrase / 名詞句を選択すると、これを左辺に持つ生成規則をやはり1つ選択し、これを用い文を書き換える。

```
Sentence -> Nounphrase Verbphrase
         -> the girl Verbphrase
      文 -> 名詞句 動詞句
         -> 少女は 動詞句
```

書き換え結果の右辺にある非終端シンボルを選択し（もう Verbphrase / 動詞句しか残っていない）、生成規則を用い再び書き換える。

```
Sentence -> Nounphrase Verbphrase
         -> the girl Verbphrase
         -> the girl Verb Modlist Adverb
      文 -> 名詞句 動詞句
         -> 少女は 動詞句
         -> 少女は 動詞 修飾語句リスト 副詞
```

この書き換えを、非終端シンボルがなくなるまで繰り返す[2]。

---

[2] 訳者注：本訳では **例6-5** に日本語文を生成する規則を追加しましたが、本文では英文生成規則が乱数により選択された例を述べており、結果的に日本語文としては動詞の位置が不自然になっています。

```
Sentence -> Nounphrase Verbphrase
         -> the girl Verbphrase
         -> the girl Verb Modlist Adverb
         -> the girl runs Modlist Adverb
         -> the girl runs very Modlist Adverb
         -> the girl runs very very Modlist Adverb
         -> the girl runs very very Adverb
         -> the girl runs very very quickly
     文 -> 名詞句 動詞句
        -> 少女は 動詞句
        -> 少女は 動詞 修飾語句リスト 副詞
        -> 少女は 走る 修飾語句リスト 副詞
        -> 少女は 走る とても 修飾語句リスト 副詞
        -> 少女は 走る とても とても 修飾語句リスト 副詞
        -> 少女は 走る とても とても 副詞
        -> 少女は 走る とても とても 速く
```

非終端シンボルから開始し、文が得られた。この書き換え作業は小学校で習う文を組み立てる手順とは方向性が真逆だ。副詞と動詞を組み合わせ動詞句を作るのではなく、動詞句を動詞と副詞に展開するという方向性だ。

Modlist / 修飾語句リストの生成規則が 1 つではない点に注目して欲しい。Modlist を very Modlist に書き換える生成規則があるが、これを再帰的に繰り返しては文が長くなるばかりだ。そのため文が無限に長くなってしまうのを止める生成規則がある。Modlist を null 文字列に書き換える生成規則だ。

いよいよプログラムを披露しよう。指定された任意の非終端シンボルから始まり、生成規則に則り文を生成するプログラムだ[3]。このプログラムはファイルから生成規則を読み込み、左辺が登場する回数、その左辺が持つ右辺の数、さらにそれぞれの要素数をカウントし保持する。その後非終端シンボルが入力されると、その非終端シンボルに対するランダム文を生成する。

このプログラムでは 3 つの配列を用い、生成規則を表現する。lhs[A] は左辺の非終端シンボル A に対する生成規則数を、rhscnt[A,i] は A に対する i 番目の生成規則の右辺にあるシンボル数を、rhslist[A,i,j] は A に対する i 番目の右辺にある j 番目のシンボルを表す。ここで使用する生成規則では、**図 6-1** の配列になる。

```
# sentgen - random sentence generator
#   input:  grammar file; sequence of nonterminals
#   output: a random sentence for each nonterminal

BEGIN {  # read rules from grammar file
    while (getline < "grammar" > 0)
        if ($2 == "->") {
            i = ++lhs[$1]                # count lhs
            rhscnt[$1, i] = NF-2         # how many in rhs
            for (j = 3; j <= NF; j++)    # record them
                rhslist[$1, i, j-2] = $j
        } else
```

---

[3] 訳者注：カレントディレクトリに grammar という名前で**例 6-5** の生成規則ファイルを用意し、$ echo Sentence | awk -f sentgen または $ echo 文 | awk -f sentgen と実行します。

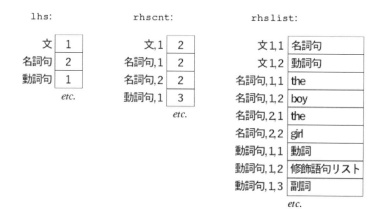

図6-1　生成規則を表現する配列

```
            print "illegal production: " $0
    }

{   if ($1 in lhs) {  # nonterminal to expand
        gen($1)
        printf("\n")
    } else
        print "unknown nonterminal: " $0
}

function gen(sym,   i, j) { # print random phrase derived from sym
    if (sym in lhs) {       # a nonterminal
        i = int(lhs[sym] * rand()) + 1   # random production
        for (j = 1; j <= rhscnt[sym, i]; j++) # expand rhs's
            gen(rhslist[sym, i, j])
    } else
        printf("%s ", sym)
}
```

(コメント訳)
sentgen – ランダム文生成
入力：生成規則ファイル、および非終端シンボル
出力：非終端シンボルに対するランダム文
BEGIN
生成規則ファイルから生成規則を読み込む
lhs をカウント
右辺のシンボル数をカウント
配列に保持
body
展開する非終端シンボル
function gen
sym から展開したランダム文を出力
非終端シンボル
生成規則をランダムに選択

右辺を展開

　上例の関数 gen("A") が非終端シンボル A に対するランダム文を生成する。自身を再帰コールし、前回コールの結果にある非終端シンボルを展開する。ここで重要となるのが関数内に閉じたローカル変数だ。gen 関数宣言の引数リストで実際に渡されない引数はローカル変数となるが、引数に宣言し忘れるとグローバル変数と扱われてしまい、この再帰コールは正常に動作しなくなるだろう。

　ここでは右辺の数と要素を保持する配列を分けたが、配列の次元数を増やし添字とすることも可能だ。こうすると、他のプログラミング言語で言うレコードや構造体に近い形になる。例えば配列 rhscnt[i,j] を rhslist の一部とし、rhslist[i,j,"cnt"] とする形だ。

演習 6-5. 好きな分野を選び、もっともらしく聞こえる文を生成する生成規則を記述しなさい。分野はビジネス、政治、計算機科学などなんでも良い。

演習 6-6. 生成規則の定義によっては、文章生成プログラムが展開する語句が長くなるばかりの状態が、無視できないほど高い確率で発生する恐れがある。この状態を防ごう、展開に長さ制限を設ける仕組みを追加しなさい。

演習 6-7. 一部の非終端シンボルに関する生成規則が他の生成規則よりも選択されやすくなるよう、生成規則に確率を追加しなさい。

演習 6-8. ランダム文生成プログラムの非再帰バージョンを実装しなさい。

6.2　インタラクティブなテキスト操作

　Awk ではインタラクティブ（対話型）プログラムも実装できる。本節では計算問題を出題するプログラムと、特定の分野での知識を問うプログラムを例示し、基本的な考え方を示す。

計算問題プログラム

　プログラム arith は次に挙げるような簡単な足し算の問題を出す（園児や低学年児童には最適）。

```
7 + 9 = ?
```

　出題に対しユーザは解答をキーボードから入力する。答えが合っていればユーザを褒め、次の問題へ進む。間違っていれば同じ問題を再度出題する。ユーザが何も解答しなければ、正答を出力し次の問題へ進む。

　プログラムの実行方法は 2 通りある。

```
$ awk -f arith
```

もしくは次のように実行する。

```
$ awk -f arith maxnum
```

　コマンドラインで arith に続き引数を渡した場合、その引数の値を計算問題で使用する数値の上限とする。プログラムは引数を処理すると、ARGV[1] へ "-" を代入する。ユーザ解答を標準入力から読み込むためだ。コマンドラインに引数を渡されなければ、上限値を 10 とする。

```
# arith - addition drill
#   usage:  awk -f arith [ optional problem size ]
#   output: queries of the form "i + j = ?"

BEGIN {
    maxnum = ARGC > 1 ? ARGV[1] : 10    # default size is 10
    ARGV[1] = "-"   # read standard input subsequently
    srand()         # reset rand from time of day
    do {
        n1 = randint(maxnum)
        n2 = randint(maxnum)
        printf("%g + %g = ? ", n1, n2)
        while ((input = getline) > 0) {
            if ($0 == n1 + n2) {
                print "Right!"
                break
            } else if ($0 == "") {
                print n1 + n2
                break
            } else
                printf("wrong, try again: ")
        }
    } while (input > 0)
}

function randint(n) {
    return int(rand()*n)+1
}
```
（コメント訳）
arith – 足し算ドリル
使用法：awk -f arith [オプションで問題に使用する数値の上限]
出力："i + j = ?" 形式の計算問題
ディフォルト値は 10
以降は標準入力から読み込む
rand を現在時刻でリセット

演習 6-9. 加算以外の計算を追加しなさい。

演習 6-10. ユーザが誤答した場合はヒントを出力しなさい。

クイズプログラム

　もう 1 つ例を挙げよう。今度のプログラムは quiz と言い、ある分野の問題と解答を指定されたファイルから読み込み、ユーザに出題する。化学分野から元素の問題を出題するとしよう。出題元ファイル quiz.elems には、元素記号、原子番号、元素名がコロン区切りで記述されている。先頭の 1 行はフィールドの識別名を表す。また、元素の別名は、縦棒で区切り記述する。

```
symbol:number:name | element
H:1:Hydrogen
He:2:Helium
Li:3:Lithium
Be:4:Beryllium
B:5:Boron
C:6:Carbon
N:7:Nitrogen
O:8:Oxygen
F:9:Fluorine
Ne:10:Neon
Na:11:Sodium | Natrium
H:1:水素
He:2:ヘリウム
Li:3:リチウム
Be:4:ベリリウム
B:5:ホウ素
C:6:炭素
N:7:窒素
O:8:酸素
F:9:フッ素
Ne:10:ネオン
Na:11:ナトリウム
...
```

quiz プログラムを挙げる。

例 6-6 quiz プログラム

```
# quiz - present a quiz
#   usage: awk -f quiz topicfile question-subj answer-subj

BEGIN {
    FS = ":"
    if (ARGC != 4)
        error("usage: awk -f quiz topicfile question answer")
    if (getline <ARGV[1] < 0)     # 1st line is subj:subj:...
        error("no such quiz as " ARGV[1])
    for (q = 1; q <= NF; q++)
        if ($q ~ ARGV[2])
            break
    for (a = 1; a <= NF; a++)
        if ($a ~ ARGV[3])
            break
    if (q > NF || a > NF || q == a)
        error("valid subjects are " $0)
    while (getline <ARGV[1] > 0) # load the quiz
        qa[++nq] = $0
    ARGC = 2; ARGV[1] = "-"        # now read standard input

    srand()
    do {
        split(qa[int(rand()*nq + 1)], x)
        printf("%s? ", x[q])
        while ((inputstat = getline) > 0) {
            if ($0 ~ "^(" x[a] ")$") {
                print "Right!"
```

```
                    break
                } else if ($0 == "") {
                    print x[a]
                    break
                } else {
                    printf("wrong, try again: ")
                }
            }
        } while (inputstat > 0)
    }

    function error(s) {
        printf("error: %s\n", s) > "/dev/stderr"
        exit
    }
    (コメント訳)
    quiz – クイズを出題
    使用法：awk -f quiz 出題元ファイル 出題フィールド 解答フィールド
    先頭行はコロン区切りのフィールド名
    出題元ファイルを読み込む
    標準入力を読み込む
```

　上例のプログラムは出題元ファイルの先頭行を基に、どのフィールドを出題に用いるか、また答え合わせにはどのフィールドを用いるかを判断する。その後、出題元ファイルを配列に読み込み、ここから問題をランダムに選択し、出題後答え合わせをする。元素名を出題し、元素記号を回答させる場合は、次のように実行する。

```
$ awk -f quiz quiz.elems name symbol
```

次のように対話が始まる。

```
Beryllium? B
wrong, try again: Be
Right!
Fluorine?
...
```

　元素の別名も（例えばナトリウムは sodium とも natrium とも言う）、正規表現を利用すれば容易に扱える点に注目して欲しい。答え合わせの際には正規表現を ^ と $ で囲む必要がある。これを怠ると部分文字列が一致してしまい、誤って正解と判定してしまう恐れがある（N が正答の場合でも、Ne にも Na にも一致してしまう）。

　また、エラーメッセージは /dev/stderr へ出力するようにしている。プログラムの標準出力がファイルへリダイレクトされている場合に備えての対応だ。

演習 6-11. 同じ問題を複数回出題しないよう、**例 6-6** の quiz プログラムを改造しなさい。

6.3　テキスト処理

　Awk は強力な文字列操作機能を備えており、テキスト処理、ドキュメントの執筆などでは特に威力を発揮する。本節では、単語カウント、テキスト整形、クロスリファレンスの管理、KWIC インデックス[*4]の生成、索引生成などのプログラムを例示する。

単語カウント

　「1 章 Awk チュートリアル」ではファイル内の行数、単語数、文字数をカウントするプログラムを例示したが、この時は空白文字でもタブ文字でもないものが 1 文字以上連続したものを単語とみなしていた。

　似た問題に、ドキュメントに登場する重複しない単語数をカウントするというものがある。この場合は、単語を 1 行に独立させ、同一単語をまとめるようソートし、コントロールブレイクプログラムで単語別にカウントすれば良い。

　方法はもう 1 つあり、こちらの方が Awk に向いているが、単語を 1 行に独立させ、単語ごとの頻度を連想配列でカウントする方法だ。ここで正確にカウントするには、単語の真の定義を確実にしなければならない。次に挙げるプログラムでは、句読点や括弧などの約物を削除し、残ったフィールドを単語とする。例えば「word」、「word;」、「(word)」をすべて同じ「word」とカウントする。END アクションでは単語の頻度で降順にソートし出力する。

例 6-7　wordfreq プログラム

```
# wordfreq - print number of occurrences of each word
#   input:   text
#   output: number-word pairs sorted by number

    { gsub(/[.,:;!?(){}]/, "")    # remove punctuation
      for (i = 1; i <= NF; i++)
          count[$i]++
    }

END { for (w in count)
          print count[w], w | "sort -rn"
      close("sort -rn")
    }
```

（コメント訳）
wordfreq－単語別頻度
入力：テキスト
出力：頻度でソートした、頻度－単語のペア
約物を削除

上例のプログラムに本書のドラフト原稿を渡した際の出力から、上位 1 ダースの単語を挙げる。

```
3378 the   1696 of    1574 a     1363 is    1254 to      1222 and
 969 in     659 The    621 that   533 are    517 program   507 for
```

[*4] 訳者注：keyword in context index。使用方法や文脈を把握できるようにする目的で、キーワードの前後を含めた索引。フレーズ索引や文脈中キーワード索引とも言います。

　カウント合計時に tolower 関数を用いれば、大文字の単語 The と小文字の単語 the をまとめるのは容易だが、意味があるかもしれない大文字／小文字の違いを無視してしまう。また、sort コマンドに -fd オプションを渡し、大文字／小文字を区別せずソートすると、非英字アルファベット文字を無視しつつ大文字／小文字の違いを除く、同じ綴りの単語をまとめられるが、ここで隠れていた問題点が見えて来る。ハイフンの不一致（commandline と command-line）、大文字／小文字の使い方（JavaScript と Javascript）、異なる綴り（judgment と judgement）など、どちらも正しいけれど表記が異なる単語だ。

　そろそろ文字クラスの出番のようだ。文字クラスは同種の文字を表現する省略記法で、Unicode にも対応している。例えば [[:punct:]] という正規表現は、環境変数[5]が定義するローカル文字セットの約物 1 文字に一致する。約物文字を扱うプログラムでは、適切なローカル言語を正しく処理するようこの文字クラスを使用する。

　文字クラスは他にも数字、英数字、空白文字類などに対応するものがある。仕様詳細はリファレンスマニュアル「**A.1.4 正規表現詳細**」を参照されたい。本書ではそれほど活用していないが、北米の英語圏以外の環境で動作する予定があるプログラムでは、文字クラスの使用は良い選択だろう。

　sort にオプションを渡す代わりに、目的のソート結果となるキーを出力行の先頭に付加する方法もある。その部分のプログラムを示そう。

```
pfx = tolower($0)
gsub(/[^a-z]/, "", pfx)
print pfx, $0
```

　上例はすべて小文字に変換した上で、非英字アルファベットを削除したものでソートされるよう、出力文字列の先頭に付加している。実質的に辞書順ソートだ。ここでも /[[:alpha:]]/ のような Unicode 対応の正規表現が使用できる。非 ASCII 環境ではより信頼できる表現だ。

演習 6-12. 本文に挙げたリストにある「a」、「the」のような頻度は高いけれど重要な意味を持たない単語「ストップワード（除外語、stop word）」を排除するよう、**例 6-7** の wordfreq を改造しなさい。

演習 6-13. 曖昧な表現や「quite」、「probably」、「perhaps」、「very」など特定種類の単語、不要な副詞のみを処理するよう、**例 6-7** の wordfreq を改造しなさい。

演習 6-14. ドキュメント内の文の数と長さをカウントするプログラムを実装しなさい。

テキストの整形

　次に取り上げる例 fmt は、入力テキストを最長 60 文字の行に分割する。但し、1 行内にはできるだけ多くの単語を詰め込む。段落を区切るのは空行とし、他に整形に関するコマンドはない。元テキストが行長を考慮していない場合に有用な整形だ。

---

[5] 訳者注：LC_ALL や LANG など。

例 6-8　fmt プログラム

```
# fmt - format text into 60-char lines

/./   { for (i = 1; i <= NF; i++) addword($i) }
/^$/  { printline(); print "" }
END   { printline() }

function addword(w) {
    if (length(line) + length(w) > 60)
        printline()
    line = line space w
    space = " "
}

function printline() {
    if (length(line) > 0)
        print line
    line = space = ""   # reset for next line
}
```
(コメント訳)
fmt – 行長 60 文字で整形
次行に備えリセット

　例 6-8 の fmt は Markdown の最低限のバージョンとも言える。Markdown は近年広く普及している軽量マークアップ言語で、明示的なコマンドを用いずテキストを整形する。本書にあるすべてのプログラム中で、著者陣（の 1 人）がもっとも多く使用したのがこの fmt だ。

演習 6-15. 行長を指定できるよう**例 6-8** の fmt を改造しなさい。行長は、コマンドライン引数または Awk の -v オプションで数値として渡すものとする。

演習 6-16. 出力行の右側に空白文字を追加し、右マージンを揃えるよう**例 6-8** の fmt を改造しなさい。

演習 6-17. 題名、見出し、列挙など、Markdown が備える機能で表現できる部分を見つけ、ドキュメントの適切な整形を推測するよう**例 6-8** の fmt を改造しなさい。fmt 自身で整形するのではなく、ドキュメントに整形キーワード（フォーマットするコマンド）を埋め込み、fmt の出力を troff、LaTeX、HTML で整形できるようにすること。

原稿のクロスリファレンス管理

　ドキュメント執筆時によくある問題に、引用文献、図、表、サンプルコードなどの名前や番号の一貫性を保つことがある。整形プログラムにはこの作業を支援してくれるものもあるが、多くの場合は執筆者に委ねられる。ここで原稿のクロスリファレンスを番号へ置換する手法を取り上げよう。技術論文や書籍などの原稿ではとても役に立つ。

　ドキュメント執筆が進むにつれ、執筆者は参照する箇所に名前（シンボル）を付け、この名前を用い参照する（クロスリファレンス）。この名前は単なる印にすぎず、参照対象は付けられた名前を変更することなどなく、自由に追加、削除、移動する。ドキュメントではなくプログラムの場合で

も、バージョン番号などは自由にその名前、番号を変更する。以下に、3 編の引用文献と 1 つの図を参照する、シンボル名を持つドキュメント例を挙げる。

```
.#Fig _quotes_
図 _quotes_ は数ある有名書籍から 3 点を引用する。
```

```
                        図 _quotes_:
```

```
.#Bib _alice_
    「... 『でもそんなご本、何の役に立つのかしら？』。アリスは思った。
    『挿絵もお喋り場面もない本なんて』。」 [_alice_]
```

```
.#Bib _huck_
    「... 本ってのを作るのがこんなに大変だって知ってたら、おいら
    手ぇつけなかった。もう二度とごめんだ。」 [_huck_]
```

```
.#Bib _bible_
    「... 書物を多く著すに際限はなく、多くを研究するは肉体を疲弊
    させる。」 [_bible_]
```

```
[_alice_] キャロル, L., 不思議の国のアリス,
     Macmillan, 1865.
[_huck_] トウェイン, M., ハックルベリー・フィンの冒険,
     Webster & Co., 1885.
[_bible_] ジェームズ王欽定訳聖書, 伝道の書 12:12.
```

上例では次の形式でシンボル名を定義している。

```
.#カテゴリ _シンボル名_
```

シンボル名定義はドキュメント中のどこにでも記述できる。また、カテゴリも執筆者が自由に決められ、ドキュメント内では、定義したシンボル名によりその箇所を参照できる。ここではシンボル名の先頭末尾にアンダースコアを付加したが、一意であればどんな名前でも構わない（カテゴリが異なれば同じシンボル名を許容する方法もあるが、カテゴリに関わらず常に一意とした方がコードが簡潔になる）。上例では .#Fig、.#Bib と冒頭にピリオドがあるため、クロスリファレンスを解決できない場合、troff はこれを無視する。troff 以外で処理する場合は、別の表記規約が必要になるだろう。

このドキュメントを処理すると、シンボル名定義行は削除され、参照箇所のシンボル名はすべて参照番号に置き換えられる。参照番号はカテゴリごとに 1 から始まり、元ドキュメントに登場した順序で 1 ずつ増加していく。

この処理のプログラムは 2 つに分かれている。このような処理の分割は、一般的かつ強力な手法だ。1 つ目のプログラムが 2 つ目のプログラムを生成し、2 つ目のプログラムが処理内容の核となる。すなわち、1 つ目のプログラムはプログラムを生成するプログラムだ。この例では 1 つ目のプログラムを xref と、2 つ目のプログラムを xref.conv と呼ぶことにする。xref はドキュメント全体をスキャンし、xref.conv を生成し、xref.conv が実際に参照番号を置換する。

原稿ドキュメントの元バージョンをファイル document とし、参照番号を置換したバージョンを生成するには、次のように実行する。

```
$ awk -f xref document >xref.conv
$ awk -f xref.conv document
```

上例で 2 つ目のプログラムの出力をプリンタや整形プログラムへ渡す。先に挙げた例では次のような結果が得られる。

図 1 は数ある有名書籍から 3 点を引用する。

図 1：

「...『でもそんなご本、何の役に立つのかしら？』。アリスは思った。
『挿絵もお喋り場面もない本なんて』。」[1]

「... 本ってのを作るのがこんなに大変だって知ってたら、おいら
手ぇつけなかった。もう二度とごめんだ。」[2]

「... 書物を多く著すに際限はなく、多くを研究するは肉体を疲弊
させる。」[3]

[1] キャロル, L., 不思議の国のアリス,
    Macmillan, 1865.
[2] トウェイン, M., ハックルベリー・フィンの冒険,
    Webster & Co., 1885.
[3] ジェームズ王欽定訳聖書, 伝道の書 12:12.

xref プログラムはドキュメント内の “.#” から始まる行を検索し、その定義に従いカテゴリ別に配列 count にあるカウンタをインクリメントし、これに置換する gsub を出力する。

例 6-9 xref プログラム

```
# xref - create numeric values for symbolic names
#    input:  text with definitions for symbolic names
#    output: awk program to replace symbolic names by numbers

/^\.#/ { printf("{ gsub(/%s/, \"%d\") }\n", $2, ++count[$1]) }
END    { printf("!/^[.]#/\n") }
```

（コメント訳）
xref – シンボル名を置換する数値を生成
入力：シンボル名定義を含むテキスト
出力：シンボル名を数値に置換する awk プログラム

例 6-9 の xref が出力するものが、2 つ目のプログラム xref.conv だ。

```
{ gsub(/_quotes_/, "1") }
{ gsub(/_alice_/, "1") }
{ gsub(/_huck_/, "2") }
{ gsub(/_bible_/, "3") }
!/^[.]#/
```

上例の gsub 関数はシンボル名を数値へすべて置換する。末尾の 1 行は .# で始まるシンボル定義行を出力から除外している。

演習 6-18. シンボル名末尾のアンダースコアを省略すると、どのような事態を引き起こすか?

演習 6-19. シンボル名の重複定義を検出するよう、**例 6-9** の xref を改造しなさい。

演習 6-20. Awk プログラムを生成する代わりに、テキストエディタやストリームエディタ（sed など）用の編集コマンドを出力するよう、**例 6-9** の xref を改造しなさい。実行効率にどのように影響するか?

演習 6-21. 入力テキストを 1 パスですべて処理するよう **例 6-9** の xref を改造するのは可能か? シンボル名定義にどのような制限が課せられることになるか?

KWIC インデックスの生成

　KWIC インデックス（Keyword-In-Context、KWIC index）は対象の単語を、前後も含め表示する索引だ。フレーズ索引、順序索引、コンコルダンスとも言う。次の 3 つの文があるとしよう。

```
All's well that ends well.
Nature abhors a vacuum.
Every man has a price.
```

　上例の文の KWIC インデックスは次のようになる。

```
        Every man has  a price.
        Nature abhors  a vacuum.
               Nature  abhors a vacuum.
                       All's well that ends well.
        All's well that  ends well.
                       Every man has a price.
           Every man  has a price.
               Every  man has a price.
                       Nature abhors a vacuum.
        Every man has a  price.
           All's well  that ends well.
        Nature abhors a  vacuum.
               All's  well that ends well.
   All's well that ends  well.
```

　KWIC インデックス生成には、ソフトウェア工学分野で面白い経緯がある。元々はソフトウェア設計の演習として 1972 年（昭和 47 年）に計算機科学者 David Parnas が提案したものだ。彼は演習の解答も用意しており、これは単一プログラムの実装だった。Unix コマンド ptx もやはり単一プログラムでほぼ同等の内容を実行するが、こちらは C 言語で 500 行にもなる。本書の Awk プログラムはずっと短く、簡潔だ。

　Unix パイプラインの有用性を思い出せば、3 つのプログラムをパイプでつなぐ形がすぐに頭に浮かぶだろう。パイプライン先頭のプログラムで入力行をローテイトし（語順の入れ換え）、各単語が先頭に来る行を生成し、これをソートし、パイプライン末尾のプログラムでローテイトした行を元に戻す。

　この処理は Awk できわめて容易に実装できる。簡潔な Awk プログラムを 2 つ用意し、間にソート

を挟んだパイプラインを実行すれば良い。

例 6-10　kwic プログラム

```
# kwic - generate kwic index

awk '
{   print $0
    for (i = length($0); i > 0; i--) { # compute length only once
        if (substr($0,i,1) == " ")
            # prefix space suffix ==> suffix tab prefix
            print substr($0,i+1) "\t" substr($0,1,i-1)
    }
}' $* |
sort -f |
awk '
BEGIN { FS = "\t"; WID = 30 }
      { printf("%*s  %s\n", WID, substr($2,length($2)-WID+1),
            substr($1,1,WID)) }
'
```
（コメント訳）
kwic – KWIC インデックスを生成
文字列長を求めるのは一度だけ
空白文字の前部分、後部分を入れ換え

　パイプライン先頭のプログラムは入力行をそのまま出力するが、それに加え、入力行内に空白文字がある度に、対象の空白文字以降、タブ文字、先頭から対象の空白文字までを出力する[6]。

　パイプライン先頭のプログラムからの出力は、すべて Unix コマンド sort -f へパイプで渡されソートされる。ソートの際には -f オプションが指定されているため（folding）、大文字／小文字を区別せず、例えば Jack と jack は前後に並ぶ（sort コマンドには -d オプション（dictionary）も追加した方が便利かもしれない。句読点や括弧などを無視する）。

　パイプライン末尾のプログラムは、sort コマンドの出力を読み込み、入力行を再現し適切に整形する。すなわち、タブ文字以降、空白文字を 2 つ、タブ文字以前の順で出力する。単語をキーに並ぶ形の出力となる。

　上例にある書式 %*s に注意して欲しい。出力フィールドの幅を、printf の次の引数から決定する書式だ。アスタリスクが次の引数の値に置換される。

　KWIC インデックスは綴り間違いなど文章のエラーを発見するのに役立つ。先頭にある単語が共通していても、その後ろが異なるものをまとめるためだ。データセットでもフィールドが同じならば、同じ性質を持つだろう。

演習 6-22.「ストップワード」を索引対象から除外するよう、例 6-10 の kwic を改造しなさい。

演習 6-23. 長い出力行を切り詰めず、折り返すよう例 6-10 の kwic を改造し、できるだけ多くの行を出力しなさい。

---

[6] 訳者注：例 6-10 の先頭 Awk プログラムの出力はそのまま次の sort コマンドへ渡され、語順を入れ換えた途中経過が目に触れることはありません。先頭 Awk プログラムの動作を確認する場合は、sort コマンドの直前に tee コマンドを挿入し、"tee /tmp/intermediate | sort -f" のようにすると、途中経過をファイル（/tmp/intermediate）に保存でき、後から確認できます。元のパイプラインの出力には影響しません。

演習 6-24. KWIC インデックスではなくコンコルダンスを生成するプログラムを実装しなさい。特定の単語や句に対し、その単語が登場する文、句をすべて出力する。

6.4　索引の生成

　書籍やマニュアルなど、ある程度の規模を持ったドキュメントならば索引はまず必要になるだろう。索引を生成する作業は 3 段階からなる。まず索引に載せる用語の選定だ。これを上手にこなすには頭を使うし、自動化が困難な作業だ。次の作業は本文を整形し、改行／改ページ位置を決定する。すると、用語が載るページの番号を決定できる。最後の作業は用語とページ番号の一覧の生成だ。これは機械的にこなせる。本書の巻末にもあるように、整形とアルファベット順に並べるなどの作業だ。

　以降、本節では Awk と sort コマンドを用い、索引生成プログラムの中核を実装する（本書の索引生成にはこのプログラムを改良したものを使用した[7]。ここで述べるプログラムはいわば年の離れていない兄貴分だ）。

　出発点となる考え方の基礎部分は Jon Bentley による。KWIC インデックスプログラムにも似た分割統治法だ。処理は細分化され、それぞれの処理内容は簡潔だ。いずれも sort コマンドと短い Awk プログラムを基にしている。処理は短く、独立性も高いため、より高度な索引要件を満たすような、他のプログラム言語への移植や機能強化などにも容易に対応できる。

　本節には本書で使用した整形プログラムを例示するが、troff に依存した部分がある。LaTeX など、他の整形プログラムを用いる場合は、変更する必要があるだろう。しかし、基本的な部分に変わりはない。整形プログラムに何を使うかは、あまり大きな問題ではない。

　本書では原稿テキストに索引を生成するためのコマンド（troff の命令／マクロ）を埋め込んだ。原稿テキストを troff で処理すると、埋め込んだコマンドが用語とページ番号を別ファイルへ出力する。次に挙げるような形式だ。この別ファイルが索引生成プログラムへの入力となる（用語とページ番号を区切るのはタブ文字）。

```
[FS] variable            35
[FS] variable            36
arithmetic operators     36
coercion rules           44
string comparison        44
numeric comparison       44
arithmetic operators     44
coercion~to number       45
coercion~to string       45
[if]-[else] statement     47
control-flow statements 48
[FS] variable            52
...
```

　上例にある次の 1 行、

---

[7] 訳者注：原書は本節で述べられている方法で索引を生成しましたが、本訳では KWIC は生成せず、別の方法を用いました。

```
string comparison 44
```

から、最終的に次のような 2 行の索引になることを目的とする。

```
string  comparison 44
comparison, string 44
```

　索引に載る用語が 1 単語でない場合は、空白文字の位置でローテイトし、複数のエントリを生成するのが一般的だが、上例にあるチルダ文字 ~ はこの動作を抑制する。

```
coercion~to number 45
```

　すなわち、上例は「to」を先頭に持つ索引を生成しない。

　他にも便利機能がいくつかある。本書では troff を使用しているため、troff のフォント変更コマンド、サイズ変更コマンドが索引にも使用でき、またソート時には適切に無視される。さらに、索引ではフォント変更が頻繁に発生するため、等幅フォントで表示すべき用語には [...] と短縮記法が使用できる。例を挙げよう。

```
[if]-[else] statement
```

　上例の索引は次のように出力される。

```
if-else statement    47
statement, if-else   47
```

　索引生成は複合的な処理であり、次の 6 つのコマンドを要する。

```
ix.sort1      用語 – ページ番号のペアを入力とし、ソートする
ix.collapse   同じ用語が複数ページに登場する場合、ページ番号をまとめる
ix.rotate     ローテートした用語を生成する
ix.genkey     並び順を調整するソートキーを生成する
ix.sort2      生成したソートキーでソートする
ix.format     最終結果を出力する
```

　上記 6 つのコマンドは用語 – ページ番号のペアを段階的に変形し、最終的に索引として書籍本体へ追加し、本体と一緒に組版する。以降では 6 つのコマンドそれぞれを実行順序に沿って解説する。
　最初のソートでは用語 – ページ番号のペアを読み込み、同じ用語をページ番号順に並べる。

例 6-11　ix.sort1 プログラム
```
# ix.sort1 - sort by index term, then by page number
#     input/output: lines of the form string tab number
#     sort by string, then by number; discard duplicates

sort -t'tab' -k1 -k2n -u
```
（コメント訳）
ix.sort1 – 1 次キーを用語、2 次キーをページ番号とし、ソート
入力／出力：タブ区切りの用語とページ番号のペア。重複は削除

　上例にある sort コマンドのオプションには解説が必要だろう。-ttab はフィールドを区切るのはタブ文字だと指定する[8]。-k1 は 1 次キーが先頭フィールドでアルファベット順にソートすることを、-k2n は 2 次キーが第 2 フィールドで数値としてソートすることを指定する。最後の -u は重複を削除することを表す（「7.3 ソートオプションジェネレータ」では上記オプションを生成するプログラムを取り上げる）。先に挙げた用語 – ページ番号のペアの例を**例 6-11** の ix.sort1 に渡すと、次の出力が得られる。

```
[FS] variable            35
[FS] variable            36
[FS] variable            52
[if]-[else] statement    47
arithmetic operators     36
arithmetic operators     44
coercion rules           44
coercion~to number       45
coercion~to string       45
control-flow statements  48
numeric comparison       44
string comparison        44
```

　上記出力はそのまま 2 つ目のプログラム ix.collapse と入力となる。ix.collapse は一般的なコントロールブレイクプログラムを変形させたもので、同じ用語のページ番号を 1 行にまとめる。

例 6-12　ix.collapse プログラム

```
# ix.collapse - combine number lists for identical terms
#    input:  string tab num \n string tab num ...
#    output: string tab num num ...

BEGIN { FS = OFS = "\t" }
$1 != prev {
    if (NR > 1)
        printf("\n")
    prev = $1
    printf("%s\t%s", $1, $2)
    next
}
    { printf(" %s", $2) }
END { if (NR > 1) printf("\n") }
```

（コメント訳）
ix.collapse – 同じ用語のページ番号をまとめる
入力：用語 タブ ページ番号 \n 用語 タブ ページ番号 ...
出力：用語 タブ ページ番号 ページ番号 ...

　例 6-12 の ix.collapse の出力は次の通り。

```
[FS] variable            35 36 52
[if]-[else] statement    47
arithmetic operators     36 44
coercion rules           44
```

---

[8] 訳者注：*tab* はタブ文字の直接入力。

```
coercion~to number        45
coercion~to string        45
control-flow statements   48
numeric comparison        44
string comparison         44
```

3つ目のプログラム ix.rotate は、上例の出力から用語をローテイトする。例えば、「string comparison」をローテイトし、「comparison, string」を生成する。KWIC インデックスの時に述べた処理と同じ内容だが、ここでは別実装とする。次に挙げる例の for ループでの代入式に注意して欲しい。

例 6-13　ix.rotate プログラム

```
# ix.rotate - generate rotations of index terms
#   input:  string tab num num ...
#   output: rotations of string tab num num ...

BEGIN {
    FS = "\t"
    OFS = "\t"
}

{   print $1, $2     # unrotated form
    for (i = 1; (j = index(substr($1, i+1), " ")) > 0; ) {
        i += j       # find each blank, rotate around it
        printf("%s, %s\t%s\n",
            substr($1, i+1), substr($1, 1, i-1), $2)
    }
}
(コメント訳)
ix.rotate - 用語のローテイト
入力：用語 タブ ページ番号 ページ番号 ...
出力：ローテイトした用語 タブ ページ番号 ページ番号 ...
入力行そのまま
空白文字を検索し、その位置でローテイト
```

例 6-13 の ix.rotate の出力は次の通り。

```
[FS] variable             35 36 52
variable, [FS]            35 36 52
[if]-[else] statement     47
statement, [if]-[else]    47
arithmetic operators      36 44
operators, arithmetic     36 44
coercion rules            44
rules, coercion           44
coercion~to number        45
number, coercion~to       45
coercion~to string        45
string, coercion~to       45
control-flow statements   48
statements, control-flow  48
numeric comparison        44
comparison, numeric       44
```

```
string comparison        44
comparison, string       44
...
```

　次の手順はローテイトした用語のソートだ。しかし、まだ [...] などの整形情報が埋め込まれた
ままだ。そのままソートしては結果がおかしくなってしまう。そのため、正しくソートするための
新たなソートキーを各行の先頭に付加する。付加したソートキーは後で削除する。
　4つ目のプログラム ix.genkey は、用語からフォントやサイズを変更する troff のコマンドを除
去し、ソートキーを生成する。除去する troff コマンドは、\s+n、\s-n、\fx、\f(xx だ。さらに
ソートキー内のチルダ文字を空白文字へ置換し、空白、カンマ、英数字以外を除去する。

```
# ix.genkey - generate sort key to force ordering
#   input:  string tab num num ...
#   output: sort key tab string tab num num ...

BEGIN { FS = OFS = "\t" }

{   gsub(/~/, " ", $1)          # tildes now become spaces
    key = $1
    # remove troff size and font change commands from key
    gsub(/\\f.|\\f\(..|\\s[-+][0-9]/, "", key)
    # keep spaces, commas, letters, digits only
    gsub(/[^a-zA-Z0-9, ]+/, "", key)
    if (key ~ /^[^a-zA-Z]/)  # force nonalpha to sort first
        key = " " key        # by prefixing a space
    print key, $1, $2
}
```

(コメント訳)
ix.genkey – 正しいソート結果となるソートキーを生成
入力：用語 タブ ページ番号 ページ番号 ...
出力：ソートキー 用語 タブ ページ番号 ページ番号 ...
チルダを空白へ置換
キーから troff コマンドを削除
空白、カンマ、英数字のみとする
ソート順では英数字以外を先に置くため先頭に空白を付加する

　次の出力が得られる。

```
FS variable            [FS] variable            35 36 52
variable, FS           variable, [FS]           35 36 52
ifelse statement       [if]-[else] statement    47
statement, ifelse      statement, [if]-[else]   47
arithmetic operators   arithmetic operators     36 44
operators, arithmetic  operators, arithmetic    36 44
coercion rules         coercion rules           44
rules, coercion        rules, coercion          44
coercion to number     coercion to number       45
...
```

　上記出力の先頭数行を見ると、用語とそこから生成したソートキーの違いがよく分かる。
　5つ目のプログラムは、再びソートだ。今度は単純にアルファベット順にソートすれば良い。先に

も述べたが -f は大文字／小文字を区別しないことを、また -d が辞書順にソートすることを表す。

```
# ix.sort2 - sort by sort key
#     input/output: sort-key tab string tab num num ...

sort -f -d
```
（コメント訳）
ix.sort2 − ソートキーでソートする
入力／出力：ソートキー 用語 タブ ページ番号 ページ番号 ...

上例のプログラムが最終的な並びを決定する。

```
arithmetic operators     arithmetic operators     36 44
coercion rules           coercion rules           44
coercion to number       coercion to number       45
coercion to string       coercion to string       45
comparison, numeric      comparison, numeric      44
comparison, string       comparison, string       44
controlflow statements   control-flow statements  48
FS variable              [FS] variable            35 36 52
ifelse statement         [if]-[else] statement    47
number, coercion to      number, coercion to      45
...
```

　最後の、6 つ目のプログラムは ix.format だ。ソートキーを削除し、[...] はすべてフォント変更コマンドに展開し、用語の前に整形コマンド .XX を付加する。この整形コマンドは整形プログラムに対するもので、サイズ、位置などを指定するものだ（整形コマンドの実際は troff に強く依存するため、ここではこれ以上踏み込まない）。

```
# ix.format - remove key, restore size and font commands
#   input:  sort key tab string tab num num ...
#   output: troff format, ready to print

BEGIN { FS = "\t" }

{   gsub(/ /, ", ", $3)          # commas between page numbers
    gsub(/\[/, "\\f(CW", $2)     # set constant-width font
    gsub(/\]/, "\\fP", $2)       # restore previous font
    print ".XX"                  # user-definable command
    printf("%s  %s\n", $2, $3)   # actual index entry
}
```
（コメント訳）
ix.format − ソートキーを削除、フォント関連コマンドを復旧
入力：ソートキー タブ 用語 タブ ページ番号 ページ番号 ...
出力：出版印刷可能な troff 形式
ページ番号間のカンマを削除
等幅フォント開始
等幅フォント終了
ユーザ定義コマンド
用語エントリ

最終出力の冒頭部分を挙げる。

```
.XX
arithmetic operators 36, 44
.XX
coercion rules 44
.XX
coercion to number 45
...
```

簡単にまとめると、索引作成作業とは次のように6つのコマンドからなるパイプラインと言える。

```
sh ix.sort1 |
awk -f ix.collapse |
awk -f ix.rotate |
awk -f ix.genkey |
sh ix.sort2 |
awk -f ix.format
```

本節冒頭で挙げた、用語−ページ番号のペアを入力とし、上例のプログラム群により整形すると、次のような結果が得られる。

```
arithmetic  operators   36, 44
coercion rules    44
coercion to  number 45
coercion to  string   45
comparison, numeric  44
comparison, string   44
control−flow statements   48
FS variable    35, 36, 52
if−else statement  47
number, coercion to   45
numeric comparison 44
operators, arithmetic   36, 44
rules , coercion   44
statement, if−else   47
statements, control−flow  48
string , coercion to   45
string  comparison 44
variable , FS   35, 36, 52
```

　ここまで述べた索引生成処理は、読者が改造、改良する余地が多く残されている。役立ちそうなもののいくつかは演習に含めてある。本節から学び取って欲しい重要な点は、1つの作業を細分化し、各段階のプログラムをつなげることで、作業全体を簡潔かつ容易にすることにある。この構造ならば新たな要件が追加されても対応しやすい。

演習 6-25. 階層、「〜を参照（see）」、「〜も参照（see also）」を導入するよう、索引生成プログラム群を改造しなさい。ローマ数字のページ番号にも対応すること。

演習 6-26. 用語に角括弧（[と]）、〜、％を使えるよう改造しなさい。

演習 6-27. 語や句の一覧を生成するツールを実装し、索引の自動生成に挑戦しなさい。「**6.3 テキスト処理**」の**単語カウント**で示した**例 6-7** の `wordfreq` プログラムが出力する頻度情報から、索引に載せる用語や概念をつかめるか？

6.5　章のまとめ

　Awk プログラムはテキスト処理に優れている。C 言語や Java が数値を扱う場合と同程度の容易さだ。メモリ領域は自動的に管理され、組み込みの演算子や関数が備える機能も豊富だ。その結果として、Awk はプロトタイピング開発スタイルに向いており、プロトタイプそのままで実運用に耐えられることもある。本章で取り上げた索引生成プログラムはその好例だ。本書の索引も実際にこのように生成した。

7章
専用言語

　Awk は「専用言語」のトランスレータ開発に用いられることが多い。ここで言う専用言語とは、用途を限定した簡易言語（little language、小さな言語）を意味する。トランスレータを取り上げた理由の 1 つに、言語処理系の動作を学ぶことがある。本章ではまずアセンブラを例に取り上げ、アセンブリ動作の基礎を簡単に示す。このアセンブラには、アセンブルしたプログラムを実行するインタプリタが付属しており、この組み合わせを用い、アセンブリ言語とコンピュータアーキテクチャの基礎を示す。その他に電卓の基本演算例と、Awk 言語のサブセットを対象とした、再帰下降型トランスレータの基本動作を示す例も取り上げる。

　実装に多くの労力を費やす前に、言語の構文や意味論を検証するのが良いだろう。その例として本章では、グラフ作成言語、ソートコマンドのオプション生成言語を取り上げる。

　実用性を備えた言語を実装したい向きもあるだろう。本章ではさまざまな電卓も例に取り上げる。

　ここで取り上げる言語処理系は、次図に示す概念を基に構築する。

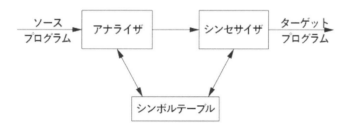

　フロントエンドのアナライザ（字句解析、解析器）は、ソースプログラムを読み込み、演算子、オペランドなどの字句単位に分解する。ソースプログラムの解析時には文法的に正しいかどうかも検査し、誤りがあればエラーメッセージを出力する。最終的にソースプログラムをなんらかの中間形式へトランスレート（翻訳）し、出力するまでがアナライザの仕事だ。その中間形式からターゲットプログラムを生成するのは、バックエンドのシンセサイザ（生成器、合成器）だ。アナライザはソースプログラムから収集した情報をシンボルテーブルに出力するが、シンセサイザはこのシンボルテーブルを参照し、コードを生成する。ここまで、言語処理を明確に区別できるフェーズ別に述べたが、現実には区別が曖昧になることも多く、フェーズ同士が組み合わさることもある。

　Awk は実験的な言語処理系を実装する場面でも有用だ。Awk が備える基本機能が、言語トランスレートに必要な処理の多くに対応している。単純な構文解析にはフィールド分割と正規表現のパターンマッチングを、シンボルテーブルの管理には連想配列を、コード生成には printf 文を用い

れば実現できる。

　本章ではトランスレータを複数実装し、上記ポイントを解説する。いずれの場合もポイントを絞り学習効果を高めるよう、最低限のレベルに留めた。トランスレータのさらなる機能追加や改良については演習に譲ろう。

7.1　アセンブラとインタプリタ

　言語処理系の最初の例は、コンピュータアーキテクチャやシステムプログラミングの入門によくある、仮想計算機用のアセンブラだ。初期のミニコンにも似た、この仮想計算機の発想と初期実装は Jon Bentley による。この仮想計算機はアキュムレータ（累算器）を 1 つ備え、10 種類の命令と1000 ワードのメモリ容量を持っている。ここでメモリ上の「1 ワード」は 5 桁の 10 進数とする。ワードが命令の場合は、先頭 2 桁がオペコードを、末尾 3 桁がアドレスを表す。このアセンブリ言語の命令一覧を**表 7-1** にまとめる。

表 7-1　アセンブリ言語の命令一覧

オペコード	命令	意味
01	get	入力から数値をアキュムレータへ読み込む
02	put	アキュムレータの内容を出力へ書き出す
03	ld M	メモリアドレス M の内容をアキュムレータへロードする
04	st M	アキュムレータの内容をメモリアドレス M へストアする
05	add M	メモリアドレス M の内容をアキュムレータへ加算する
06	sub M	アキュムレータからメモリアドレス M の内容を減算する
07	jpos M	アキュムレータの内容が正ならばメモリアドレス M へ分岐する
08	jz M	アキュムレータの内容がゼロならばメモリアドレス M へ分岐する
09	j M	メモリアドレス M へ分岐する
10	halt	実行を停止する
	const C	定数 C を定義する疑似命令

　アセンブリ言語で記述されたプログラムは行が並んだものであり、1 行はアセンブリ言語の 1 文からなり、また、1 文はラベル、命令（ニーモニック）、オペランドの 3 つのフィールドからなる。いずれのフィールドも空にできるが、ラベルを記述する際は 1 桁目から記述しなければならない。プログラムにはコメントも記述でき、形式は Awk と変わらない。アセンブリ言語の文を計算機が解釈、実行できる命令へ変換するのがアセンブラだ。次図に示す。

　アセンブリ言語のプログラム例を挙げる。任意の個数の整数を読み込み、その和を出力するものだ。入力にゼロを渡すと終了する。

```
# print sum of input numbers (terminated by zero)

     ld    zero   # initialize sum to zero
     st    sum
loop get          # read a number
     jz    done   # no more input if number is zero
     add   sum    # add in accumulated sum
     st    sum    # store new value back in sum
     j     loop   # go back and read another number

done ld    sum    # print sum
     put
     halt

zero const 0
sum  const
```

(コメント訳)
入力された数値の和を出力 (ゼロの入力で終了)
和をゼロで初期化
数値を読み込む
ゼロならば入力終了
sum をアキュムレータへ加算
アキュムレータを sum へストア
ループを繰り返し、次の数値を読み込む
sum を出力

　上例のプログラムをマシン語へ翻訳した結果のターゲットプログラムとは、整数が連続したものだ。このターゲットプログラムを実行すべくメモリ上にロードした時のメモリ内容は次のように表現できる。

```
 0: 03010          ld    zero   # initialize sum to zero
 1: 04011          st    sum
 2: 01000   loop get          # read a number
 3: 08007          jz    done   # no more input if number is zero
 4: 05011          add   sum    # add in accumulated sum
 5: 04011          st    sum    # store new value back in sum
 6: 09002          j     loop   # go back and read another number
 7: 03011   done ld    sum    # print sum
 8: 02000          put
 9: 10000          halt
10: 00000   zero const 0
11: 00000   sum const
```

　上例の先頭フィールドはメモリ上での位置（オフセット）を、第2フィールドはエンコードされた10進数5桁の命令（オペコードとオペランド）を表す。メモリの先頭にあるのがアセンブリ言語プログラムの最初の命令、「`ld zero`」だ。
　アセンブラは2段階に分けて翻訳する（2パス）。パス1では構文解析、字句解析を行うが、ここでフィールド分割を利用する。アセンブリ言語プログラムを読み込み、コメントを削除し、ラベルにメモリ位置を割り当てる。その上で、命令とオペランドを一時ファイルへ中間形式で出力する。パス2ではこの一時ファイルを読み込み、シンボルで表現されているオペランドをパス1で決定さ

れたメモリ位置へ変換する。その上で、命令とオペランドをエンコードし、その結果であるマシン語プログラムを配列 mem へ代入する。

　次の作業はインタプリタの実装だ。インタプリタはマシン語プログラムの、計算機上での動作をシミュレートする。ここでは古典的なフェッチ – デコード – 実行のサイクルを持つインタプリタとする。すなわち、mem から命令をフェッチし（取り出し）、命令とオペランドにデコードし、その命令を実行（シミュレート）する。プログラムカウンタは変数 pc に保持する。

例 7-1　asm プログラム

```
# asm - assembler and interpreter for simple computer
#   usage: awk -f asm program-file data-files...

BEGIN {
    srcfile = ARGV[1]
    ARGV[1] = ""   # remaining files are data
    tempfile = "asm.temp"
    n = split("const get put ld st add sub jpos jz j halt", x)
    for (i = 1; i <= n; i++)   # create table of op codes
        op[x[i]] = i-1

# ASSEMBLER PASS 1
    FS = "[ \t]+"   # multiple spaces and/or tabs as separator
    while (getline <srcfile > 0) {
        sub(/#.*/, "")          # strip comments
        symtab[$1] = nextmem    # remember label location
        if ($2 != "") {         # save op, addr if present
            print $2 "\t" $3 >tempfile
            nextmem++
        }
    }
    close(tempfile)

# ASSEMBLER PASS 2
    nextmem = 0
    while (getline <tempfile > 0) {
        if ($2 !~ /^[0-9]*$/)   # if symbolic addr,
            $2 = symtab[$2]     # replace by numeric value
        mem[nextmem++] = 1000 * op[$1] + $2  # pack into word
    }

# INTERPRETER
    for (pc = 0; pc >= 0; ) {
        addr = mem[pc] % 1000
        code = int(mem[pc++] / 1000) # advance pc to next instruction
        if      (code == op["get"])  { getline acc }
        else if (code == op["put"])  { print acc }
        else if (code == op["st"])   { mem[addr] = acc }
        else if (code == op["ld"])   { acc  = mem[addr] }
        else if (code == op["add"])  { acc += mem[addr] }
        else if (code == op["sub"])  { acc -= mem[addr] }
        else if (code == op["jpos"]) { if (acc >  0) pc = addr }
        else if (code == op["jz"])   { if (acc == 0) pc = addr }
        else if (code == op["j"])    { pc = addr }
        else if (code == op["halt"]) { pc = -1 }
        else                         { pc = -1 }  # halt if invalid
```

```
        }
    }
```

(コメント訳)
asm - 簡易計算機用のアセンブラとインタプリタ
使用法：awk -f asm program-file data-files...
以降のファイルはデータ
オペコードのテーブルを作成
アセンブラ パス 1
1 つ以上の空白またはタブは区切り文字
コメントを削除
ラベル位置を記録
命令があればオペランドとともに一時ファイルへ出力
アセンブラ パス 2
シンボルのアドレスがあれば
数値のアドレスに置換
1 ワードに収める
インタプリタ
プログラムカウントを次の命令へ進める
無効な命令ならば実行停止

　上例のプログラムは、メモリ上でのラベル位置を連想配列 symtab へ代入する。入力プログラムがラベルを使用していなければ、symtab[""] に使用されないメモリ位置を代入する。

　ラベルは常に 1 桁目から始まり、命令の前には必ず空白類がある仕様だ。そのためパス 1 では、フィールド区切り文字の変数 FS に正規表現 [_\t]+ を設定しており、入力行で空白文字またはタブ文字が 1 文字以上続く限りのものがフィールドを区切る。行の先頭に置かれた空白類もフィールド区切りになるため、$1 は常にラベルを、また $2 は常に命令を表す。

　const 疑似命令を意味する「オペコード」はゼロである。

```
mem[nextmem++] = 1000 * op[$1] + $2  # pack into word
```

　そのため、パス 2 にある上例の代入文は、const の場合でもその他の命令の場合でも使用できる。

演習 7-1. メモリ上のプログラムとソースプログラムの両方を表示するよう、例 7-1 の asm を改造しなさい。

演習 7-2. 命令を実行する際、その命令を表示するよう、インタプリタを改造しなさい。

演習 7-3. 将来の機能拡張に備え、エラー処理や、分岐命令の種類を増やすなど、例 7-1 の asm を改造しなさい。add　=1 のような文字列オペランドを実現するにはどうすれば良いか？ユーザに新たに one ようなセルを追加させる方法は除外する。

演習 7-4. メモリ上の内容をアセンブリ言語に（逆方向に）翻訳する、ディスアセンブラを実装しなさい。

7.2　グラフ作図言語

「**7.1 アセンブラとインタプリタ**」のアセンブリ言語の例では構文が単純だったため、その解析もフィールド分割だけで簡単に事足りた。この簡潔性は高級言語でも活かせる。今度はグラフデータをプロットするプロトタイプ言語、graph の処理系を開発してみよう。入力データはプロットする 2 次元座標、グラフタイトル、軸に付けるラベルだ。座標指定は x_y の形式をとる。例外として y 1 つだけの座標指定も許容する。この場合の x は、1 から順にプログラムが割り振る。タイトルとラベル指定には予約語とパラメータの構文を用い、次の形式をとる。

```
title caption
xlabel caption
ylabel caption
```

上例のラベル指定は、座標データよりも前であれば任意の順序で記述できる。一切記述しなくとも構わないオプション機能だ。

graph 処理系はデータを読み込み、Python プログラムと整形したデータを一時ファイルに出力する。生成した Python プログラムを実行すると、綺麗なグラフが得られる。これも処理の妥当な分割だ。Awk は簡潔な処理が得意なのに対し、Matplotlib などの Python プロットライブラリは可視化に優れる。入力データの例を挙げる。

```
title Traffic Deaths by Year
xlabel Year
ylabel Traffic deaths
1900 36
1901 54
1902 79
1903 117
1904 172
...
2017 37473
2018 36835
2019 36355
2020 38824
2021 42915
```

上記データを渡すと **図 7-1** が得られる。

graph 処理系は処理内容を 2 段階に分けて処理する。まず BEGIN ブロックで固定的な Python コードを生成する。次にデータファイルをすべて読み込み、適切な形式へ変換する。この時、文の種類を識別するのにパターンを用いる。最後の END ブロックではグラフを描画する Python コードである show 文を生成する。

```
# graph - generate Python program to draw a graph

awk '
BEGIN {
  print "import matplotlib.pyplot as plt"
  print "import pandas as pd"
  print "df = pd.read_csv(\"temp\", sep=\" \")"
```

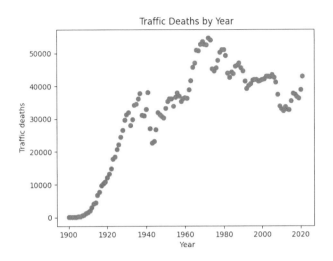

Traffic Deaths by Year

図 7-1　Python で生成した、年別交通事故死者数のグラフ

```
    print "plt.scatter(df[\"col1\"],df[\"col2\"])"
    print "col1 col2" >"temp"
}
/xlabel|ylabel|title/ {
  label = $1; $1 = ""
  printf("plt.%s(\"%s\")\n", label, $0)
  next
}
NF == 1 { print ++n, $1 >"temp" }
NF == 2 { print $1, $2 >"temp" }
END { print "plt.show()" }
' $*
```

（コメント訳）
graph – グラフを描画する Python プログラムを生成

　この graph 言語は、Awk が実現するパターン指向モデルと自然に適合しており、グラフ指定の文は予約語と値のペアとなっている。この形態は新たな言語を設計する場合でも良い出発点となる。ユーザにとっては使いやすく、また処理系にとっても間違いなく処理しやすい。

　例に取り上げた graph 言語は、Jon Bentley と Brian Kernighan が開発したグラフプロット言語 grap を大幅に簡略化したものだ。grap は、また別の作画／作図言語 pic のプリプロセッサだ。上例とほぼ同じデータを渡し、grap、pic、troff で処理したものを図 7-2 に示す。

　Awk は専用言語の設計や試行に優れている。設計が妥当であるとの検証が済めば、実用バージョンは C や Python など、実行効率に勝る言語で改めて実装するのが良いだろう。プロトタイプバージョンがそのまま実用化できる場合もあり、既存ツールの特殊化やシュガーコーティング[*1]の場合が多い。

[*1] 訳者注：機能そのものは変更せず、構文など見た目の利便性を向上させること。「糖衣」と訳されることもあります。

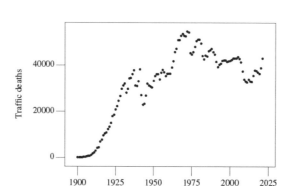

図 7-2　grap で生成した、年別交通事故死者数のグラフ

　具体例としては散布図行列、ドットチャート（ヒストグラムの一種）、箱ひげ図、円グラフなど専門的なグラフの生成がある。著者陣は、以前は Awk を用い簡易言語を grap のコマンドへトランスレートしていたが、今日では Python コードを生成する方が多いだろう。本書でも実際にそうした。

7.3　ソートオプションジェネレータ

　Unix の sort コマンドは実に機能が多い、もちろんユーザが使いこなせなければ意味はないが。そのオプションをすべて覚えておくのは非現実的だ。そこでこれを専用言語設計の次の題材としよう。英語を用いソートオプションを指定でき、そのオプションを加えた sort コマンドを出力する言語、sortgen を開発する。sortgen 処理系は sort コマンドを出力するが、実行まではしない。実行するのはユーザに委ねられる。実行前に生成されたコマンド、オプションを確認しておきたいユーザもいるだろう。

　sortgen へ入力するのは専用言語だ。すなわちフィールド区切り文字、ソートキー、数値の扱い、昇順／降順など、ソートオプションを表す英単語、英語句を入力する。sortgen の目的は、許容できる範囲の構文で一般的な使用を網羅することにある。例えば、次の入力があったとしよう。

```
descending numeric order
```

上例を sortgen へ渡すと、次の出力が得られる。

```
sort -rn
```

もう少し複雑な場合も考えてみよう。次の入力を渡す。

```
field separator is ,
primary key is field 1
    increasing alphabetic
```

```
secondary key is field 5
   reverse numeric
```

sortgen は次のように出力する。この sort は「**5 章 レポートとデータベース**」で最初に挙げた例にあるものだ。

```
sort -t',' -k1 -k5rn
```

sortgen の本質は、ソートオプションを表す英単語や英語句を、対応する sort コマンドのオプションへトランスレートするルールセットにある。ルールはパターン – アクション文で実装する。パターンはソートオプションを表す英単語や英語句に一致する正規表現で表現し、アクションは sort コマンドに渡すオプションを出力する。例えば、入力行に「unique（一意）」や「discard identical（同じものは削除）」という記述があれば、重複行の削除を意味する -u オプションを出力する要求と解釈する。同様にフィールド区切り文字も、「separate（分離）」を語幹とする英単語を含む記述があれば、そこに指定された 1 文字（もしくはタブ文字）を使用するオプションを出力する要求と解釈する。

　ソートキーが複数ある場合は複雑になる。ここで重要になるのはソートキーの指定になくてはならない魔法の言葉「key」だ。入力行に「key」がある場合、その次にある数値がソートキーを表す（ソートキーの終端を表す数値がもう 1 つ記述されていても、ここでは無視することとする）。「key」以降の記述は、そのソートキーに対するオプションを表す。ソートキーオプションには空白類を無視する（-b）、辞書順を表す（-d）、大文字／小文字を区別しない（-f）、数値としてソートする（-n）、降順でソートする（-r）がある。

　sortgen プログラムを挙げよう。

例 7-2　sortgen プログラム

```
# sortgen - generate a sort command
#   input:  sequence of lines describing sorting options
#   output: Unix sort command with appropriate arguments

BEGIN { key = 0 }

/no |not |n't / {
   print "error: can't do negatives:", $0 >"/dev/stderr"
}

# rules for global options

{ ok = 0 }
/uniq|discard.*(iden|dupl)/  { uniq = " -u"; ok = 1 }
/key/   { key++; dokey(); ok = 1 } # new key; must come in order
/separ.*tab|tab.*sep/        { sep = "t'\t'"; ok = 1 }
/separ/ { for (i = 1; i <= NF; i++)
            if (length($i) == 1)
               sep = "t'" $i "'"
         ok = 1
        }

# rules for each key
```

```
/dict/                        { dict[key] = "d"; ok = 1 }
/ignore.*(space|blank)/       { blank[key] = "b"; ok = 1 }
/fold|case/                   { fold[key] = "f"; ok = 1 }
/num/                         { num[key] = "n"; ok = 1 }
/rev|descend|decreas|down|oppos/  { rev[key] = "r"; ok = 1 }
/forward|ascend|increas|up|alpha/ { next }  # sort's default
!ok { printf("error: can't understand: %s\n", $0) >"/dev/stderr" }

END {                         # print flags
    cmd = "sort" uniq
    flag = dict[0] blank[0] fold[0] rev[0] num[0] sep
    if (flag) cmd = cmd " -" flag
    for (i = 1; i <= key; i++)
        if (pos[i] != "") {
            flag = pos[i] dict[i] blank[i] fold[i] rev[i] num[i]
            cmd = cmd " -k" flag
        }
    print cmd
}

function dokey(  i) {      # determine position of key
    for (i = 1; i <= NF; i++)
        if ($i ~ /^[0-9]+$/) {
            pos[key] = $i   # sort keys are 1-origin
            break
        }
    if (pos[key] == "")
        printf("error: invalid key spec: %s\n", $0) > "/dev/stderr"
}
```

(コメント訳)
sortgen – sort コマンドを生成
入力：sort オプションを英語で記述した行
出力：オプションを指定した Unix の sort コマンド
グローバルオプションのルール
新たなソートキー：ソートキーの順序で記述する必要がある
ソートキーごとのルール
sort コマンドのディフォルト値
END
オプションを出力
function dokey
ソートキーの位置を決定
ソートキーの原点は 1

　例 7-2 の sortgen プログラムでは、入力行に「don't discard duplicates（重複を削除しない）」、「no numeric data（数値として扱わない）」など、否定形の記述があっても拒否する。最初のパターンだ。その次にあるパターン（ルールセット）ではグローバルオプションを処理し、続くパターンではソートキーごとのオプションを処理している。解釈できない入力行についてはエラーメッセージを出力する。

　このプログラムはもちろん完璧ではない。ちょっとでもおかしな入力を渡せば、すぐにおかしな sort オプションを出力するだろう。しかしわざわざ誤動作を目的とせず、正常な sort オプション生成を目的に使用するのであれば、sortgen プログラムは十分に活用できる。

演習 7-5. インストールされている sort コマンドの全機能を網羅する sortgen を実装しなさい。数値としてソートする、辞書順にソートするなど、矛盾する内容を同時に指定された場合を検知しなさい。

演習 7-6. 入力言語を著しく堅苦しい形式にせず、sortgen の精度をどれだけ高められるか？

演習 7-7. sortgen とは真逆の、sort コマンドを英文にトランスレートするプログラムを実装しなさい。その出力を sortgen に渡してみること。

7.4 逆ポーランド記法電卓

ここでさまざまなアプローチや Awk のテクニックを示す、簡単な電卓プログラムを書いてみよう。

小切手帳の入出金や算術演算の式を計算する電卓プログラムが必要だとしよう。Awk 自身は計算をこなす機能を備えるが、改めて計算するにはその都度プログラムを変更しなければならないという短所がある。ここで必要なのは算術式をキー入力し、これを読み取り評価するプログラムだ。

ここではパーサを実装する手間を省くため、入力する式は逆ポーランド記法（reverse-Polish notation）で記述する（名前にある「逆」は、算術式の項の後に演算子を記述する点に由来する。また「ポーランド」はこの記法を 1924 年（大正 13 年）頃に考案したポーランド人論理学者 Jan Łukasiewicz に由来する）。算術式一般に用いられる「中置記法」と比較してみよう。

```
(1 + 2) * (3 - 4) / 5
```

上例を逆ポーランド記法で記述すると次のようになる。

```
1 2 + 3 4 - * 5 /
```

逆ポーランド記法には括弧が不要になるという特徴がある。演算子がとるオペランド数が既知である限り、式は明確であり曖昧さを排除できる。逆ポーランド記法は解析しやすく、スタックを用い容易に評価できるため、Forth や Postscript などのプログラミング言語、それに初期のポケット電卓で採用されている。

最初に実装する電卓プログラム calc1 は、逆ポーランド記法で記述された算術式を評価する。演算子と項は空白文字で区切る。

例 7-3 calc1 プログラム

```
# calc1 - reverse-Polish calculator, version 1
#   input:  arithmetic expressions in reverse Polish
#   output: values of expressions

{   for (i = 1; i <= NF; i++) {
        if ($i ~ /^[+-]?([0-9]+[.]?[0-9]*|[.][0-9]+)$/) {
            stack[++top] = $i
        } else if ($i == "+" && top > 1) {
            stack[top-1] += stack[top]; top--
        } else if ($i == "-" && top > 1) {
            stack[top-1] -= stack[top]; top--
        } else if ($i == "*" && top > 1) {
```

```
            stack[top-1] *= stack[top]; top--
        } else if ($i == "/" && top > 1) {
            stack[top-1] /= stack[top]; top--
        } else if ($i == "^" && top > 1) {
            stack[top-1] ^= stack[top]; top--
        } else {
            printf("error: cannot evaluate %s\n", $i)
            top = 0
            next
        }
    }
    if (top == 1) {
        printf("\t%.8g\n", stack[top--])
    } else if (top > 1) {
        printf("error: too many operands\n")
        top = 0
    }
}
```

(コメント訳)
calc1 – 逆ポーランド記法電卓プログラム、バージョン1
入力：逆ポーランド記法で記述した算術式
出力：計算結果

　入力行にあるフィールドが数値ならば、これをそのままスタックに積む（プッシュ）。数値ではなく演算子ならば、スタックに置かれている値を項（オペランド）とし、計算を実行する。入力の1行が終了すれば、スタックの最上位にある値を取り出し（ポップ）、出力する。
　上例のプログラムは、次の行を入力すると -0.6 と出力する。

```
1 2 + 3 4 - * 5 /
```

　逆ポーランド記法電卓プログラムを続けよう。今度はユーザ定義変数を導入し、算術関数もいくつか使用できるようにする。変数名は先頭が英字、以降には英数字が使え、*var=* と記述すると、スタック最上位から値を取り出し（ポップ）、*var* という変数へ代入する。入力行が代入式で終了した場合は、何も出力しない。一般的な使用は次のようになる（出力はインデントしてある）。

```
0 -1 atan2 pi=
pi
        3.1415927
355 113 / x= x
        3.1415929
x pi /
        1.0000001
2 sqrt
        1.4142136
```

　このプログラムは先に挙げた**例7-3**の calc1 を単純に拡張したにすぎない。

例7-4　calc2プログラム

```
# calc2 - reverse-Polish calculator, version 2
#     input:  expressions in reverse Polish
```

```
#       output: value of each expression

{ for (i = 1; i <= NF; i++) {
       if ($i ~ /^[+-]?([0-9]+[.]?[0-9]*|[.][0-9]+)$/) {
           stack[++top] = $i
       } else if ($i == "+" && top > 1) {
           stack[top-1] += stack[top]; top--
       } else if ($i == "-" && top > 1) {
           stack[top-1] -= stack[top]; top--
       } else if ($i == "*" && top > 1) {
           stack[top-1] *= stack[top]; top--
       } else if ($i == "/" && top > 1) {
           stack[top-1] /= stack[top]; top--
       } else if ($i == "^" && top > 1) {
           stack[top-1] ^= stack[top]; top--
       } else if ($i == "sin" && top > 0) {
           stack[top] = sin(stack[top])
       } else if ($i == "cos" && top > 0) {
           stack[top] = cos(stack[top])
       } else if ($i == "atan2" && top > 1) {
           stack[top-1] = atan2(stack[top-1],stack[top]); top--
       } else if ($i == "log" && top > 0) {
           stack[top] = log(stack[top])
       } else if ($i == "exp" && top > 0) {
           stack[top] = exp(stack[top])
       } else if ($i == "sqrt" && top > 0) {
           stack[top] = sqrt(stack[top])
       } else if ($i == "int" && top > 0) {
           stack[top] = int(stack[top])
       } else if ($i in vars) {
           stack[++top] = vars[$i]
       } else if ($i ~ /^[a-zA-Z][a-zA-Z0-9]*=$/ && top > 0) {
           vars[substr($i, 1, length($i)-1)] = stack[top--]
       } else {
           printf("error: cannot evaluate %s\n", $i)
           top = 0
           next
       }
  }

  if (top == 1 && $NF !~ /\=$/) {
       printf("\t%.8g\n", stack[top--])
  } else if (top > 1) {
       printf("error: too many operands\n")
       top = 0
  }
}
```

(コメント訳)
calc2 – 逆ポーランド記法電卓プログラム、バージョン2
入力：逆ポーランド記法で記述した算術式
出力：計算結果

演習 7-8. 例 7-4 の calc2 プログラムに、*pi* や *e* などの数学定数を組み込みなさい。また、最終入力行の計算結果を保持する変数も組み込みなさい。さらに、スタック最上位の値を複製す

るスタック操作演算子、およびスタック最上位の値2つを交換するスタック操作演算子を組み込みなさい。

7.5 別アプローチ

　電卓プログラムを実装する方法は他にもある。Awk が備える、あらゆる種類の式を評価可能という優れた点を活用する方法だ。Awk は十分に定義／明文化されているため、別の言語を新たに習得する必要はなく、またパーサをスクラッチ実装する代わりに、パイプ経由で Awk に算術式の評価とともに実行させれば良い。ここに挙げるプログラムは Jon Bentley の hawk 電卓プログラムに触発されたものだ。hawk は『*The Unix Programming Environment*』(Kernighan and Pike 著、Prentice-Hall、1984)、邦訳『UNIX プログラミング環境』(石田晴久監訳、野中浩一訳、KADOKAWA、2017) にある hoc 電卓プログラムをもじったものだ。

　hawk プログラムは入力行を読み取り、すべて連結し、これを一時ファイルへ出力し、出力した一時ファイルを入力とする別の Awk を実行する。すなわち、プログラムを生成するプログラムだ。

　hawk の実装を挙げる前に、まず Awk の組み込み関数の使用例を挙げる。

```
$ awk -f hawk
pi = 2 * atan2(1,0)
pi
    3.14159
cos(pi)
    -1
sin(2*pi)
    -2.44929e-16
sin(pi)^2 + cos(pi)^2
    1
```

hawk の実装を挙げる。

```
/./ {   # ignore blank lines
  f = "hawk.temp"
  hist[++n] = "prev = " $0
  print "BEGIN {" >f
  for (i = 1; i <= n; i++)
    print hist[i] >f
  if ($0 !~ "=")
    print "print \"    \" prev" >f
  print "}" >f
  close(f)
  system("awk -f " f)
}
(コメント訳)
空行を無視
```

　上例のアプローチには、式を評価するという Awk が備える機能すべてを、インタラクティブに駆使できる利点があるが、短所もいくつかある。最大の短所は、入力された式にエラーがあると、それまで蓄積された式が使用されないまま残ってしまい、これが原因で以降の計算が正常ではなくなっ

てしまう恐れがある点だ。この短所の修正は良い演習になる。

　もう 1 つの短所は、新たな式を計算する度にそれまでの式をすべて再計算する点だ。実質的に評価時間が式の数の 2 乗に比例して延びる事態だ。理論的には確かに問題だが、現実にはまったく問題ではない。このアプローチが、処理時間の要求が厳しい場面で用いられることはないためだ。

　話は逸れるが一部の言語では、特に Python だが、REPL（read-evaluate-print loop）という機能を備えている。これは入力されたコードをその場で解釈、実行する機能だ。Awk はこの機能を備えていないが、hawk はこの方向へ一歩進んだと言える。

演習 7-9. エラーから適切に復旧するよう hawk を修正しなさい。

演習 7-10. 一時ファイルを使用せず、また過去の式を再計算も回避するため、パイプ経由で別の Awk へ出力するよう hawk を改造しなさい。

7.6　算術式用の再帰下降型パーサ

　ここまで本章で取り上げた言語の構文は、いずれも解析が容易だった。しかし高級言語ではほとんどの場合、演算子には何段階かの優先順位があり、括弧類や if-then-else 文のようなネスト可能な構造を持つ。さらに、フィールド分割や正規表現によるパターンマッチングでは間に合わない構成要素もあり、より強力な解析技術が必要になる。Awk でも他の言語と同程度の本格的なパーサを実装すれば、このような構造の言語にも十分対応可能だ。本節では、普段使用する「中置記法（infix notation）」で記述した算術式を評価するプログラムを実装する。「**7.7 サブセット Awk 用の再帰下降型パーサ**」で取り上げる、ずっと大規模なパーサ実装に向けた練習台という位置付けだ。

　再帰下降型パーサの構成要素の中でも重要なものは、再帰的にパースする一連のルーチンだ。各ルーチンは、文法に則り非終端シンボルの文字列を特定し、終端シンボルに到達するまで他のルーチンをコールし、処理を分担する。終端シンボルに到達すると実際のトークンを分類する。上位から下位へ再帰的にパースする動作が、「再帰下降型パース（recursive-descent parsing）」と名付けられた由来だ。

　パースルーチンの構造は言語の文法構造と密接に対応するため、文法からパーサへの機械的な変換が可能だ。しかし機械的に変換するには、文法が適切な形式で記述されていなければならない。これは Yacc（yet another compiler compiler）などの、コンパイラ生成プログラムが活躍する場面だ。詳細については『*Compilers: Principles, Techniques, and Tools, 2nd ed.*』（Aho、Ullman and Sethi 著、Pearson、2007）、邦訳『コンパイラ：原理・技法・ツール』（原田賢一訳、サイエンス社、2009）の 4.4 節を参照されたい。

　四則演算の演算子（+ - * /）を持つ算術式の文法は、「**6.1 ランダムなテキスト生成**」で用いた形式で表現できる。

```
expr     →      term
                expr + term
                expr - term
term     →      factor
                term * factor
                term / factor
```

```
factor    →    number
               ( expr )
式        →    項
               式 + 項
               式 - 項
項        →    因子
               項 * 因子
               項 / 因子
因子      →    数
               ( 式 )
```

　上例の文法は算術式の形式だけではなく、演算子の優先順位や結合規則をも定義している。例えば、**式**とは**項**の和もしくは差だが、**項**は**因子**からなる。ここから、乗算と除算は加算減算よりも先に計算することが保証される。

　パースの過程を文の図式化と捉えることもできる。すなわち、「**6 章　テキスト処理**」で述べた生成処理の逆だ。例えば「1 + 2 * 3」という式をパースする過程は次図のように示せる。

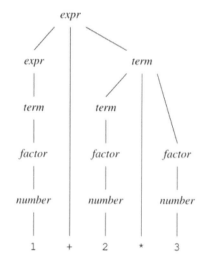

　中置記法を評価するには、式のパーサが当然必要になる。少し工夫すれば、文法からパーサを構築でき、プログラムも体系化できるようになる。関数は、文法にある非終端シンボルそれぞれに専用のものを用意する。プログラムは関数 expr を用い加算記号、減算記号で区切られた項を処理する。乗算記号、除算記号で区切られた因子を処理するのは関数 term だ。関数 factor は数を認識し、括弧で囲まれた式を処理する。

　次に挙げるプログラムでは入力の 1 行を 1 つの式と捉え、これを評価し結果を出力する。中置記法では一般に演算子や括弧の前後に空白文字を置かないため、プログラムが gsub を用い空白文字を挿入し、これを配列 op に分割する。変数 f は次に処理する op の要素、すなわち演算子か項のいずれかを指す。

例 7-5　calc3 プログラム

```
# calc3 - infix calculator
#    input:  expressions in standard infix notation
#    output: value of each expression

NF > 0 {
    gsub(/[+\-*\/()]/, " & ")  # insert spaces around operators
    nf = split($0, op)         # and parentheses
    f = 1
    e = expr()
    if (f <= nf)
        printf("error at %s\n", op[f])
    else
        printf("\t%.8g\n", e)
}

function expr(  e) {        # term | term [+-] term
    e = term()
    while (op[f] == "+" || op[f] == "-")
        e = op[f++] == "+" ? e + term() : e - term()
    return e
}

function term(  e) {        # factor | factor [*/] factor
    e = factor()
    while (op[f] == "*" || op[f] == "/")
        e = op[f++] == "*" ? e * factor() : e / factor()
    return e
}

function factor(  e) {      # number | (expr)
    if (op[f] ~ /^[+-]?([0-9]+[.]?[0-9]*|[.][0-9]+)$/) {
        return op[f++]
    } else if (op[f] == "(") {
        f++
        e = expr()
        if (op[f++] != ")")
            printf("error: missing ) at %s\n", op[f])
        return e
    } else {
        printf("error: expected number or ( at %s\n", op[f])
        return 0
    }
}
```

(コメント訳)
calc3 – 中置記法電卓プログラム
入力：通常使用する記法の式
出力：計算結果
演算子と括弧の前後に空白を挿入
項｜項 [+-] 項
因子｜因子 [*/] 因子
数｜(式)

上例の正規表現 /[+\-*\/()]/ は、文字を 2 つクォートしなければならないため、通常よりも

見苦しくなっている。マイナス記号は文字の範囲を表現するのに予約されているため、またスラッシュは Awk の正規表現の開始／終了を意味するためだ。

演習 7-11. 例 7-5 の calc3 を十分にテストする入力データ一式を用意しなさい。

演習 7-12. 例 7-5 の calc3 に変数定義およびべき乗関数を組み込みなさい。**例 7-4** の逆ポーランド記法のバージョン calc2 と実装を比較しなさい。

演習 7-13. 例 7-5 の calc3 のエラー処理の性能を改善しなさい。

7.7　サブセット Awk 用の再帰下降型パーサ

本節では Awk のごく一部を切り出したサブセット Awk 用の再帰下降型トランスレータを実装する。記述言語も Awk だ。算術式を扱う部分は、基本的に「**7.6　算術式用の再帰下降型パーサ**」から変わらないが、より実践的にするためターゲットプログラムは C 言語コードとし、また Awk の演算子は C 言語の関数コールとする。これは構文指向トランスレートの原理を解説する目的と、C 言語バージョンの Awk を開発する方法を提示する目的を兼ねている。C 言語バージョンの Awk は高速に動作し、また拡張しやすいだろう。

基本的なアプローチとして、算術演算子はターゲットプログラムではすべて関数コールとする。例えば x=y は assign(x,y) へ、x+y は eval("+",x,y) へ置換する。ターゲットプログラムのメインループには while 文を用い、ループ内から関数 getrec をコールし、入力行を読み込みフィールドに分割する。

```
BEGIN   { x = 0; y = 1 }

$1 > x  { if (x == y+1) {
               x = 1
               y = x * 2
          } else
               print x, z[x]
        }

NR > 1  { print $1 }

END     { print NR }
```

上例を渡すと、次の C 言語コードへトランスレートする。

```
assign(x, num((double)0));
assign(y, num((double)1));
while (getrec()) {
        if (eval(">", field(num((double)1)), x)) {
                if (eval("==", x, eval("+", y, num((double)1)))) {
                        assign(x, num((double)1));
                        assign(y, eval("*", x, num((double)2)));
                } else {
                        print(x, array(z, x));
```

```
                }
        }
        if (eval(">", NR, num((double)1))) {
                print(field(num((double)1)));
        }
}
print(NR);
```

　入力言語の文法を明確にし、フロントエンドプロセッサの設計から始めよう。サブセット Awk の文法を「6.1 ランダムなテキスト生成」と同じ形式で表したものを**例 7-6** に示す。" " は空文字列を、また | は構成要素の区切りを表す。

例 7-6　サブセット Awk の文法

program	→	*opt-begin pa-stats opt-end*
opt-begin	→	**BEGIN** *statlist* | *" "*
opt-end	→	**END** *statlist* | *" "*
pa-stats	→	*statlist* | *pattern* | *pattern statlist*
pattern	→	*expr*
statlist	→	{ *stats* }
stats	→	*stat stats* | *" "*
stat	→	**print** *exprlist* |
		if (*expr*) *stat opt-else* |
		while (*expr*) *stat* |
		statlist |
		ident = *expr*
opt-else	→	**else** *stat* | *" "*
exprlist	→	*expr* | *expr* , *exprlist*
expr	→	*number* | *ident* | $*expr* | (*expr*) |
		expr < *expr* | *expr* <= *expr* | ... | *expr* > *expr* |
		expr + *expr* | *expr* − *expr* |
		expr * *expr* | *expr* / *expr* | *expr* % *expr*
ident	→	*name* | *name*[*expr*] | *name*(*exprlist*)
プログラム	→	**任意**-*begin* パターン−文　**任意**-*end*
任意-*begin*	→	**BEGIN** 文リスト | " "
任意-*end*	→	**END** 文リスト | " "
パターン−文	→	文リスト | パターン | パターン 文リスト
パターン	→	式

文リスト	→	{ 複文 }
複文	→	文 複文 | ""
文	→	print 式リスト |
		if (式) 文 任意-*else* |
		while (式) 文 |
		文リスト |
		識別子 = 式
任意-*else*	→	else 文 | ""
式リスト	→	式 | 式 , 式リスト
式	→	数 | 識別子 | \$ 式 | (式) |
		式 < 式 | 式 <= 式 | ... | 式 > 式 |
		式 + 式 | 式 – 式 |
		式 * 式 | 式 / 式 | 式 % 式
識別子	→	名前 | 名前 [式] | 名前 (式リスト)

　例えば program ／プログラムを処理する関数は BEGIN アクション、パターン – アクション文、END アクションが存在するかを調べ、対応する C 言語コードを出力する。BEGIN アクションと END アクションは必須ではなくオプション（任意）だ。

　この再帰下降型パーサで字句解析を担うのは advance というルーチンだ。advance はトークンを切り出し、変数 tok へ代入する。stat ／文の特定まで完了すれば出力だ。出力するまでに下位の文法要素を処理するルーチンが返した文字列を結合する。また、出力が読みやすくなるよう、区切りにはタブ文字を挿入する。ネストレベルを管理する変数は nt だ。パーサはエラーメッセージを /dev/stderr へ出力する。/dev/stderr は /dev/stdout とは異なる出力ストリームだ。

　プログラムは約 170 行の長さがある。やや大きいと言えるだろう。

例 7-7　awk.parser プログラム

```
# awk.parser - recursive-descent translator for awk subset
#   input:  awk program (very restricted subset)
#   output: C code to implement the awk program

BEGIN { program() }

function advance() {      # lexical analyzer; returns next token
    if (tok == "(eof)") return "(eof)"
    while (length(line) == 0)
        if (getline line == 0)
            return tok = "(eof)"
    sub(/^[ \t]+/, "", line)   # remove leading white space
    if (match(line, /^[A-Za-z_][A-Za-z_0-9]*/) ||      # identifier
        match(line, /^-?([0-9]+\.?[0-9]*|\.[0-9]+)/) || # number
        match(line, /^(<|<=|==|!=|>=|>)/) ||           # relational
        match(line, /^./)) {                           # everything else
            tok = substr(line, 1, RLENGTH)
```

```
                line = substr(line, RLENGTH+1)
                return tok
        }
        error("line " NR " incomprehensible at " line)
}
function gen(s) {       # print s with nt leading tabs
        printf("%.*s%s\n", nt, "\t\t\t\t\t\t\t\t\t", s)
}
function eat(s) {       # read next token if s == tok
        if (tok != s) error("line " NR ": saw " tok ", expected " s)
        advance()
}
function nl() {         # absorb newlines and semicolons
        while (tok == "\n" || tok == ";")
                advance()
}
function error(s) { print "Error: " s > "/dev/stderr"; exit 1 }

function program() {
        advance()
        if (tok == "BEGIN") { eat("BEGIN"); statlist() }
        pastats()
        if (tok == "END") { eat("END"); statlist() }
        if (tok != "(eof)") error("program continues after END")
}
function pastats() {
        gen("while (getrec()) {"); nt++
        while (tok != "END" && tok != "(eof)") pastat()
        nt--; gen("}")
}
function pastat() {    # pattern-action statement
        if (tok == "{")        # action only
                statlist()
        else {                 # pattern-action
                gen("if (" pattern() ") {"); nt++
                if (tok == "{") statlist()
                else                   # default action is print $0
                        gen("print(field(0));")
                nt--; gen("}")
        }
}
function pattern() { return expr() }
function statlist() {
        eat("{"); nl(); while (tok != "}") stat(); eat("}"); nl()
}
function stat() {
        if (tok == "print") { eat("print"); gen("print(" exprlist() ");") }
        else if (tok == "if") ifstat()
        else if (tok == "while") whilestat()
        else if (tok == "{") statlist()
        else gen(simplestat() ";")
        nl()
}

function ifstat() {
        eat("if"); eat("("); gen("if (" expr() ") {"); eat(")"); nl(); nt++
```

```
        stat()
        if (tok == "else") {        # optional else
            eat("else")
            nl(); nt--; gen("} else {"); nt++
            stat()
        }
        nt--; gen("}")
}

function whilestat() {
    eat("while"); eat("("); gen("while (" expr() ") {"); eat(")"); nl()
    nt++; stat(); nt--; gen("}")
}

function simplestat(   lhs) { # ident = expr | name(exprlist)
    lhs = ident()
    if (tok == "=") {
        eat("=")
        return "assign(" lhs ", " expr() ")"
    } else return lhs
}

function exprlist(    n, e) { # expr , expr , ...
    e = expr()          # has to be at least one
    for (n = 1; tok == ","; n++) {
        advance()
        e = e ", " expr()
    }
    return e
}

function expr(   e) {            # rel | rel relop rel
    e = rel()
    while (tok ~ /<|<=|==|!=|>=|>/) {
        op = tok
        advance()
        e = sprintf("eval(\"%s\", %s, %s)", op, e, rel())
    }
    return e
}

function rel(   op, e) {         # term | term [+-] term
    e = term()
    while (tok == "+" || tok == "-") {
        op = tok
        advance()
        e = sprintf("eval(\"%s\", %s, %s)", op, e, term())
    }
    return e
}

function term(   op, e) {        # fact | fact [*/%] fact
    e = fact()
    while (tok == "*" || tok == "/" || tok == "%") {
        op = tok
        advance()
```

```
            e = sprintf("eval(\"%s\", %s, %s)", op, e, fact())
    }
    return e
}

function fact(    e) {            # (expr) | $fact | ident | number
    if (tok == "(") {
        eat("("); e = expr(); eat(")")
        return "(" e ")"
    } else if (tok == "$") {
        eat("$")
        return "field(" fact() ")"
    } else if (tok ~ /^[A-Za-z_][A-Za-z_0-9]*/) {
        return ident()
    } else if (tok ~ /^-?([0-9]+\.?[0-9]*|\.[0-9]+)/) {
        e = tok
        advance()
        return "num((double)" e ")"
    } else {
        error("unexpected " tok " at line " NR)
    }
}

function ident(    id, e) {       # name | name[expr] | name(exprlist)
    if (!match(tok, /^[A-Za-z_][A-Za-z_0-9]*/))
        error("unexpected " tok " at line " NR)
    id = tok
    advance()
    if (tok == "[") {            # array
        eat("["); e = expr(); eat("]")
        return "array(" id ", " e ")"
    } else if (tok == "(") {  # function call
        eat("(")
        if (tok != ")") {
            e = exprlist()
            eat(")")
        } else eat(")")
        return id "(" e ")"    # calls are statements
    } else {
        return id              # variable
    }
}
```

(コメント訳)
awk.parser – awk サブセット用再帰下降型トランスレータ
入力：awk プログラム（制約を加えたサブセット）
出力：awk プログラムの内容を実装した C コード
字句アナライザ。次のトークンを返す
冒頭の空白類を削除
識別子
数値
関係演算子
その他全般
nt 個のタブと s を出力
s が tok ならば次のトークンを読み込む
改行文字とセミコロンを排除

```
パターン - アクション文
アクションのみ
パターン - アクション
ディフォルトアクションは入力行をそのまま出力
else がある場合
識別子 = 式｜名前 (式リスト)
式 , 式 ...
1 つ以上必要
rel｜rel 関係演算子 rel
終端シンボル｜終端シンボル [+-] 終端シンボル
因子｜因子 [*/%] 因子
(式)｜$因子｜識別子｜数値
名前｜名前 [式]｜名前 (式リスト)
配列
関数コール
コールは文
変数
```

　例 7-7 のプログラムは決して完璧とは言えない。Awk 言語の文法すべてを解析するわけではない
し、このサブセットに本来必要な C 言語コードすべてにも対応していない。さらにこのプログラム
はそれほど堅牢でもない。しかし、解析の全体像を十分に示しており、また、ある程度の規模を持っ
た実際の言語に対応した、再帰下降型トランスレータの構造をよく示している。

　Awk 言語を他言語へトランスレートする実例はいくつかある。Chris Ramming の awkcc は現在で
も入手でき[*2]、本節で示したような関数コールの形態の C 言語コードを生成する。Brian Kernighan
は C++ へのトランスレータを開発し、表記上の利便性を大きく向上させる機能を実装した。Awk 同
様に文字列が使えるよう配列の添字演算子をオーバロードしているのだ。また、Awk の変数はプロ
グラム内で特別扱いされる。しかしながら、実用性よりも概念実証の意味合いが強いトランスレー
タだ。

演習 7-14. C 言語以外の言語を生成するよう、Awk パーサを改造しなさい。Python などは面白い
　　　　　　ターゲットになるだろう。

7.8　章のまとめ

　UNIX にはある決まった分野の処理に特化した言語、記法がいくつかある。テキストパターンを表
現する正規表現はその最たる例で、grep、sed、awk などのコアツールで採用されている。構文は
若干異なるが、ファイル名のパターンを表現するシェルのワイルドカードもそうだ。

　シェルもまた（読者が使用しているどのシェルを使用しているかに関わらず）、プログラムの実行
という特定分野に特化した言語だ。

　ドキュメント整形ツールの troff、それに付属する eqn、tbl などのプリプロセッサも言語だ。
特にプリプロセッサは明示的に言語として開発された背景を持つ。

　対象分野を制限した言語の設計、開発は創造性に溢れたプログラミング作業だ。Awk はフィール

[*2] 訳者注：`https://github.com/nokia/awkcc` で公開されていますが、保守はされていません。

ド分割と正規表現によるパターンマッチングを駆使し、字句や構文の解析にその威力を発揮する。また、連想配列はシンボルテーブルの構築に効果的であり、パターン – アクションという構造はパターン指向言語に非常に適している。

新分野で新言語を開発し、設計上の判断を迫られた際には実験を繰り返せざるを得ないだろう。ここで Awk を用いると、実現の可否を検証するプロトタイプ構築が容易になる。実装に多大な労苦を費やす前に、このプロトタイプの結果から初期設計を見直すこともできるだろう。プロトタイプで満足のいく結果が得られたら、コンパイラ作成ツールの yacc や lex、それに C 言語、Python も使用し、プロトタイプを製品バージョンへ変換する。この変換作業ではもう大きな障害に出会わないだろう。

8章
アルゴリズムの実験

　ものの動作を理解する最善の方法は、その縮小版を作成し実験を重ねることだ。この事実は特にアルゴリズムに当てはまる。実際のコードを書くと、疑似コードでは簡単に見過ごしてしまう問題でも浮き彫りにでき、問題点を明らかにできる。さらにこの機能縮小版プログラムは動作確認にも使用できる。動作が想定通りかをテストできるのだ。これは疑似コードではできないことだ。

　Awk はアルゴリズムの実験に最適なツールでもある。プログラムを Awk で記述すると、言語の細部に迷うことなくアルゴリズムそのものに集中できる。そのアルゴリズムが大規模プログラムに組み込まれるのであれば、まず単体で動作するプロトタイプを実装すると開発生産性が向上するだろう。小規模な Awk プログラムを複数実装する開発スタイルは、デバッグ、テスト、性能評価の基盤構築に優れた威力を発揮する。この点はアルゴリズムを最終的に実装する言語の種類に依存しない。

　本章ではアルゴリズムの実験について述べる。章の前半では、アルゴリズム入門コースによくある一般的なソートアルゴリズムを 3 つ取り上げ、Awk を用いテスト、性能測定、プロファイリングを行う。章の後半では、トポロジカルソートアルゴリズムを複数取り上げ、ファイルを更新する Unix コマンド、make にまで発展させる。

8.1　ソート

　本節では有名かつ有用なソートアルゴリズム、挿入ソート（insertion sort）、クイックソート（quicksort）、ヒープソート（heapsort）の 3 つを題材に取り上げる。挿入ソートは簡潔だが、効率的に動作するのは要素数が少ない場合に限られる。クイックソートは汎用性が高く、ヒープソートは最悪の場合でも性能が落ちにくい特徴を持つ。上記 3 つのソートアルゴリズムそれぞれについて、基本動作を述べ、実装とテストコードを示し、性能を評価する。実装の大部分は Jon Bentley のコードから拝借した。基盤部分とプロファイルについても Jon Bentley に触発された部分が大きい。

挿入ソート

基本動作

　挿入ソートはトランプの手札を並べ換える方法に似ている。すなわちカードを 1 枚取り、手札の中の適切な位置へ挿入する手順を繰り返すアルゴリズムだ。

実装

　次に挙げるコードは挿入ソートアルゴリズムを用い、配列 A[1]、...、A[n] を昇順にソートする（厳密には要素が重複する可能性があるため、昇順とは言わず「非減少順／non-decreasing order」とでも言うべきだが、それは拘りすぎかもしれない）。先頭アクションで入力行を読み込み配列に保持し、END アクションで isort をコールし、結果を出力する。

例 8-1　isort 関数

```
# insertion sort

    { A[NR] = $0 }

END { isort(A, NR)
      for (i = 1; i <= NR; i++)
          print A[i]
    }

# isort - sort A[1..n] by insertion

function isort(A,n,      i,j,t) {
    for (i = 2; i <= n; i++) {
        for (j = i; j > 1 && A[j-1] > A[j]; j--) {
            # swap A[j-1] and A[j]
            t = A[j-1]; A[j-1] = A[j]; A[j] = t
        }
    }
}
(コメント訳)
挿入ソート
isort - A[1..n] を挿入ソート
A[j-1] と A[j] を入れ換え
```

　例 8-1 の関数 isort の外側ループ開始時点では、配列 A の 1 から *i-1* 番目までの要素は入力されたままの順序であり、内側ループが現在 *i* 番目にある要素をその直前にある *i-1* 番目の要素と比較し、*i-1* 番目の方が値が大きければ 2 つの要素を入れ換える。外側ループが終了すれば、全 *n* 個の要素がソートされた状態になる。

　上例のプログラムは数値も文字列も等しくソートできるが、両者が混ざる場合には注意が必要だ。内部で型が強制され（暗黙の型変換）、予想外の比較結果となることがあるためだ。例えば、数値として見れば 2 は 10 よりも前になるが、文字列の "2" は文字列の "10" よりも後ろになる。

　初期状態として配列 A に次の 8 つの整数があるとしよう。

```
8 1 6 3 5 2 4 7
```

上例の要素は次に示すように変化していく。

```
8|1 6 3 5 2 4 7
1 8|6 3 5 2 4 7
1 6 8|3 5 2 4 7
1 3 6 8|5 2 4 7
1 3 5 6 8|2 4 7
```

```
1 2 3 5 6 8|4 7
1 2 3 4 5 6 8|7
1 2 3 4 5 6 7 8|
```

上図の縦棒が、配列内でソート済みの部分と未ソートの部分を区切っている。

動作確認

　この isort をどうテストすれば良いだろうか？ 適当なデータを渡し、出力された結果を見ることはできる。もちろんそれはそれで必要な第一歩だが、プログラムには、その規模の大小に関わらず、注意深いテストが必要でありこれだけでは不十分だ。次に考えられるテスト方法は大量に生成した乱数を渡し、出力結果を確認することだ。確かに一歩前進だが、それよりもコードに誤りが発生しやすい箇所、すなわち境界や特殊なデータを体系的に追究できれば、少量のデータでもテストの質が上がる。ソートルーチンでは次のような場合が考えられる。

> 入力データサイズが 0（空入力）
> 入力データサイズが 1（数値が 1 つだけ）
> *n* 個の乱数
> *n* 個のソート済み数値
> *n* 個の降順ソート済み数値
> *n* 個の同一数値

　ここではプログラムのテストと評価で、Awk をどう活用できるかを示すことを目的とし、ソートルーチンのテストと評価を自動生成してみよう。

　方法は 2 つあり、それぞれに長所がある。1 つ目は「バッチモード」だ。すなわち別プログラムを用意し、上例のようなあらかじめ決められたテスト内容に従い、ソート関数を実行する。入力データを生成し、出力結果を確認するコードを挙げる。isort 本体以外に、さまざまな型の配列を生成する関数や、ソート結果の配列を確認する関数がある。

例 8-2　check 関数およびソートルーチンのバッチテスト

```
# batch test of sorting routines

BEGIN {
    print "   0 elements"
    isort(A, 0); check(A, 0)
    print "   1 element"
    genid(A, 1); isort(A, 1); check(A, 1)

    n = 10
    print "    " n " random integers"
    genrand(A, n); isort(A, n); check(A, n)

    print "    " n " sorted integers"
    gensort(A, n); isort(A, n); check(A, n)

    print "    " n " reverse-sorted integers"
    genrev(A, n); isort(A, n); check(A, n)
```

```
        print "    " n " identical integers"
        genid(A, n); isort(A, n); check(A, n)
}

function isort(A,n,     i,j,t) {
    for (i = 2; i <= n; i++) {
        for (j = i; j > 1 && A[j-1] > A[j]; j--) {
            # swap A[j-1] and A[j]
            t = A[j-1]; A[j-1] = A[j]; A[j] = t
        }
    }
}

# test-generation and sorting routines...

function check(A,n,   i) {
    for (i = 1; i < n; i++) {
        if (A[i] > A[i+1])
            printf("array is not sorted, element %d\n", i)
    }
}

function genrand(A,n,   i) { # put n random integers in A
    for (i = 1; i <= n; i++)
        A[i] = int(n*rand())
}

function gensort(A,n,    i) { # put n sorted integers in A
    for (i = 1; i <= n; i++)
        A[i] = i
}

function genrev(A,n,    i) {  # put n reverse-sorted integers
    for (i = 1; i <= n; i++)  # in A
        A[i] = n+1-i
}

function genid(A,n,    i) {   # put n identical integers in A
    for (i = 1; i <= n; i++)
        A[i] = 1
}
```

(コメント訳)
ソートルーチンのバッチテスト
A[j-1] と A[j] を交換
ソート用テストデータ生成 ...
配列 A に n 個の整数乱数を代入
配列 A に n 個のソート済み整数を代入
配列 A に n 個の降順でソート済み整数を代入
配列 A に n 個の同じ整数を代入

2つ目のテスト方法は、それほど一般的ではないかもしれないが、対話的にテストしやすくなるフレームワーク、基盤を構築するものだ。Awk が得意なテストと言える。先に挙げたバッチテストを補完する位置付けでもあり、テスト対象の理解が浅い（ソートアルゴリズムほど理解できていない）

場合には特に有用だ。対話的かつ容易に逐一テストできるため、デバッグ作業にも役立つ。

　具体的には、テストデータ作成やテスト実行専用の簡易言語を別途設計する。この言語はテスト専用であり汎用目的ではない。また、ユーザもごく限られた一部の人に限定できるため、それほど複雑にすることもない。必要に応じ、一から作り直すことも十分可能だ。

　ここで実装するテスト専用言語は、ある型の *n* 個の要素を持つ配列の自動生成、データ配列の指定、テストするソートアルゴリズム（本章後半で後述する）の指定などの機能を持つ。ソートルーチン、データ生成ルーチンは先に挙げた例から変わらないため、割愛する。

　プログラムは基本的に正規表現が並んだ構造をとる。入力をスキャンし、データの型およびテスト対象のソートアルゴリズムを正規表現と照合する。入力がどのパターンとも一致しなければ、エラーメッセージとしてプログラムの使用法を出力する。単に入力に誤りがあると出力するよりもずっと有用なメッセージだ。

```
# interactive test framework for sort routines

/^[0-9]+.*rand/ { n = $1; genrand(A, n); dump(A, n); next }
/^[0-9]+.*id/   { n = $1; genid(A, n); dump(A, n); next }
/^[0-9]+.*sort/ { n = $1; gensort(A, n); dump(A, n); next }
/^[0-9]+.*rev/  { n = $1; genrev(A, n); dump(A, n); next }
/^data/ {   # use data directly from this line
        delete A  # clear array, start over
        for (i = 2; i <= NF; i++)
                A[i-1] = $i
        n = NF - 1
        next
}
/q.*sort/ { qsort(A, 1, n); check(A, n); dump(A, n); next }
/h.*sort/ { hsort(A, n); check(A, n); dump(A, n); next }
/i.*sort/ { isort(A, n); check(A, n); dump(A, n); next }
/./ { print "data ... | N [rand|id|sort|rev]; [qhi]sort" }

function dump(A, n) {     # print A[1]..A[n]
        for (i = 1; i <= n; i++)
                printf(" %s", A[i])
        printf("\n")
}

# test-generation and sorting routines ...
...
（コメント訳）
ソートアルゴリズム用対話型テストフレームワーク
この行をデータとして使用する
配列を削除し、データを再構築
A[1]..A[n] を出力
ソート用テストデータ生成 ...
```

　正規表現を利用すると入力構文に柔軟性を実現できる。例えば「qsort」と入力されればこれをquicksort と、「heap」と入力されれば heapsort と解釈する。データを自動生成する代わりに直接渡すことも可能だ。この機能により数値データだけではなく文字列データを使用したテストも可能になる。上例のプログラムを実行した簡単な対話例を挙げる。

```
10 random
 6 4 7 6 6 3 0 2 8 0
isort
 0 0 2 3 4 6 6 6 7 8
10 reverse
 10 9 8 7 6 5 4 3 2 1
qsort
 1 2 3 4 5 6 7 8 9 10
data now is the time for all good men
hsort
 all for good is men now the time
```

性能

　例 8-1 の isort の処理量は、要素数 *n* とすでに要素がどの程度ソートされているかにより変化する。最悪の場合では**二次時間アルゴリズム**（quadratic algorithm）となる。すなわち実行時間は、ソート対象要素数の 2 乗に比例し増加する。これは要素数が 2 倍になれば実行時間はおよそ 4 倍に延びるという意味だ。しかし要素の大部分がすでにソート済みであれば、要素は平均して数個程度しか移動しないため、処理量は大幅に減少する。そのため実行実行の増加は線形に抑えられ、要素数に比例する。

　次図に isort の性能測定結果を示す。降順でソート済み、ランダム、すべて同じ値、の 3 種類の入力データに対し、要素数に応じ処理量がどう変化するかを表している。ここでは比較と交換の回数を測定した。ソート処理の作業量を示す指標として適切なカウントだ。見て分かるように、isort の性能は要素が降順ソートされている場合がもっとも悪く、次いで値がランダムの場合が悪い。値が同一の要素の場合ははるかに良好な結果だ。要素がすでにソートされている場合は（図には含めていない）、同一要素の場合と同程度に良好だった。

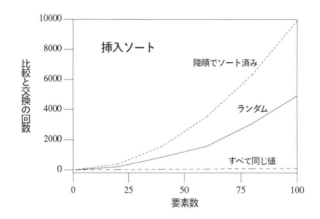

　まとめると、挿入ソートの性能は要素数が少ない場合には良好だが、要素数が増加するにつれ大きく低下する。但し、入力データの大半がソート済みの場合は除く。

　このグラフおよび以降のグラフを作成するために、ソート関数にはカウンタを 2 つ追加した。それぞれ比較回数と交換回数をカウントするものだ。2 つのカウンタを追加した isort 関数を挙げる。

```
function isort(A,n,     i,j,t) {  # insertion sort with counters
    for (i = 2; i <= n; i++) {
        for (j = i; j > 1 && ++comp &&
          A[j-1] > A[j] && ++exch; j--) {
            # swap A[j-1] and A[j]
            t = A[j-1]; A[j-1] = A[j]; A[j] = t
        }
    }
}
```

(コメント訳)
カウンタを加えた挿入ソート
A[j-1] と A[j] を交換

　上例は、内側 for ループ内の条件式でのみカウントする。&& で連結された条件は、評価結果が偽になるまで左から右へ評価される。上例では ++comp は常に真となり（ここでは前置インクリメントが必須である）、そのため comp は、要素の比較一度につき、比較前に一度しかインクリメントされない。exch カウンタは、要素の順序を入れ換える場合にのみインクリメントされる。

　テストを構成しプロットデータを準備するのに用いたプログラムを挙げる。これもテストパラメータを指定する、「専用言語」の一例と言える。

```
# test framework for sort performance evaluation
#   input:  lines with sort name, type of data, sizes...
#   output: name, type, size, comparisons, exchanges, c+e

{   for (i = 3; i <= NF; i++)
        test($1, $2, $i)
}

function test(sort, data, n) {
    comp = exch = 0
    if (data ~ /rand/)
        genrand(A, n)
    else if (data ~ /id/)
        genid(A, n)
    else if (data ~ /rev/)
        genrev(A, n)
    else
        print "illegal type of data in", $0
    if (sort ~ /q.*sort/)
        qsort(A, 1, n)
    else if (sort ~ /h.*sort/)
        hsort(A, n)
    else if (sort ~ /i.*sort/)
        isort(A, n)
    else
        print "illegal type of sort in", $0
    print sort, data, n, comp, exch, comp+exch
}

# test-generation and sorting routines ...
```

```
(コメント訳)
ソートアルゴリズムのテスト／評価用フレームワーク
入力：ソートアルゴリズム名、データ種類、要素数 [ 要素数 ... ]
出力：ソートアルゴリズム名、データ種類、要素数、比較回数、交換回数、2 つの回数の合計
ソート用テストデータ生成 ...
```

次のような行を入力に渡す。

```
isort random 0 20 40 60 80 100
isort ident 0 20 40 60 80 100
```

　ソートアルゴリズム名、データ種類、要素数、比較回数、交換回数、2 つの回数の合計が要素数ごとに 1 行で出力される。この出力を「**7.2　グラフ作図言語**」で述べたプログラムへ渡せば、可視化できる。

演習 8-1. 1 つ抜けている検証がある。ソート結果に入力データがすべて含まれており、過不足はないか？　という点だ。これを検証するよう改造しなさい。

演習 8-2. 例 8-2 の関数 check は十分とは言えない。どの種類のエラーの検出を誤るか？　検出を強化するにはどう実装すれば良いか？

演習 8-3. 本書で取り上げるソート例の大半は整数を扱うが、isort が整数以外のデータを処理するとどうなるか？　汎用データを処理するようテストフレームワークを改造するにはどうすれば良いか？

演習 8-4. ここまで Awk が備える演算子など（プリミティブ演算）の処理時間は一定と暗黙に仮定してきた。すなわち、配列要素へのアクセス、2 つの値の比較、加算、代入などの処理時間を固定とみなしていた。この仮定は Awk プログラムでは妥当だろうか？　この確認を目的とする、大量の要素を処理するプログラムを実装しなさい。

クイックソート

基本動作

　もっとも効率の良い汎用ソートアルゴリズムの 1 つに、分割統治法を採用したクイックソートがある。1960 年代初頭に C. A. R. Hoare が発明した。クイックソートではデータを 2 つに分割し、それぞれを再帰的にソートする。分割は任意の要素を選択し（この要素をピボット（pivot）と言う）、それ以外の要素を、値がピボット未満のグループと、値がピボット以上のグループの 2 つに分割する。この 2 つのグループそれぞれに対し、クイックソートを再帰コールする。要素数が 2 未満ならばデータはソート済みであり、クイックソートは何も処理しない。

実装

　クイックソートの実装はどう分割するにより変化する。ここでは速度性能を優先せず、理解しやすい方法を採用する。また、このアルゴリズムは再帰的に適用されるため、A[left]、A[left+1]、...、

A[right]の部分配列を分割する例を述べる。

　まず、要素を分割するため、[left,right]の範囲から任意の要素 r を選択し、r の位置にある値 p を分割要素とする（ピボット）。次に A[left]と A[r]を入れ換える。分割中の配列は、A[left]に p があり、直後に p 未満の値の要素が、その後に p 以上の値の要素が並ぶ状態となり、以降にあるのは未処理の要素だ。

図 8-1　クイックソートの分割状態

　図 8-1 で、添字 last は値が p よりも小さいと判明した要素の末尾を、また添字 i は未処理要素の先頭を指す。ソート開始時点では last は left に、i は left+1 に一致する。

　分割処理では A[i]の値と p を比較し、A[i] >= p ならば単に i をインクリメントする。A[i] < p ならば last をインクリメントし、A[last]と A[i]を入れ換えてから、i をインクリメントする。これを繰り返し、すべての要素の処理を終えたら、最後に A[left]と A[last]を入れ換える。

　この時点で分割処理は完了し、配列は次の状態になる。

　今度は左側、右側それぞれに位置する部分配列を対象に、同じ手順を繰り返す。

　次の 8 つの要素を持つ配列をクイックソートでソートしてみよう。

　8 1 6 3 5 2 4 7

　まず分割要素（ピボット）をランダムに選択する。ここでは 4 としよう。すると分割結果の配列は次のようになる。

　2 1 3|4|5 6 8 7

　次に部分配列 2 1 3 と 5 6 8 7 それぞれを再帰的にソートする。部分配列の要素数が 2 未満になれば再帰を停止する。

　クイックソートを実装した関数 qsort を挙げる。このプログラムに対しては、挿入ソートの時と同じテストルーチンを使用できる。

例 8-3　qsort 関数

```
# quicksort

    { A[NR] = $0 }
```

```
END { qsort(A, 1, NR)
     for (i = 1; i <= NR; i++)
         print A[i]
   }

# qsort - sort A[left..right] by quicksort

function qsort(A,left,right,   i,last) {
    if (left >= right)  # do nothing if array contains
        return          # less than two elements
    swap(A, left, left + int((right-left+1)*rand()))
    last = left   # A[left] is now partition element
    for (i = left+1; i <= right; i++)
        if (A[i] < A[left])
            swap(A, ++last, i)
    swap(A, left, last)
    qsort(A, left, last-1)
    qsort(A, last+1, right)
}

function swap(A,i,j,   t) {
    t = A[i]; A[i] = A[j]; A[j] = t
}
```

(コメント訳)
クイックソート
qsort－クイックソートで A[left..right] をソート
配列要素数が 2 未満ならば何もしない
A[left] が新たな分割要素

性能

　例 8-3 の qsort の処理量は各段階の配列をどれだけ均等に分割できるかにより変化する。配列を常に均等に分割できれば、実行時間は $n \log n$ に比例する。すなわちデータ量が 2 倍になっても実行時間は 2 倍をわずかに上回る程度しか増加しない。

　最悪の場合では、分割処理の結果、2 つある部分配列の一方が空になることもあり得る。例えば、全要素の値が等しい場合にこの状況が発生する。この場合のクイックソートは二次時間アルゴリズムとなる。挿入ソートで用いた降順ソート済み、ランダム、すべて同じ値、3 種類のデータを**例 8-3**の qsort がどう処理したかを次図に示す。見て分かる通り、データがすべて同じ値の場合は他の 2 つよりも処理量が急激に増加する。

演習 8-5. 例 8-3 の qsort を比較回数、交換回数をカウントするよう改造しなさい。出力結果は本書の図に一致するか？

演習 8-6. 比較回数、交換回数をカウントする代わりに、プログラムの実行時間を計測しなさい。図と同様の結果を示すか？　データ数を大幅に増やし、再度測定しなさい。それでも同様の結果を示すか？

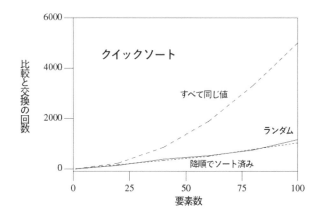

ヒープソート

基本動作

　ソート対象の要素は**優先度付きキュー**（priority queue）というデータ構造に保持する。優先度付きキューでは、要素の挿入、キュー内で最大値の要素の取り出しの2つの操作が可能だ。この動作からソートに利用できることが分かる。初めに全要素を優先度付きキューに挿入し、一度に1つずつ値を取り出せば良い。取り出すのは常にキュー内で最大値の要素であるため、降順で取り出せる。ヒープソートは、1960年代初頭に J. W. J. Williams と R. W. Floyd が発明したもので、優先度付きキューの動作を基にしている。

　ヒープソートでは**ヒープ**（heap）と言うデータ構造を用い、優先度付きキューを管理する。ヒープとは、次の2つの性質を持つバイナリツリー（二分木、binary tree）と思えば良い。

1. 平衡二分木である。
   葉は最大でも2つの異なるレベルにしか現れず、最下位（ルートからもっとも遠い）の葉は左からつなげられる。
2. 半順序関係（partial order）を維持する[*1]。
   各ノードが持つ要素の値は、その子ノードが持つ要素の値以上である。

10個の要素を持つヒープの図を示す。

　ヒープには重要な特徴が2つある。1つは、n 個のノードがある場合、ルートから葉までの経路が $\log_2 n$ より長くならないこと、もう1つは、最大値の要素が常にルートにあることだ。

　ここで配列 A によりヒープをシミュレートすれば、本来のバイナリツリーを代用できる。この配列に必要なのは要素が**幅優先順序**（横型探索、breadth-first order）で並ぶことだ。すなわちバイナリツリーのルートにある要素は配列の A[1] へ、ルートの子ノードは A[2]、A[3] へ置けば良い。一

[*1] 訳者注：任意の2要素に対し大小関係が定義されているものを全順序と言い、大小関係が定義されているけれど、任意の2要素すべてに対しては定義されていないものを半順序と言います。

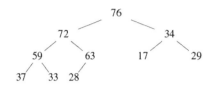

　般化すれば、あるノードが A[i] に存在する場合、この子ノードは A[2i] と A[2i+1] に置く。子ノードが 1 つしかなければ A[2i] だ。すると配列 A は次図のようになる。

A[1]	A[2]	A[3]	A[4]	A[5]	A[6]	A[7]	A[8]	A[9]	A[10]
76	72	34	59	63	17	29	37	33	28

　ヒープで言う「半順序関係」という性質は、A[i] の値が、その子である A[2i] および A[2i+1] の値、もしくは A[2i]（子ノードが 1 つしか存在しない場合）の値以上であるという意味だ。配列がこの条件を満たしていれば、その配列は「ヒープ性」を備えていると言える。

実装

　ヒープソートの処理は、ヒープの構築と、要素を順に取り出す処理の 2 段階に実装する（2 フェーズ）。両フェーズとも、要素を適切なレベルへふるい落とす関数 heapify(A,i,j) をコールする。この関数は A[i+1]、...、A[j] がすでにヒープ性を備えていると仮定し、部分配列 A[i]、A[i+1]、...、A[j] にヒープ性を維持させる。heapify は要素の比較と交換を担い、A[i] とその子ノードを比較するが、A[i] に子ノードが存在しない、もしくは子ノードよりも値が大きい場合は、何も処理せずリターンする。それ以外の場合は比較結果から A[i] とその子ノードの値が大きい方を入れ換え、子ノードに対し処理を繰り返す。

　最初のフェーズでは、heapify(A,i,n) をコールし、i を n/2 から 1 にまで減少させ、配列をヒープに変換する。

　第 2 フェーズでは、まず i を n に変更し、次の 3 つの処理を繰り返し実行する。最初の処理は、ヒープ内の最大値を持つ A[1] と、もっとも右に位置する A[i] を入れ換える。次の処理は、i をデクリメントしヒープのサイズを減らす。ここまでの処理でヒープから最大値の要素を取り出したことになる。その結果、配列末尾の n-i+1 個の要素はソート済みとなる。最後の処理は、heapify(A,1,i-1) をコールし、配列先頭の i-1 個の要素にヒープ性を復元する。

　上記 3 つの処理をヒープ内の要素が 1 つになるまで繰り返す。最後に残った 1 つとは、すなわち最小値だ。処理過程での配列の状態は次図のようになり、最終的に昇順にソートされる。

　上図の配列で、添字が 1 から i までの要素はヒープ性を備える。i+1 から n までの n-i 個の要素

は昇順にソートされており、「ソート済み」にある要素は、「ヒープ」内の要素よりも値が大きいか等しい。初期状態は $i=n$ であり、ソート済みの部分は存在しない。

　先に挙げた要素を例に処理を考えてみよう。初期状態ですでにヒープ性を備えており、第2フェーズの最初の処理で 76 と 28 を入れ換える。

```
28 72 34 59 63 17 29 37 33 | 76
```

　2番目の処理として、ヒープサイズを9に減らし、3番目の処理で先頭の9要素にヒープ性を復元する。すなわち、交換処理を連続実行し、28 をヒープ内の正しい位置へ移動する。

```
72 63 34 59 28 17 29 37 33 | 76
```

　値が 28 の要素をバイナリツリーの経路に沿い、ルートからすべての子ノードの値が 28 以下のノードまでふるい落とした結果を、**図 8-2** に示す。

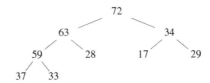

図 8-2　ヒープソート中のバイナリツリー

　その次の繰り返しでは、最初の処理で 72 と 33 を入れ換える。

```
33 63 34 59 28 17 29 37 | 72 76
```

　2番目の処理で i を 8 に減らし、3番目の処理で 33 を正しい位置へ移動する。

```
63 59 34 37 28 17 29 33 | 72 76
```

　その次の繰り返しでは、最初に 63 と 33 を入れ換え、最終的に次の結果を得る。

```
59 37 34 33 28 17 29 | 63 72 76
```

この手順を繰り返し、配列をソートする。

　上記の処理をプログラムにしたものを挙げる。理由は「**8.2 プロファイリング**」でプロファイリングについて述べる際に明らかにするが、ここでは単一の文でも波括弧で囲んでいる。

```
# heapsort

    { A[NR] = $0 }

END { hsort(A, NR)
    for (i = 1; i <= NR; i++)
        { print A[i] }
    }
```

```
function hsort(A,n,  i) {
    for (i = int(n/2); i >= 1; i--)  # phase 1
        { heapify(A, i, n) }
    for (i = n; i > 1; i--) {        # phase 2
        { swap(A, 1, i) }
        { heapify(A, 1, i-1) }
    }
}
function heapify(A,left,right,  p,c) {
    for (p = left; (c = 2*p) <= right; p = c) {
        if (c < right && A[c+1] > A[c])
            { c++ }
        if (A[p] < A[c])
            { swap(A, c, p) }
    }
}
function swap(A,i,j,  t) {
    t = A[i]; A[i] = A[j]; A[j] = t
}
(コメント訳)
ヒープソート
フェーズ 1
フェーズ 2
```

性能

　hsort の比較、交換処理回数は $n \log n$ に比例する。これは、heapify の実行時間が $\log n$ であるため、最悪の場合でも変わらない。先に挙げた挿入ソート、クイックソートの場合と同じデータを渡した hsort の比較、交換処理回数を次図に示す。すべて同じ値の場合の性能がクイックソートを上回っている点に注目して欲しい。

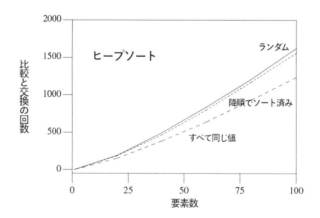

　本節で述べた 3 つのソートアルゴリズムにランダムデータを渡し、その性能を比較したグラフを示す。

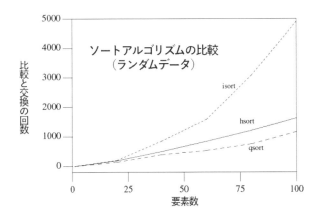

入力データがランダムの場合では、isort は二次時間アルゴリズムになってしまうのに対し、hsort と qsort の実行時間増加は $n \log n$ になる点を思い出して欲しい。上図は優れたアルゴリズムの重要性を如実に表している。入力データ数が増加するほど、二次時間アルゴリズムと $n \log n$ 時間アルゴリズムの差が劇的に開くのだ。

演習 8-7. 例 8-2 の check 関数は isort の出力がソート済みであると常に確認したが、qsort、hsort の場合でも同様にソート済みか？　また、入力データが数値のみの場合、また数値には見えない文字列のみの場合でも同様か？

8.2　プロファイリング

「8.1 ソート」では特定演算の回数をカウントし、ソートアルゴリズムの性能を評価した。性能評価にはまた別の優れた方法がある。プロファイリングだ。すなわち実行文それぞれの実行回数をカウントする。プログラミング環境には多くの場合、**プロファイラ**（profiler）というツールが付属しており、実行文または関数単位の実行回数とともにプログラムを出力する。

Awk 自身のプロファイラというのは存在しないが、本節では短いプログラムを 2 つ用い、ほぼ同等の機能を実装する。1 つ目のプログラム makeprof は、Awk プログラムにカウント機能とその出力機能を埋め込み、プロファイリングバージョンを生成する。プロファイリングバージョンのプログラムを実行すると、各実行文の実行回数をカウントし、その値を prof.cnts というファイルへ出力する。2 つ目のプログラム printprof は、prof.cnts にある実行文の回数を、元のプログラムとともに出力する。

話を簡単にするため、プログラム実行中に開け波括弧（{）を「実行」した回数をカウントする。アクションも複文もすべて波括弧で囲むため、通常はこのカウント方法で十分対応できる。実行文ならばすべて波括弧で囲めるため、単文でも必要に応じ波括弧で囲めば、正確な実行文カウントを得られる。

通常の Awk プログラムのプロファイリングバージョンを生成するプログラム、makeprof を挙げ

る。次の形式のカウント文を挿入するものだ。

```
_LBcnt[i]++;
```

　入力プログラムの i 行目内で最初の開け波括弧が登場すると、その直後に上例の 1 行を挿入する。さらに END アクションを新たに加え、上例のカウンタを 1 行に 1 つずつ、prof.cnts ファイルへ出力する。

例 8-4　makeprof プログラム

```
# makeprof - prepare profiling version of an awk program
#   usage:  awk -f makeprof awkprog >awkprog.p
#   running awk -f awkprog.p data creates a
#       file prof.cnts of statement counts for awkprog

    { sub(/{/, "{ _LBcnt[" ++_numLB "]++; ")
      print
    }

END { printf("END { for (i = 1; i <= %d; i++)\n", _numLB)
      printf("\t\t print _LBcnt[i] > \"prof.cnts\"\n}\n")
    }
```
（コメント訳）
makeprof – awk プログラムのプロファイリングバージョンを生成
使用法：awk -f makeprof awkprog >awkprog.p
awk -f awkprog.p data を実行すると、awkprog 内の実行文カウントを prof.cnts へ出力する

　プロファイリングバージョンのプログラムを実行し、さらに次に挙げるプログラム printprof を実行すると、元のプログラムと prof.cnts 内の実行文カウンタを併せて出力する。

```
# printprof - print profiling counts
#     usage:  awk -f printprof awkprog
#     prints awkprog with statement counts from prof.cnts

BEGIN { while (getline < "prof.cnts" > 0) cnt[++i] = $1 }

/{/    { printf("%5d", cnt[++j]) }

       { printf("\t%s\n", $0) }
```
（コメント訳）
printprof – プロファイリングカウンタを出力
使用法：awk -f printprof awkprog
prof.cnts から得た実行文カウンタを awkprog とともに出力

　「8.1 ソート」で最後に挙げた heapsort プログラムを例にプロファイリングしてみよう。まずプロファイリングバージョンを生成するため、次のコマンドを実行する。

```
awk -f makeprof heapsort >heapsort.p
```

　生成された heapsort.p は次の通り。

```
# heapsort

    { _LBcnt[3]++;  A[NR] = $0 }

END { _LBcnt[5]++;  hsort(A, NR)
    for (i = 1; i <= NR; i++)
        { _LBcnt[7]++;  print A[i] }
    }

function hsort(A,n,  i) { _LBcnt[10]++;
    for (i = int(n/2); i >= 1; i--)  # phase 1
        { _LBcnt[12]++;  heapify(A, i, n) }
    for (i = n; i > 1; i--) { _LBcnt[13]++;          # phase 2
        { _LBcnt[14]++;  swap(A, 1, i) }
        { _LBcnt[15]++;  heapify(A, 1, i-1) }
    }
}
function heapify(A,left,right,  p,c) { _LBcnt[18]++;
    for (p = left; (c = 2*p) <= right; p = c) { _LBcnt[19]++;
        if (c < right && A[c+1] > A[c])
            { _LBcnt[21]++;  c++ }
        if (A[p] < A[c])
            { _LBcnt[23]++;  swap(A, c, p) }
    }
}
function swap(A,i,j,  t) { _LBcnt[26]++;
    t = A[i]; A[i] = A[j]; A[j] = t
}
END { for (i = 1; i <= 28; i++)
                print _LBcnt[i] > "prof.cnts"
}
```

上例では元プログラムに対し、13 のカウント文が挿入された。さらにカウンタの値を prof.cnts へ出力する END アクションも加えられている。元プログラムが元々 END アクションを記述しているため、2 つの END アクションが存在している状態だ。BEGIN アクションと END アクションについては、複数存在していても 1 つにまとめられる。結合順序は出現順序を維持する。

ここで 100 個の整数乱数を渡し、heapsort.p を実行してみよう。その結果として生成された実行文カウンタとともに元プログラムを出力するには、次のコマンドを実行する。

```
awk -f printprof heapsort
```

上例を実行し得られた出力を挙げる。

```
        # heapsort

 100        { A[NR] = $0 }
   1    END { hsort(A, NR)
            for (i = 1; i <= NR; i++)
 100            { print A[i] }
        }

   1    function hsort(A,n,  i) {
            for (i = int(n/2); i >= 1; i--)  # phase 1
```

```
 50              { heapify(A, i, n) }
 99          for (i = n; i > 1; i--) {  # phase 2
 99              { swap(A, 1, i) }
 99              { heapify(A, 1, i-1) }
            }
        }
149     function heapify(A,left,right,   p,c) {
521         for (p = left; (c = 2*p) <= right; p = c) {
                if (c < right && A[c+1] > A[c])
232                 { c++ }
                if (A[p] < A[c])
485                 { swap(A, c, p) }
            }
        }
584     function swap(A,i,j,   t) {
            t = A[i]; A[i] = A[j]; A[j] = t
        }
```

　この実装では簡潔さが最大の長所だが、同時に最大の短所でもある。例 8-4 の makeprof プログラムは、その行で最初に登場した開け波括弧直後に、無条件にカウント文を挿入する。より注意深く設計すれば、文字列定数、正規表現、コメント内には挿入しないようにしただろう。また、カウンタに加え所要時間も出力した方が良かったかもしれない。しかし、この点はここで述べたプロファイリングアプローチを毀損するものではない。

演習 8-8. 文字列定数、正規表現、コメント内にはカウント文を挿入しないようプロファイラを改造しなさい。改造バージョンのプロファイラで、プロファイラをプロファイルできるか？

演習 8-9. END アクションに exit 文を記述したプログラムに対しては、このプロファイラは期待通りに動作しない。なぜか？　修正しなさい。

8.3　トポロジカルソート

　建設プロジェクトなどでは、ある作業が完了してからでないと他の作業を開始できないことがあり、そのため各作業の順序関係の決定が重要になる。プログラムライブラリで言えば、プログラム a がプログラム h をコールし、するとプログラム h はプログラム d と e をコールする、というほぼ同じ状況がある。ここで、コールする側のプログラムが、コールされる側のプログラムよりも前に登場するように順序を付ける必要性が生じる。この問題は**トポロジカルソート**（topological sort）の一例だ。すなわち、「x は y より前に来なければならない」という制約を満たす順序を見つける問題だ。この解は、制約が表現する半順序関係を満たす、線形順序であれば良い。

　このような関係の制約はグラフで表現できる。名前を持つノードがあり、ノード x がノード y よりも前に来なければならないという制約を、x から y へのエッジで表現する。制約グラフの例を挙げる。

　グラフで x から y へエッジが描かれている場合、x は y の**祖先ノード**（先行ノード、親ノード、predecessor node）と、また y は x の**子孫ノード**（後続ノード、子ノード、successor node）と言う。このグラフが表現する制約関係を別の形で表現してみよう。1 エッジを祖先ノード – 子孫ノードペ

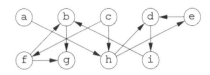

アの1行で表現する形だ。x と y とだけ記述された行があれば、ノード x からノード y へ向かう
エッジと同じ意味を表す。先に挙げたグラフをこの形式で表現すると次のようになる。

```
a       h
b       g
c       f
c       h
d       i
e       d
f       b
f       g
h       d
h       e
i       b
```

上例を入力とし線形順序を考える。x から y へのエッジがあれば、x は y より前に登場しなけれ
ばならないため、考えられる線形順序には次のものがある。

```
a c f h e d i b g
```

先に挙げたグラフにある半順序関係を持つ線形順序は他にもまだある。

```
c a h e d i f b g
```

トポロジカルソートは、すべての祖先ノードがその子孫ノードより前に登場するよう、グラフの
ノードをソートするものだ。これが可能になるのは、**閉路**（循環、graph cycle）が存在しない場合
に限られる。閉路とはエッジ開始ノードへ戻る一連のエッジだ。入力グラフに閉路があれば、トポ
ロジカルソートプログラムはその旨を通知し、線形順序が存在しないと明示すべきだ。

幅優先トポロジカルソート

グラフをトポロジカルソートするアルゴリズムは1つではないが、繰り返しの度に祖先ノード
を持たないノードをグラフから削除するものが、恐らくもっとも単純だろう。この手順ですべての
ノードを削除できれば、削除した順序がそのグラフのトポロジカルソート結果だ。先に挙げた例で
言えば、ノード a およびそこからのエッジの削除から始め、次に c の削除と進める。その次はノー
ド f とノード h だが、この両者の削除順序は問題ではない。

ここでは**キュー**（queue）を用い、祖先ノードを持たないノードから**幅優先順序**（breadth-first
order）を実装する。キューは**先入れ先出し**（first-in, first-out）動作を備えたデータ構造だ。まず、す
べてのデータを読み込み、ノード数をカウントし、祖先ノードを持たないノードをすべてキューに
置く。次のループではキューの先頭にあるノードを取り出し、ノード名を出力し、そのノードの子

孫ノードが持つ祖先ノードカウントをデクリメントする。子孫ノードが持つ祖先ノードカウントがゼロになれば、その子孫ノードをキューの末尾へ追加する。すべてのノードを処理し、キューの先頭が最後尾に追いつけば処理は完了する。もしキューに置かれないノードが存在すれば、そのノードは閉路の一部となっており、トポロジカルソートは不可能だ。閉路が存在しなければ、出力したノード名の順序がトポロジカルソート結果となる。

次に挙げる tsort プログラムは、先頭のアクションで祖先ノード–子孫ノードペアを読み込み、次表のような子孫ノードリストを生成する。

ノード	pcnt	scnt	slist
a	0	1	h
b	2	1	g
c	0	2	f, h
d	2	1	i
e	1	1	d
f	1	2	b, g
g	2	0	
h	2	2	d, e
i	1	1	b

各ノードの祖先ノード数、子孫ノード数を、pcnt と scnt の 2 つの配列に保持する。slist[*x,i*] はノード *x* の *i* 番目の子孫ノードを表す。先頭行ではノードに対応する pcnt が存在するかを調べ、存在しなければ作成する。

例 8-5　tsort プログラム

```
# tsort - topological sort of a graph
#   input:  predecessor-successor pairs
#   output: linear order, predecessors first

    { if (!($1 in pcnt))
          pcnt[$1] = 0              # put $1 in pcnt
      pcnt[$2]++                    # count predecessors of $2
      slist[$1, ++scnt[$1]] = $2 # add $2 to successors of $1
    }

END { for (node in pcnt) {
          nodecnt++
          if (pcnt[node] == 0)   # if it has no predecessors
              q[++back] = node   # queue node
      }
      for (front = 1; front <= back; front++) {
          printf(" %s", node = q[front])
          for (i = 1; i <= scnt[node]; i++) {
              if (--pcnt[slist[node, i]] == 0)
                  # queue s if it has no more predecessors
                  q[++back] = slist[node, i]
          }
      }
      if (back != nodecnt)
          print "\nerror: input contains a cycle"
```

```
        printf("\n")
    }
```
（コメント訳）
tsort – グラフのトポロジカルソート
入力：祖先ノード – 子孫ノードペア
出力：線形順序、祖先ノードリスト
$1 の pcnt を作成
$2 の祖先ノードをカウント
$1 の子孫ノードに $2 を追加
\# END
祖先ノードを持たなければ、そのノードをキューへつなぐ
祖先ノードを持たなくなった子孫ノードをキューへつなぐ

キューの実装は Awk ではきわめて容易だ。先頭と末尾を表す 2 種類の添字を用いる、単なる配列にすぎない。

演習 8-10. グラフ内の孤立ノードを特定し、出力するよう **例 8-5** の tsort を改造しなさい。

深さ優先探索

トポロジカルソートプログラムをもう 1 つ実装し、深さ優先探索アルゴリズム（縦型探索、depth-first search algorithm）を説明しよう。Unix ユーティリティ make をはじめ、多くのグラフ問題を解決する重要なアルゴリズムだ（make については「**8.4 make：ファイル更新プログラム**」で説明する）。深さ優先探索はグラフのノードを体系的に訪れる（訪問する、visit）アルゴリズムで、グラフに閉路があっても構わない。突き詰めて言えば、深さ優先探索とは次のような単なる再帰手続きとも言える。

```
dfs(node):
        node を訪れたとマークする
        node の子孫ノード s のうち、未訪問のものすべてに対し
            dfs(s)
```

このアルゴリズムの名前「深さ優先探索」は、任意のノードから処理を開始し、そのノードの子孫ノードのうち未訪問のものを訪れ、さらにその子孫ノードの未訪問の子孫ノードを訪れ、とグラフを可能な限り深く掘り下げる動作に由来する。ノードに未訪問の子孫ノードがなくなれば、探索はそのノードの祖先ノードに戻り、別の未訪問の子孫ノードを深さ優先探索で処理する。

次のグラフを考えてみよう。深さ優先探索をノード 1 から開始すると、1、2、3、4 のノードを訪れることになる。次に訪れるノードを仮に 5 とすると、5、6、7 を訪れる。5 以外のノードを選択すると、訪問順序が変わる。

深さ優先探索は閉路を見つけるのに役立つ。(3,1) のように、あるノードから訪問済みの祖先ノードへ向かうエッジを、**逆エッジ**（back edge）と言う。逆エッジがあればすなわち閉路を意味するため、閉路を見つけるには逆エッジを見つければ良い。次に挙げる関数は、tsort にあった子孫ノードリストを持つグラフに、引数 node から到達可能な閉路があるかを判定する。

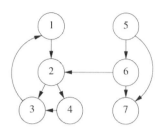

例 8-6　dfs 関数

```
# dfs - depth-first search for cycles

function dfs(node,     i, s) {
    visited[node] = 1
    for (i = 1; i <= scnt[node]; i++)
        if (visited[s = slist[node, i]] == 0)
            dfs(s)
        else if (visited[s] == 1)
            printf("cycle with back edge (%s, %s)\n", node, s)
    visited[node] = 2
}
```
（コメント訳）
dfs － 閉路を判定する深さ優先探索

　上例の関数では配列 visited を用い、ノードを訪問済みか否かを判断する。visited[x] はノード x の訪問状態を表し、初期状態ではすべて 0 だ。ノード x を初めて訪れた時に visited[x] へ 1 を、ノード x の探索を終え最後に離れる際に 2 を代入する。dfs は探索中に visited を用い、ノード y が現在処理中のノードの祖先かどうかを判断する（祖先ならば当然訪問済み）。祖先であれば visited[y] は 1 であり（探索中）、訪れたことがあれば 2 だ（探索完了）。

深さ優先トポロジカルソート

　先に挙げた例 8-6 の dfs はトポロジカルソート関数へ容易に転換できる。dfs があるノードの処理を終え、各ノード名を出力すればトポロジカルソートの逆順の並びになる。もちろんここでもグラフに閉路が存在しないことが前提となる。次に挙げるプログラム rtsort は、祖先ノード–子孫ノードのペアを入力とし、トポロジカルソート結果を逆順で出力する。rtsort は、祖先ノードを持たないノードすべてに対し深さ優先探索する。データ構造は先に挙げた tsort から変わらない。

例 8-7　rtsort プログラム

```
# rtsort - reverse topological sort
#   input:  predecessor-successor pairs
#   output: linear order, successors first

    { if (!($1 in pcnt))
          pcnt[$1] = 0            # put $1 in pcnt
      pcnt[$2]++                  # count predecessors of $2
      slist[$1, ++scnt[$1]] = $2 # add $2 to successors of $1
```

```
        }

END { for (node in pcnt) {
            nodecnt++
            if (pcnt[node] == 0)
                rtsort(node)
      }
      if (pncnt != nodecnt)
          print "error: input contains a cycle"
      printf("\n")
    }

function rtsort(node,     i, s) {
    visited[node] = 1
    for (i = 1; i <= scnt[node]; i++) {
        if (visited[s = slist[node, i]] == 0)
            rtsort(s)
        else if (visited[s] == 1)
            printf("error: nodes %s and %s are in a cycle\n",
                s, node)
    }
    visited[node] = 2
    printf(" %s", node)
    pncnt++     # count nodes printed
}
```

(コメント訳)
rtsort – 逆順トポロジカルソート
入力：祖先ノード – 子孫ノードペア
出力：線形順序、子孫ノードリスト
$1 の pcnt を作成
$2 の祖先ノードをカウント
$1 の子孫ノードに $2 を追加
出力済みノード数をカウント

本節の初めに挙げた祖先ノード – 子孫ノードペアを**例 8-7** の rtsort で処理すると、次の出力を得る。

```
    g b i d e h a f c
```

このアルゴリズムでは、逆エッジを見つけることで明示的に閉路を検出する。閉路を暗黙に検出する場合もあり、その場合はノード名が出力されない。この例を挙げる。

演習 8-11. 祖先ノードを先に並べる通常の順序で出力するよう、**例 8-7** の rtsort を改造しなさい。rtsort を改造しなくとも同じ出力を得られるか？

8.4　make：ファイル更新プログラム

　プログラムは大規模になると宣言やサブプログラムを複数のファイルに分けることがある。そのため、実行ファイルを作成する手順も 1 コマンドだけでは済まなくなる。プログラムではなくドキュメントでも、入力、出力、グラフ、図などを複数ファイルに分けた複雑なものもあるし、別プログラムの実行や検証が必要なものもある（本章がまさにそうだ）。このようなドキュメントを印刷するには、相互に依存する一連の処理を実行しなければならない。自動更新は、複数ファイルを人間とコンピュータが最小限の時間で処理できる、きわめて有用なツールだ。本節では「8.3 トポロジカルソート」で述べた深さ優先探索技術を基に、Unix の make コマンドにならった初歩的なファイル更新プログラム make を実装する。

　このファイル更新プログラムを使用するには、そのシステムを構成するファイルには何があるか、互いにどう依存するか、構成ファイルを生成または処理するコマンドは何か、などを定義する必要がある。ここではこの依存関係とコマンドを makefile というファイルに記述することにしよう。次のような形式で一連のルール（規則）を記述する。

　　name:　　t_1　t_2　...　t_n
　　　　　　　commands

　上例のルールの先頭行は依存関係を表し、*name* というプログラムまたはファイルが、t_1、t_2、...、t_n というターゲットに依存していることを意味する。t_i は別ファイルや別ルールの名前だ。次の行には任意の数の *command* がある。*name* を生成するコマンドだ。小さなプログラムを生成する makefile の例を挙げよう。このプログラムは a.c、b.c という C 言語プログラムと、c.y という yacc の文法ファイルからなる、プログラム開発によくある構成だ。

```
prog:    a.o b.o c.o
         gcc a.o b.o c.o -ly -o prog
a.o:     prog.h a.c
         gcc -c prog.h a.c
b.o:     prog.h b.c
         gcc -c prog.h b.c
c.o:     c.c
         gcc -c c.c
c.c:     c.y
         yacc c.y
         mv y.tab.c c.c
print:
         pr prog.h a.c b.c c.y
```

　上例の先頭行は prog がターゲットファイル a.o、b.o、c.o に依存していることを表し、2 行目は prog を生成するコマンドを表す。prog を生成するには C コンパイラ gcc を用い、a.o、b.o、c.o と、さらに yacc ライブラリ y をリンクする。3 行目は新たなルールを表し、a.o がターゲットファイル prog.h と a.c に依存しており、生成するにはターゲットファイルをコンパイルすることを表す。b.o も同様だ。c.o は c.c に依存しているが、c.c はさらに c.y に依存しており、このファイルを処理するのはパーサジェネレータ yacc だ。最後のルール、print はどのターゲットにも依存していない。規約として、ターゲットが存在しないルールについては、make プログラムはそのルー

ルに記述されたコマンドを常に実行する。上例では全ソースファイルを pr コマンドで出力する。

　makefile に記述された依存関係はグラフで表現できる。*x*（依存関係行の左側）が *y*（同じく右側）に依存すると記述があれば、ノード *x* からノード *y* へエッジを描く。ターゲットが存在しないルールについては、子孫ノードを持たないノードを作成する。この場合、ノード名はルール名（同じく左側）とする。上例の makefile では次のようなグラフになる。

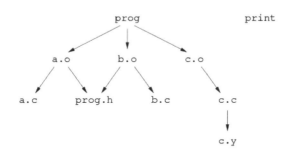

　ここで、*x* が最後に変更された後に *y* が変更された状態を、*x* が *y* より（年齢／age が）**古い**と表現する。この新旧を管理するため、make プログラムでは、*x* に対応する age[*x*] を設ける。age[*x*] は *x* が最後に変更されてからどれだけ経っているかを表す整数だ。この値が大きいほど対応するファイルが古いことを意味し、age[*x*] >= age[*y*] ならば、*x* は *y* より古いと判断できる。

　ここで次の依存関係があったとしよう。

```
n: a b c
```

　上例の依存関係で n を最新にするには、まず a、b、c を更新しなければならない。すると、さらに別のものを更新しなければならない可能性が生まれる。ターゲットのいずれかが、makefile に記述された name でも既存のファイルでもない場合は、エラーを通知し終了する。次にターゲットの age を調べ、1つでも n より新しいものがあれば（すなわち、n が依存するものよりも古ければ）、この依存関係に記述されたコマンドを実行し、実行完了後に、全オブジェクトの age を更新する。

```
print:
        pr prog.h a.c b.c c.y
```

　上例の依存関係にはターゲットが存在しない。この場合、このルールに記述されているコマンドを常に実行し、全オブジェクトの age を更新する。

　ここに挙げる make プログラムは、引数に *name* をとり、次のように *name* を更新する。

1. makefile に記述された *name* のルールを見つけ、依存関係行の右側に置かれた t_1、t_2、…、t_n を再帰的に更新する。*i* を任意とし、t_i が makefile に記述された名前ではなく、かつ t_i を名前とするファイルも存在しなければ、make プログラムは処理を中断し、異常終了する。
2. すべての t_i を更新した結果、現在の *name* が t_i のいずれか1つよりも古くなれば、または *name* にターゲットが記述されていなければ、make プログラムは *name* の依存関係に記述されたコマンドを実行する。

make プログラムは makefile に記述された依存関係から、基本的に「8.3　トポロジカルソート」で述べた方法の通りに、依存関係グラフを組み立てる。

make プログラムは次の Unix コマンドを使用する。

```
ls -t
```

上例のコマンドは、変更時刻でファイルをソートし出力する（出力の先頭が最新）。この出力順序で、ファイル名を添字とし配列 age へインデックスを代入する。すなわち、要素の値は出力順序であり、もっとも古いファイルの値がもっとも大きい。makefile に記述された名前がカレントディレクトリに存在するファイル名でなければ、make プログラムは対応する age の要素へ、十分に大きな値を代入し、とても古いファイルとして扱う。

最後に「8.3　トポロジカルソート」の深さ優先探索アルゴリズムを用い、依存関係グラフを探索する。すなわち、ノード n を訪れれば、n の子孫ノードを探索し、子孫ノードのうち 1 つでも n よりも新しいものがあれば、make プログラムは n に記述されたコマンドを実行し、age を更新する。名前の依存関係に閉路が見つかると、make はその旨を通知し、異常終了する。

次のコマンドを入力し、make プログラムの動作を追ってみよう。

```
$ make prog
```

最初の実行では、make プログラムは次のコマンドを実行する。

```
gcc -c prog.h a.c
gcc -c prog.h b.c
yacc c.y
mv y.tab.c c.c
gcc -c c.c
gcc a.o b.o c.o -ly -o prog
```

ここで b.c に変更を加え、再び同じコマンドを実行してみる。

```
$ make prog
```

すると make プログラムは次のコマンドしか実行しない。

```
gcc -c prog.h b.c
gcc a.o b.o c.o -ly -o prog
```

これは prog を最後に更新してから b.c 以外のファイルは変更されていないため、make プログラムは上例以外のコマンドを実行する必要がないためだ。最後にもう一度同じコマンドを入力してみよう。

```
$ make prog
```

上例のコマンドを入力しても、何のコマンドも実行されず、次の 1 行が出力される。

```
prog is up to date
```

すべて最新の状態にあり、何も更新する必要がないためだ。

make プログラムを挙げる。

```
# make - maintain dependencies

BEGIN {
    while (getline <"makefile" > 0) {
        if ($0 ~ /^[A-Za-z]/) {   #  $1: $2 $3 ...
            sub(/:/, "")
            if (++names[nm = $1] > 1)
                error(nm " is multiply defined")
            for (i = 2; i <= NF; i++) # remember targets
                slist[nm, ++scnt[nm]] = $i
        } else if ($0 ~ /^\t/) {       # remember cmd for
            cmd[nm] = cmd[nm] $0 "\n" #   current name
        } else if (NF > 0) {
            error("illegal line in makefile: " $0)
        }
    }

    ages()      # compute initial ages

    if (ARGV[1] in names) {
        if (update(ARGV[1]) == 0)
            print ARGV[1] " is up to date"
    } else {
        error(ARGV[1] " is not in makefile")
    }
}

function ages(      f,n,t) {
    for (t = 1; ("ls -t" | getline f) > 0; t++)
        age[f] = t         # all existing files get an age
    close("ls -t")

    for (n in names)
        if (!(n in age))   # if n has not been created
            age[n] = 9999  # make n really old
}

function update(n,    changed,i,s) {
    if (!(n in age))
        error(n " does not exist")
    if (!(n in names))
        return 0
    changed = 0
    visited[n] = 1
    for (i = 1; i <= scnt[n]; i++) {
        if (visited[s = slist[n, i]] == 0)
            update(s)
        else if (visited[s] == 1)
            error(s " and " n " are circularly defined")
        if (age[s] <= age[n])
            changed++
    }
    visited[n] = 2
    if (changed || scnt[n] == 0) {
        printf("%s", cmd[n])
        system(cmd[n]) # execute cmd associated with n
```

```
        ages()          # recompute all ages
        age[n] = 0      # make n very new
        return 1
    }
    return 0
}

function error(s) { print "error: " s; exit }
```

（コメント訳）
make – 依存関係を管理
$1：$2 $3 ...
ターゲットを保持する
name 用のコマンドを保持する
配列 age の初期化
既存のファイルすべてに age を設定
n を設定しなかったら、とても古いものとして扱う
n 用のコマンドを実行
すべての age を更新
n は最新と扱う

演習 8-12. 本文中の実行例で、関数 ages は何度実行されるか？

演習 8-13. ルールの変更を容易にする、なんらかのパラメータやマクロを追加し、置換機能を実装しなさい。

演習 8-14. 追加機能として、一般的な更新処理に対応した暗黙のルール（implicit rule）を実装しなさい。例えば、.o ファイルを更新するには .c ファイルを gcc でコンパイルする、などのルールがある。暗黙のルールをどのように表現すればユーザが変更可能になるか？

8.5　章のまとめ

　本章は、Awk の解説というよりもアルゴリズム入門的な側面が強く出たかもしれない。そうは言ってもどのアルゴリズムも紛れもなく有用であり、プログラムの実験を支援する Awk の使い方を垣間見てもらえたことと願っている。本章で挙げたクイックソート、ヒープソート、トポロジカルソートは Jon Bentley のプログラムを拝借した。

　本章ではテスト基盤構築も取り上げた。テスト実行は、たった 1 つのテストでも、労力を伴う。それよりもテストの生成やデバッグ用の小規模プログラム実装の方が簡単に済むことが多く、テストフレームワークを構築すれば繰り返し何度も使用でき、テスト、デバッグの作業に大きく貢献する。テスト基盤構築については Jon Bentley のアプローチも参考にさせてもらった。彼の著作『*Programming Pearls, 2nd Edition*』（Jon Bentley 著、Addison-Wesley、1999）、邦訳『珠玉のプログラミング』（小林健一郎訳、丸善出版、2014）および『*More Programming Pearls*』（Jon Bentley 著、Addison-Wesley、1988）、邦訳『プログラマのうちあけ話』（野下浩平訳、近代科学社、1991）は一読に値する。

　本章にはもう 1 つ重要な側面がある。繰り返しになるが述べておこう。Awk はなんらかのプログ

ラムの出力からデータ抽出や、また別のプログラム用に変形する作業にきわめて優れている。本章にもその例がある。ソートアルゴリズムを評価し grap へ渡したり、実行文カウントをプロファイラへ渡すなどだ。

9章
あとがき

　ここまでで読者は Awk を使いこなすパワーユーザに成長しただろう。少なくとも戸惑うばかりの奥手な初心者（awkward beginner）ではないだろう。本書で取り上げた例から学び、自身でもコードを書くうちに、なぜ Awk プログラムはこうなっているのかと興味が湧き、もっと良いものにしたいと考えたこともあるかもしれない。

　本章ではまず Awk プログラミング言語の歴史を簡単に述べ、その長所、短所について述べる。次に Awk プログラムの性能を探求し、大きくなりすぎたプログラムの形を変える方策をいくつか提示する。

9.1　プログラミング言語としての Awk

　Awk の開発を始めたのは 1977 年（昭和 52 年）のことだった。当時の Unix プログラムで正規表現を使用できたのは、テキストファイルのみを検索する grep と sed しかなく、また、一致した行はそのまま出力するか、sed で置換できるだけだった。フィールドも数値演算もできなかったのだ。当時の著者陣の目標は、フィールドを認識するパターンスキャン言語だったと記憶している。フィールドに一致するパターンと、フィールドを処理できるアクションだ。当初は、プログラムの入力検証や、レポート生成、他のプログラムへの入力を目的に、データを変形させられれば十分だった。

　1977 年当時のバージョンは、「1 章 Awk チュートリアル」に挙げたようなごく短いプログラム用の言語設計にすぎず、2、3 の組み込み変数／関数しかなかった。さらに言えば、ほとんど説明がなくとも身近な同僚が使えれば良い程度の設計だったのだ。正規表現はすでに慣れていた egrep からの流用だし、また他の文や文法などはやはりすでに使用していた C 言語からの流用だ。ちなみに egrep を開発したのは Al Aho で、Michael Lesk が開発した lex を土台にしている。

　起動時に 1、2 行程度の量しかタイプせず、タイプすればその場で実行するモデルを考えており、さまざまなディフォルト値もこのモデルに沿うように設定した。特にディフォルトのフィールド区切り文字は空白文字だし、変数は型宣言が不要な上に暗黙に初期化される。いずれも一行プログラムを実現するための設計だ。著者陣は、Awk 開発者として、この言語に想定される利用形態を「把握」しており、一行プログラムしか使わなかったのだ。

　しかし Awk は他のグループにもあっと言う間に広まり、ユーザは熱を入れて活用し始めた。Awk が汎用プログラミング言語として急速に普及するのを見て著者陣は驚き、さらにプリンタ用紙 1 ページに収まり切らないほど長い Awk プログラムを見た時は驚嘆し、衝撃すら覚えた。あの当時はユーザの多くがシェル（コマンド言語）と Awk しか使っておらず、「真」のプログラミング言語より

も、便利に思えるツールを最大限に活用する状況だったのだ。

変数を、文字列としても数値としても表現可能にし、文脈に応じ適切な形式を使用するというアイデアは、実験的なものだった。目標としたのは、ひと揃いの演算子しか使わず、文字列と数値の区別が見た目は曖昧でも正しく動作する、簡潔な表現のプログラムだった。目標は十分に達成できたが、それでも不注意が原因で想定外の動作に驚かされることがある。リファレンスマニュアルに明記した多くの規則は、ユーザが経験した分かりにくい例を解消するように発展した結果だ。

連想配列は SNOBOL4 言語の table（それほどの汎用性はない）の影響を受けている。Awk は遅く小さな計算機で誕生したため、配列はそのような環境に適応した性質を備えている。添字に使えるのは文字列のみ、次元数は（シンタックスシュガーで多次元を部分的にシミュレートしたとしても）1 次元までとなっているのはその表れだ。汎用的に実装すれば、多次元配列や配列を要素とする構造としただろう（Gawk ではそうしている）。

1985 年（昭和 60 年）には新機能を追加実装し、Awk を大幅に刷新した。新機能の大半はユーザからの要求に応えたもので、ダイナミック正規表現、組み込み変数／関数の追加、複数の入力ストリーム、そしてもっとも重要なものにユーザ定義関数がある。

置換関数 match やダイナミック正規表現は、ユーザにそれほどの手間をかけさせずに有用な可用性を実現するものだ。

getline が導入される以前は、パターン－アクション文が処理する入力ループが唯一の入力だったが、これは制約が大きすぎた。入力が複数になる定型文書生成プログラムなどは、フラグ変数など、なんらかの仕掛けを設けデータを読み込まなければならなかったが、getline の導入により、BEGIN アクションで複数の入力を自然な形で読み込めるようになった。実は getline は多重定義となっており、構文が他の式とは揃っていない。getline では読み込んだ内容だけではなく、処理の成功／失敗をも結果として返す必要があるためだ。

ユーザ定義関数の追加では妥協を多く強いられた。問題の根幹は、Awk の初期設計にある。我々開発陣は Awk に宣言文を持たせなかった。持たせたくなかったのだ。その結果として、ローカル変数を宣言するのに、関数の引数部分を利用するというおかしな形が生まれた。これは見た目が奇妙なだけではなく、エラーも起こしやすい方法だ。さらに明示的連結演算の欠如が原因で、これはこれで短いプログラムでは利点なのだが、関数名と関数コールの開け括弧間に空白を入れてはならないという制約も生まれた。それでも Awk は新機能追加により飛躍的に前進し、大規模アプリケーションにも十分対応できるようになった。

Awk は幼年期から今や熟年期へと成長を遂げたが、言語自体に加えられた変更はほんのわずかだ。これは、放置気味になっていたこと、肥大化を嫌悪したこと、安定性を維持したいという著者陣の願望が混ざりあった結果だ。同時期に他の言語の、特に Perl の人気が高まっていた。Perl は Awk が備える機能すべてどころか、それ以上を備えており、高速だった。さらに Awk や Awk ライクなプログラムを容易に扱うためのオプションも備えていた。

Perl から遅れること数年、1991 年（平成 3 年）に開発された Python はスクリプト言語分野を席巻し、すべての言語の中でももっとも使用されているものの 1 つになった。Python は習得しやすく、表現力も高く、効率にも優れる。さらに考え得るプログラミング処理のほとんどに対応する膨大なライブラリもある。現実的に考えれば、もしプログラミング言語を 1 つしか習得しないならば、Python をお勧めする。

　しかし、コマンドラインに入力するような小規模プログラムでは、Awk に勝るものはそうそうない。それでいてある程度の大規模プログラムにも対応できる。さらに Gawk（GNU バージョンの Awk）は、多くのプログラミング処理の扱いが容易になる、豊富な拡張機能を備えている。例えば、ソースファイルのインクルード、ダイナミックライブラリのリンク（C 言語で記述されたコードをコールできる）、その他有用な追加が多数施されている。

9.2　性能

　Awk は魅力溢れるものだが、注意しなければならない点もある。ユーザの意図通りに小規模プログラムを容易に記述でき、データ量が特別に大量でもない限り速度も十分に速い。まだ開発段階で変更が頻発するようなプログラムの場合には、特に魅力的と言える。

　しかし Awk プログラムに渡すデータが大量になればなるほど、実行時間は延びる。当り前と言えば当り前だが、結果が出るまでの待ち時間が耐えがたいまでに長くなる恐れもある。この点については、高速なハードウェアを購入するという単純な解があるが、本節では役立ちそうな対策を提示する。

　プログラム実行時間が長すぎる場合、ただ我慢する以外の対策も考えられる。まず、別の良いアルゴリズムを採用できないか、頻繁に実行されるコスト高な処理をコスト安なものに置き換えられないか、の検討だ。これが可能になるだけでも高速化を図れる。アルゴリズムの善し悪しから生まれる性能差については、「8 章 アルゴリズムの実験」でも述べたように、データ量の差がそれほど大きくなくとも、線形アルゴリズムと二次時間アルゴリズムでは大きく差がつく。次に、他のプログラムとの併用が考えられる。すなわち、Awk プログラムの役割分担を軽くするのだ。3 番目は、処理内容に適した他言語でプログラム全体を書き直すことだ。

　プログラムの動作を改善できるようになるには、まずどの処理に時間がかかっているかを把握する必要がある。実行文がマシン命令に直結する言語の場合でも、どこに時間がかかるかの初期段階での予想は、あまりあてにならない。Awk では実行文がマシン命令に 1 対 1 には通常は対応しないため、さらに予想が難しい。配列の添字、パターンマッチング、フィールドの分割、文字列の連結、置換などの処理だ。これらの処理で Awk が実行する命令は、計算機や実装による差異が大きい。そのため Awk プログラムの実行性能の差異も大きいのだ。

　Awk 自身は所要時間を測定する機能を備えておらず、実行環境でどの部分のコストが高いか安いかの判断は、ユーザに委ねられる。これを簡単に判断するのは、さまざまな実行文の差を測定することだ。例えば、1 行を読み込むのにかかる時間は？ 1 変数をインクリメントする場合は？ などだ。著者陣は 1987 年（昭和 62 年）に PC クローン（AT&T 6300）から当時の「メインフレーム」（VAX 8550）まで、さまざまな計算機でこれを実測した。10,000 行（500,000 文字）からなるファイルを渡し、3 つのプログラムで計測した。さらに比較のため、Unix コマンド wc でも計測した。この結果を表 9-1 に挙げる。単位はすべて秒だ。

　もちろん、表にある計算機はいずれもとうの昔に現役を退いている。現代の一般ユーザ向けの計算機の方がずっと高速だし、表にあるような性能差はもう見えない。著者陣は Awk と Gawk を用い、改めて測定した。この結果を表 9-2 に挙げる。データ量は 100 倍に増やしたが（1,000,000 行、50

表 9-1　本書初版時の測定結果

プログラム	AT&T 6300+	DEC VAX 11–750	AT&T 3B2/600	SUN-3	DEC VAX 8550
`END { print NR }`	30	17.4	5.9	4.6	1.6
`{n++}; END {print n}`	45	24.4	8.4	6.5	2.4
`{ i = NF }`	59	34.8	12.5	9.3	3.3
`wc` コマンド	30	8.2	2.9	3.3	1.0

表 9-2　本書現版時の測定結果

プログラム	Awk	Gawk
`END { print NR }`	2.5	0.13
`{n++}; END {print n}`	2.6	0.16
`{ i = NF }`	2.8	0.51
`$1 == "abc"`	2.8	0.25
`$1 ~ /abc/`	3.1	0.27
`wc` コマンド	0.27	
`grep ^abc`	0.80	

メガバイト）、使用したのは 2015 年製 MacBook Air の 1 台のみだ。

　上表は、実装の差異が性能結果に如実に表れることを示している。

　`$1 == abc` の文字列比較のコストは、正規表現 `$1 ~ /abc/` の照合コストと大差ない。しかし、正規表現の照合コストは、その表現が複雑になってもあまり変化しないのに対し、複合比較（複数の比較式を論理演算で結合したもの）はその複雑さに応じコストが高くなる。ダイナミック正規表現も、比較の度に再生成する場合があるため、コストが高くなる恐れがある。

　文字列連結も多数になるとやはりコストが高い。

```
print $1 " " $2 " " $3 " " $4 " " $5
```

上例のプログラムは Awk で 4.4 秒かかった。

```
print $1, $2, $3, $4, $5
```

上例は 3.8 秒だった。

　極端な例だが、著者陣はあるユーザに、100 万行ものファイルをすべて 1 行の文字列に結合するなど上手くいかないと忠告したことがある。そのユーザのプログラムは次のようなものだった。

```
{ s = s $0 }
```

　問題は、Awk の実装が（意図的に）簡略化されていることにある。上例では、新規文字列を作成するのにまずメモリ領域を割り当て、それまでの文字列をそこにコピーし、その後入力された文字

列を末尾へ連結する動作になる。この動作は二次時間アルゴリズムだ。幸いにもこのユーザの問題は、入力を 1 行ずつ処理すれば解決できた。

先に簡単に触れたが、配列の動作は複雑だ。要素を使用するアクセス時間は平均して一定だが、これは「平準化すれば」という条件が付き、常に一定という意味ではない。配列要素数が増加すると、内部表現（リンクリストで表現される）を再構成し、アクセス時間を一定に保とうとする。

配列の複雑な動作は「3.4 Unicode 文字」で提示した例 3-1 の charfreq の例にもあった。入力行を文字単位に分割したが、substr を用いた方が速いのだ。

実行時間の短縮化方法は他にもある。処理内容を再構成し、一部の処理を他のプログラムへ委ねる方法だ。例えば本書でも、Awk でソート処理を実装せず、システムの sort コマンドを利用する場面が多くある。大規模なファイルを検索し、少量のデータを抽出する場合は、検索には grep コマンドや egrep コマンドを用い、その後の処理に Awk を用いる方が効率向上を期待できるだろう。置換処理が大量になるようであれば（「6.3 テキスト処理」に挙げたクロスリファレンスプログラムのように）、その部分には sed コマンドのようなストリームエディタを使用するのも良い方策だ。言い替えると、処理をいくつかの部分に分割し、それぞれの部分に最適なツールを使用するのが良い。

実行時間短縮の最後の方法は、問題のプログラムを他言語で実装し直すことだ。その際の基本指針としては、Awk の有用な組み込み機能をサブルーチンとして実装し、他の部分はできるだけ元プログラムと同じ構造を維持するのが良い。Awk プログラムの動作をそのままシミュレートするのではなく、眼前の問題に必要な部分だけを他言語で実装し直すのだ。その練習台には、フィールド分割、連想配列、正規表現照合などの、小規模ライブラリの実装が向いている。C 言語など動的文字列機能を備えていない言語の場合では、文字列を簡便に割り当て／解放するルーチンも必要になるだろう。このようなライブラリを用意しておけば、Awk プログラムを高速に動作させるよう変換することは十分可能だ。

Awk を用いれば、パターンマッチング、フィールド分割、連想配列を利用でき、従来の他言語では困難なことでも容易に実現できる。しかし記述は容易でも、同じ内容を注意深く実装した C 言語プログラムほどの実行効率は達成できない。だが、実行効率が最重要視されない場面も多くあり、そのため Awk は使うに便利で速度にも満足がいくのだ。

Awk の速度性能に満足できなければ、まず、処理時間を計測し、どの部分に時間がかかっているかの特定が重要になる。処理の相対コストはマシン間で差異があるが、計測手法はどのマシンでも通用する。最後に、手間がかかるがアセンブリ言語でのプログラミングでも、時間測定と処理内容の理解が必要という点の重要性はまったく変わらない。この点を疎かにすると、新しいプログラムは実装が困難なばかりか、効率も悪くなってしまうだろう。

実験的な意味合いが強いが、傾向を見る例を 1 つ挙げよう。まず、「6.3 テキスト処理」の「テキストの整形」で提示した整形プログラムを再掲する。

```
# fmt - format text into 60-char lines

/./  { for (i = 1; i <= NF; i++) addword($i) }
/^$/ { printline(); print "" }
END  { printline() }

function addword(w) {
    if (length(line) + length(w) > 60)
```

```
        printline()
    line = line space w
    space = " "
}

function printline() {
    if (length(line) > 0)
        print line
    line = space = ""  # reset for next line
}
```
(コメント訳)
fmt – 行長 60 文字で整形
次行に備えリセット

　上例と同じ内容をおよそ 20 の他言語で実装し、その実行時間を比較した。Awk プログラムの実行
には Gawk、Mawk、BBAwk も追加してある。入力データには 770,000 行（110 メガバイト）からな
る ASCII テキストを用いた（ジェームズ王欽定訳聖書を 25 部連結したもの）。測定結果を **表 9-3** に
挙げる。トータル時間順でソートしてある。C 言語、C++、Java などは別途コンパイルが必要になる
が、コンパイル時間は含めていない。

表 9-3　さまざまな言語によるプログラムサイズと実行時間

言語	ユーザ時間	システム時間	トータル時間	ソース行数
C	1.66	0.13	1.79	31
Mawk	5.51	0.17	5.68	14
C++	5.37	1.60	6.97	34
Gawk	7.97	0.12	8.09	14
Perl	9.88	0.17	10.05	22
Kotlin	6.48	4.02	10.50	43
Java	6.56	4.05	10.61	43
JavaScript	8.53	2.34	10.87	28
Go	7.92	3.90	11.82	36
Python	12.47	0.15	12.62	25
Scala	9.93	3.52	13.45	36
Awk	15.84	0.15	15.99	14
Ruby	21.53	0.23	21.76	21
Lua	23.50	0.17	23.67	27
PHP	22.02	2.18	24.20	31
OCaml	22.39	2.49	24.88	23
Rust	27.47	1.64	29.11	34
Haskell	49.03	3.63	52.66	31
Tcl	59.88	2.06	61.94	29
Fortran	73.52	0.10	73.62	57
BBawk	96.31	2.24	98.55	14

　測定はしたが、この結果を鵜呑みにはしないで頂きたい。プログラムの大半は著者陣が書いたも

ので、その言語にそれほど精通しているわけではない。言語、特にコンパイラ、ライブラリは常に進化しており、この結果は、ある時点のある計算機上で行った一実験にすぎない。

但し、傾向として言えることもある。Awk には十分な競合力があり、一部の言語は熱狂的な支持者が思うよりも意外なほど遅かったことが分かる。ソース行数からも面白いことが分かる。スクリプト言語の表現力が高く、短くまとめられる点だ。特に Awk の表現力が高い。著者陣が書いた Python コードを挙げるが、空行を除いても 25 行もある。

```python
import sys

line = space = ""

def main():
    buf = sys.stdin.readline()
    while buf != "":
        if len(buf) == 1:
            printline()
            print("")
        else:
            for word in buf.split():
                addword(word)
        buf = sys.stdin.readline()
    printline()

def addword(word):
    global line, space
    if len(line) + len(word) > 60:
        printline()
    line = line + space + word
    space = " "

def printline():
    global line, space
    if len(line) > 0:
        print(line)
    line = space = ""

main()
```

9.3 最後に

Awk はすべてのプログラムの万能解というわけではないが、プログラマには欠かせない道具だ。特に複数のツールを連携させ使用する Unix 環境ではそうだ。ほとんどの Awk プログラムは短く簡潔であり、情報の抽出、カウント、数値の和、データ変換など、Awk の開発を始めた当初の想定通りの処理内容を実装する。本書に挙げたやや大きいプログラムを読んだ後では異なる印象もあるかもしれないが。

プログラムの実行効率よりも開発効率を重視する場面では、Awk の優位性は確固たるものだ。暗黙の入力ループとパターン–アクションという構造により、制御フローは簡略化でき、完全に排除できることも多い。フィールド分割はもっとも一般的な入力を解析でき、数値、文字列、およびその型強制はもっとも一般的なデータ型を処理できるし、連想配列は従来の配列の枠に留まらず、任

意の添字を用いる高い表現力を備えている。正規表現はパターンを記述する統一記法だし、さらにディフォルト初期化と宣言文の排除により、プログラムは簡潔になる。

著者陣が予測できなかったのは、従来はあまりなかった種類のアプリケーションだ。例えば、「プログラミングではない」との認識から「プログラミングである」との認識の変化は緩やかだが着実に進み、従来のC言語や、Javaなどが持つ構文の複雑さがないため、Awkは習得しやすく、驚くほど多くの人が最初に学ぶ言語にAwkを選択するのだ。

多くの場合、Awkはプロトタイプ開発に使用される。プロトタイプとは、実現可能性を実証し、機能やユーザインタフェースを検討する、実験的なプログラムだ。Awkプログラムのプロトタイプバージョンが、そのまま製品バージョンになることもある。Awkは他の大規模言語に比べ、ソフトウェア設計をはるかに容易に実験できるため、ソフトウェア工学の講義にも使用されている。

もちろん、過剰に頼ってはいけない。どんなツールにも限界はあり、Awkにももちろん不向きな場面はある。しかし多くの人が、Awkは幅広い問題を解決できる、かけがいのないものと認めているのも事実だ。本書が、Awkは読者にとっても有用であると伝えられたと願う。

Awkと同種の言語を比較しても面白いだろう。同時期の1970年代に誕生した言語の中でも、Ralph Griswold、James Poage、Ivan Polonskyが開発したSNOBOL4は、間違いなく長老格だろう。SNOBOL4は入力言語の構造化が不十分だったが、十分な能力と表現力を備えていた。M. F. Cowlishawが開発したIBMシステムのコマンドインタプリタ言語REXXもあるが、シェルやコマンドインタプリタの役割が主だった。

今日ではさらに多くのスクリプト言語がある。Perl、Python、JavaScriptはすでに挙げたが、PHP、Ruby、Lua、Tclも加えるべきだ。OCamlやHaskellなどの関数型言語もある。現代のシェルはそれ自身がスクリプト言語として大きく進化している。選択肢は多い。今後さらに増えるのも間違いないだろう。

Awk リファレンスマニュアル 目次

Awk リファレンスマニュアル 表目次

Awk リファレンスマニュアル サマリ目次

付録 A
Awk リファレンス
マニュアル

　この付録では Awk プログラムの構成要素を、例を挙げ、解説する。Awk 言語全体を網羅するため、細かい部分も多い。そのため初めは一通り目を通す程度に留め、その後必要に応じ繰り返し参照し、理解を深めることを勧める。

　最初の節ではパターンを、次の節ではアクションを解説する。アクションには式、代入、制御フロー文がある。それ以降の節では関数定義、入力／出力、および他のプログラムとの連携について解説する。

Awk プログラム

　Awk プログラムのもっとも単純な形は、パターン–アクション文が並んだ形である。

```
pattern  { action }
pattern  { action }
...
```

　パターンは省略でき、またはアクションとその波括弧を省略できる。Awk は渡されたプログラムを検査し、構文エラーがないことを確認した上で、入力データを 1 行ずつ読み込み、入力行ごとにパターンを順に評価する。入力行に一致するパターンがあれば、対応するアクションを実行する。パターンが省略されている場合、そのパターンは全入力行に一致する。すなわち、パターンを持たないアクションは全入力行に対し実行される。逆にアクションが省略されている場合は、そのパターンに一致する入力行をそのまま出力する。「入力行（input line）」と「レコード（record）」という用語は同義だが、Awk は、複数行が 1 レコードを構成する、マルチラインレコードにも対応している。

　Awk プログラムとは、パターン–アクション文と関数定義が並んだものである。関数定義は次の形式をとる。

```
function name(parameter-list) { statements }
```

　パターン–アクション文と関数定義間の区切り文字は改行もしくはセミコロンであり、混在可能である。

　文を区切るのも改行文字もしくはセミコロンであり、やはり混在可能である。

　アクションを囲む波括弧のうち、開け波括弧は対応するパターンと同じ行に記述しなければならない。以降は、閉じ波括弧も含め、行が異なっても構わない。

　空行は無視される。読解性を向上させる目的で、任意の文の前もしくは後ろに挿入できる。空白
文字とタブ文字も、やはり読解性を目的に、演算子とオペランドの前後に挿入できる。
　単独のセミコロンは、{}と同じく、空文を表す。
　#文字から行末まではコメントである。例を挙げる。

```
{ print $1, $3 }      # name and population
```

コメントは任意の行の行末に置ける。
　バックスラッシュを用いると文を複数行に分割できる。
　バックスラッシュを用いずとも、カンマ、開け波括弧、&&、||、do、else直後では改行できる。
さらにif、for、while文の閉じ丸括弧直後も同様である。
　一文が長い場合は、途中にバックスラッシュと改行を挿入し、複数行に分割できる。例を挙げる。

```
{ print \
    $1,    # country name
    $2,    # area in thousands of square kilometers
    $3 }   # population in millions
```

　上例は、カンマ直後ならば文を分割でき、行末までコメントを記述できることも表している。
　本書で用いた記述形式は1つではない。ある時は差異を強調するため、またある時はプログラム
を簡潔にする目的からのことである。プログラムが短ければ記述形式はあまり問題にならないが、
プログラムが長い場合には、統一性と読解性が管理上重要となる。

コマンドライン

　Awk プログラムは通常1つの引数としてコマンドラインに記述される。または -f オプションに
よりファイルから Awk プログラムを読み込む。

```
awk [-Fs] [-v var=value] 'program' optional list of filenames
awk [-Fs] [-v var=value] -f progfile optional list of filenames
```

```
(日本語訳)
awk [-F 区切り文字] [-v 変数名=値] 'プログラム' 0個以上のファイル名
awk [-F 区切り文字] [-v 変数名=値] -f プログラムファイル 0個以上のファイル名
```

　-f オプションは複数指定でき、指定された順にプログラムを結合する。ファイル名に - を指定す
ると、標準入力からプログラムを読み込む。
　-Fs オプションはフィールド区切り文字変数 FS へ s を設定する。
　--csv オプションは、入力データを CSV（comma-separated values）形式として扱う。
　-v var=value 形式のオプションは、Awk プログラムの実行を開始する前に、変数 var を値 value
で初期化する。-v オプションは複数指定可能である。
　--version オプションは、Awk 自身のバージョン文字列を出力し Awk を終了する。
　オプションはすべて、コマンドライン引数 program よりも前に置かなければならない。-- オプ
ションはオプション列の終了を表す特殊オプションである。
　コマンドライン引数については、「A.5.5 **コマンドライン引数と変数**」で詳細に後述する。

入力ファイル countries

　本リファレンスマニュアルでは Awk プログラムの入力例（の多く）に、「**5.1 レポートの生成**」でも使用した countries ファイルを用いる。countries ファイルの 1 行には国名、人口（100 万人単位）、面積（1,000 平方キロメートル単位）、大陸名が記述されている。数字は 2020 年（令和 2 年）のものだ。ロシアは敢えてヨーロッパ大陸に属すとした。4 つあるフィールドを区切るのはタブ文字であり、空白文字は南北アメリカ大陸名にしか登場しない。

　countries ファイルの内容は次の通り。

```
Russia          16376   145     Europe
China           9388    1411    Asia
USA             9147    331     North America
Brazil          8358    212     South America
India           2973    1380    Asia
Mexico          1943    128     North America
Indonesia       1811    273     Asia
Ethiopia        1100    114     Africa
Nigeria         910     206     Africa
Pakistan        770     220     Asia
Japan           364     126     Asia
Bangladesh      130     164     Asia
```

　以降では、特に断りのない限り、入力には上例の countries ファイルを使用する。

A.1　パターン

　パターンはアクションの実行を制御する。入力行がパターンに一致すると、そのパターンに対応するアクションが実行される。本節ではパターンの種類と一致条件を解説する。

パターンのまとめ

1. BEGIN { *statements* }
   statements（文）は入力行を読み込む前に一度だけ実行される。

2. END { *statements* }
   statements（文）は入力行をすべて読み込んだ後に一度だけ実行される。

3. *expression* { *statements* }
   statements（文）は、*expression*（式）が入力行に対し真、すなわち非ゼロか非 null の場合に実行される。

4. /*regular expression*/ { *statements* }
   statements（文）は、*regular expression*（正規表現）に一致する入力行に対し実行される。

5. *pattern*₁ , *pattern*₂ { *statements* }

　範囲パターン（range pattern）は、*pattern*₁ に一致する行から *pattern*₂ に一致する行までのすべての入力行に対し、*statements*（文）が実行される。同一行が両パターンに一致する場合もある。

BEGIN と END は他のパターンと組み合わせられないが、複数記述できる。
BEGIN と END には常にアクションを記述しなければならない。それ以外のパターンでは、*statements*（文）および閉じ波括弧を省略できる。
範囲パターンは他のパターンと併用できない。

A.1.1　BEGIN と END

　BEGIN パターンと END パターンは、入力行と照合するものではない。Awk がコマンドラインの処理を終え、入力データを読み取る前に実行されるのが BEGIN アクションであり、また END アクションは、Awk が入力データをすべて読み込み処理を終えた後に実行される。すなわち BEGIN は初期化処理に、END は終了処理に相当する。BEGIN と END を、他のパターンと組み合わせることはできない。BEGIN が複数記述された場合、プログラム中に登場した順序で実行される。END についても同様である。記述順序に要件はないが、著者陣は BEGIN をプログラム先頭に、END をプログラム末尾に記述する。

　BEGIN アクションは、入力行をフィールドへ分割する方式を変更するのに使用されることが多い。フィールド区切り文字を制御するのは組み込み変数 FS であり、ディフォルトでフィールドを区切るのは空白文字またはタブ文字が連続したものである。FS に空白文字 1 つを設定すると、ディフォルト動作になる。

　--csv オプションを指定すると、入力を CSV（comma-separated values）形式として処理し、FS の値とは無関係に、入力フィールドを区切るのはカンマとする。フィールドはダブルクォーテーションマーク（"）で囲むこともできる。この場合、フィールド内にカンマやダブルクォーテーションマークを記述でき、"" のようにダブルクォーテーションマークを 2 つ続けると、1 つのダブルクォーテーションマークを表す。詳細は「A.5.2 CSV 入力」を参照されたい。

　FS に空白以外の文字を設定すると、その文字がフィールド区切り文字となる。複数の文字を設定すると正規表現と解釈される（「A.1.3 正規表現パターン」を参照）。

　次に挙げるプログラムは BEGIN を用い、フィールド区切り文字にタブ文字（\t）を設定し、見出し行を出力する。2 つ目の printf 文は入力行を処理するもので、見出し行と同じ書式で表形式に出力する。最後に END アクションで面積と人口の和を出力する（変数と式の詳細については「A.2.1 式」を参照されたい）。

```
# print countries with column headers and totals

BEGIN { FS = "\t"   # make tab the field separator
        printf("%12s %6s %5s   %s\n\n",
               "COUNTRY", "AREA", "POP", "CONTINENT")
      }
      { printf("%12s %6d %5d   %s\n", $1, $2, $3, $4)
```

```
            area += $2
            pop += $3
        }
END    { printf("\n%12s %6d %5d\n", "TOTAL", area, pop) }
```
（コメント訳）
countries ファイルに見出しを付け、和を出力する
TAB をフィールド区切り文字とする

上例のプログラムに countries ファイルを渡すと、次の出力を得る。

```
    COUNTRY   AREA   POP   CONTINENT

     Russia  16376   145   Europe
      China   9388  1411   Asia
        USA   9147   331   North America
     Brazil   8358   212   South America
      India   2973  1380   Asia
     Mexico   1943   128   North America
  Indonesia   1811   273   Asia
   Ethiopia   1100   114   Africa
    Nigeria    910   206   Africa
   Pakistan    770   220   Asia
      Japan    364   126   Asia
 Bangladesh    130   164   Asia

      TOTAL  53270  4710
```

A.1.2　式パターン

　プログラミング言語の多くがそうであるように、Awk も数値演算を記述する式の表現を豊富に備える。加えて、文字列処理の表現も豊富である。**文字列**（string）という用語は、UTF-8 で表現された 0 個以上の文字の並びを意味する。変数に代入する文字列もあれば、""、"Asia"、"にほんご"、"😀😊" のような文字列定数もある。

　部分文字列（サブストリング、substring）とは、文字列中にある 0 個以上の連続した文字を意味する。文字列 "" は文字を持たず、**null 文字列**（null string）または**空文字列**（empty string）と言う。すべての文字列において、先頭文字の前、隣接する 2 つの文字の間、末尾文字の後に長さが 0 の部分文字列、すなわち null 文字列が存在する。

　どの演算子でもオペランドには任意の式を置ける。文字列を処理する演算子に対し数値の式を渡した場合、その数値は自動的に文字列に変換される。同様に、数値を必要とする演算子に文字列を渡しても、数値に変換される。型変換および型強制の詳細については「A.2.2 型変換」で後述する。

　パターンには任意の式を記述できる。パターンの式が現在の入力行で非ゼロまたは非 null となる場合、そのパターンはその行に一致する。式パターンには、数値や文字列の比較式が多く用いられる。比較式は、6 つある関係演算子、2 つある文字列照合演算子（~ と !~、string-matching operator）のいずれかを記述した式である。関係演算子を**表 A-1** にまとめる。文字列照合演算子については「A.1.3 正規表現パターン」で述べる。

　パターンが NF > 10 のような比較式の場合、そのパターンは条件を満たす入力行に一致する。すなわち、フィールド数が 10 より大きい入力行である。パターンが NF のような算術式の場合、その

表 A-1　比較演算子

演算子	意味
<	未満
<=	以下
==	等しい
!=	等しくない
>=	以上
>	より大きい
~	正規表現に一致
!~	正規表現に不一致

数値が非ゼロの入力行に一致する。パターンが文字列式の場合、その文字列が非 null の入力行に一致する。

　比較式の場合、両オペランドがともに数値であれば、数値として比較される。それ以外の場合、数値オペランドは文字列へ変換され、両オペランドは文字列として比較される。文字列比較は UTF-8 エンコーディングを基に 1 文字ずつ比較される。UTF-8 エンコーディングの順序で前に位置する文字列はもう一方の文字列「未満」である。例えば、"India" < "Indonesia"、"Asia" < "Asian" である。比較時は大文字／小文字を区別する。すなわち、A と Z はともに a よりも前に位置する。

```
$3/$2 > 0.5
```

　上例のパターンは、第 3 フィールドの値を第 2 フィールドの値で割った結果が 0.5 より大きい行を抽出する。すなわち、人口密度が 500 人 / 平方キロメートルより大きい行である。

```
$0 >= "M"
```

　上例のパターンは、先頭の文字が M、N、O などで始まる行を抽出する。

```
Russia          16376     145     Europe
USA             9147      331     North America
Mexico          1943      128     North America
Nigeria         910       206     Africa
Pakistan        770       220     Asia
```

　上例は M より後ろに位置する任意の文字に一致するため、小文字などにも一致する点に注意が必要である。

　記述された比較演算からだけでは、その型を判断できない場合がある。

```
$1 < $4
```

　上例では入力行の先頭フィールドと第 4 フィールドを比較するが、数値比較か文字列比較のどちらかになる。ここで比較演算の型はフィールドの値により決定される。すなわち、行ごとに型が異なる場合がある。countries ファイルでは、先頭フィールドと第 4 フィールドは常に文字列であるため、常に文字列比較になる。出力結果を挙げる。

```
Brazil  8358    212     South America
Mexico  1943    128     North America
```

すべての比較演算で、数値比較となるのは、両オペランドがともに数値の場合に限られる。countries ファイルでは、次の比較演算が該当する。

```
$2 < $3
```

文字列、数値、式、型強制の詳細については「**A.2.2　型変換**」を参照されたい。

複合パターン（compound pattern）とは、||（OR）、&&（AND）、!（NOT）の論理演算子と丸括弧を用い、他のパターンと結合した式である。式の評価結果が真の場合に、その複合パターンは入力行に一致する。次のプログラムは AND 演算子を用い、第 4 フィールドが Asia、かつ第 3 フィールドの値が 500 より大きい行を抽出する。

```
$4 == "Asia" && $3 > 500
```

次のプログラムは OR 演算子を用いる。

```
$4 == "Asia" || $4 == "Europe"
```

上例は第 4 フィールドが Asia、または Europe の行を抽出する。すぐに後述するが、文字列を照合する場合は正規表現の選択演算子（|、オルタネーション、alternation operator）も使える。

```
$4 ~ /^(Asia|Europe)$/
```

2 つの正規表現が同じ文字列に一致する場合、**等価**（同値、equivalent）と言う。正規表現の優先順位の規則を読者が理解しているか、確認しておこう。^Asia|Europe$ と ^(Asia|Europe)$ の 2 つの正規表現は等価か？

他のフィールドに Asia も Europe も一切登場しなければ、上例のパターンは次のようにも記述できる。

```
/Asia/ || /Europe/
```

または次のようにも記述できる。

```
/Asia|Europe/
```

|| 演算子の優先順位がもっとも低く、次に &&、その次に ! と並ぶ。&& 演算子と || 演算子は、オペランドを左から右へ評価し、結果が確定した時点で評価を停止する[*1]。

[*1] 訳者注：例えば全オペランドを AND でつないだ場合、どれか 1 つでも偽ならばその時点で評価を停止します。以降に真があろうとも結果は偽から変わらないためです。同様に OR でつないだ場合も、最初に真と評価されたものが表れた時点で評価を停止し結果を返します。

A.1.3　正規表現パターン

　Awk は文字列の指定、照合に使用する、**正規表現**（regular expression）に対応している。Unix は正規表現を広く使用しており、ファイル名を指定する際にも限定的ながら「ワイルドカード文字（wild-card character）」を使用できる。テキストエディタも正規表現に対応しており、さらに今日のプログラミング言語の大半が直接、間接に対応している。直接対応とは Awk のように言語本体の構文で対応する場合を、間接対応とは Python のようにライブラリでの対応を言う。

　正規表現パターン（regular expression pattern）は、文字列が正規表現に一致する部分文字列を含むか否かを検査する。本節ではもっとも基本的な正規表現を解説し、また、パターンでの使用法を示す。正規表現の詳細については「**A.1.4　正規表現詳細**」で述べる。

正規表現パターンのまとめ

/regexpr/
　　　　入力行が、*regexpr* に一致する部分文字列を含む場合に一致する。

expression ~ /regexpr/
　　　　expression（式）が、*regexpr* に一致する部分文字列を含む場合に一致する。

expression !~ /regexpr/
　　　　expression（式）が、*regexpr* に一致する部分文字列を含まない場合に一致する。

　~ と !~ の場合では、*/regexpr/* に任意の式を記述できる。式は評価後に、正規表現と解釈される。

　正規表現のもっとも単純な形は、Asia のように文字または数字からなるものである。この正規表現は自身と同じ文字列にしか一致しない。正規表現をスラッシュで囲むと文字列照合パターンとなる。

　　　`/Asia/`

　上例のパターンは、入力行に部分文字列 Asia が存在する場合に一致する。Asia そのままでも良いし、Asian や Pan-Asiatic のような、長い単語の一部でも良い。
　正規表現内の空白文字は無視されない点に注意が必要である。

　　　`/ Asia /`

　上例のパターンは、空白文字で囲まれた Asia にのみ一致する。そのため countries ファイルでは、一致する行は存在しない。
　上例のパターンは、先に挙げた 3 種類ある文字列照合パターンの 1 つである、正規表現 *r* をスラッシュで囲んだものである。

　　　`/r/`

上例のパターンは、*r* に一致する部分文字列を含む入力行に一致する。

他の 2 種類の文字列照合パターンでは明示的な一致演算子を用いる。

```
expression ~ /r/
expression !~ /r/
```

一致演算子 ~ は「一致する」を、 !~ は「一致しない」を意味する。前者は、*expression* が正規表現 *r* に一致する部分文字列を含む場合に、後者は含まない場合に一致する。

一致演算子の左辺にはフィールドが用いられることが多い。

```
$4 ~ /Asia/
```

上例のパターンは、第 4 フィールドが部分文字列 Asia を含む入力行に一致する。

```
$4 !~ /Asia/
```

上例のパターンは、第 4 フィールドが部分文字列 Asia を**含まない**入力行に一致する。

文字列照合パターン /Asia/ は $0 ~ /Asia/ を省略したものである。

A.1.4　正規表現詳細

正規表現は文字列を指定し、一致するかを判定する記法である。算術式同様に、基本的な式だけではなく、演算子と組み合わせた複雑な表現も可能である。正規表現に一致する文字列の理解には、まずその構成要素に一致する文字列を理解する必要がある。

正規表現のまとめ

正規表現には次のメタ文字がある。

```
\  ^  $  .  [  ]  |  (  )  *  +  ?  {  }
```

基本正規表現（basic regular expression）とは以下のうちの 1 つを意味する。

1 文字の非メタ文字
　　　A など、それ自身にのみ一致する。
特殊シンボルに一致する 1 文字のエスケープシーケンス
　　　例えば \t はタブ文字に一致する（**表 A-2** を参照）。
クォートされた 1 文字のメタ文字
　　　* は、メタ文字 * のみに一致する。
^
　　　文字列の先頭に一致する。
$
　　　文字列の末尾に一致する。

. (ピリオド)

　　　任意の 1 文字に一致する。

文字クラス

　　　[ABC] は A、B、C のいずれにも一致する。

文字クラスには省略記法も使える。[0-9] は数字 1 文字に、[A-Za-z] は英字 1 文字に一致する。[[:class:]] は class 内の任意の 1 文字に一致する。class には次のものがある。alnum、alpha、blank、cntrl、digit、graph、lower、print、punct、space、upper、xdigit (16 進数)。

文字クラスには否定形も使用できる。すなわち、そのクラスに含まれない任意の文字を表す。[^0-9] は数字以外に、[^[:cntrl:]] は制御文字以外に一致する。

次に挙げる演算子は正規表現を結合し、高度な正規表現を作る。

$r_1|r_2$　　　選択 (オルタネーション)。r_1 または r_2 に一致する文字列に一致する。

r_1r_2　　　連結。r_2 に一致する x と、r_2 に一致する y が続いた、xy に一致する。

$r*$　　　r に一致する文字列が 0 回以上連続するものに一致する。

$r+$　　　r に一致する文字列が 1 回以上連続するものに一致する。

$r?$　　　空文字列、または r に一致する文字列に一致する。

$r\{m,n\}$　　　r に一致するものが m 回以上 n 回以下連続するものに一致する。,n は省略可能。

(r)　　　グループ化。r と同じ文字列に一致する。

上記の演算子は、優先順位が低いものから順に並べてある。優先順位に留意すれば正規表現内の丸括弧を不要にできる場合もある。

メタ文字

正規表現では、文字の多くはそれ自身に一致する。英数字など 1 文字の正規表現はその文字にのみ一致する基本正規表現である。

しかし、正規表現にはその文字自身とは別の意味を表現するものがいくつかある。以下に挙げる。

```
\  ^  $  .  [  ]  |  (  )  *  +  ?  {  }
```

上記の文字を**メタ文字** (metacharacter) と言い、特殊な意味を持つ。

正規表現で、メタ文字が持つ特殊な意味を発揮させず文字をそのまま表現する場合は、直前にバックスラッシュを置く。\$ という正規表現は文字 $ に一致する。文字の直前に \ を置くことを、その文字を**クォートする** (quoted) と言う。

正規表現で、クォートしないキャレット ^ は文字列の先頭に、クォートしないドル記号 $ は文字列の末尾に、クォートしないピリオド . は任意の 1 文字に一致する。例を挙げる。

`^C`	文字列先頭に位置する C に一致する。他の箇所には一致しない。
`C$`	文字列末尾に位置する C に一致する。他の箇所には一致しない。
`^C$`	1 文字だけの文字列 C に一致する。
`^.$`	文字種類を問わず、1 文字だけの文字列に一致する。
`^...$`	文字種類を問わず、3 文字ちょうどの文字列に一致する。
`...`	連続する任意の 3 文字に一致する。
`\.$`	文字列末尾のピリオドに一致する。

文字クラス

　角括弧で囲んだ複数の文字からなる正規表現を**文字クラス**（character class）と言い、角括弧内の文字いずれにも一致する。例えば、`[AEIOU]` は A、E、I、O、U のいずれにも一致する。

　同一文字クラスの文字は、ハイフンを用い範囲を指定できる。ハイフンの直前にある文字が範囲の先頭を、ハイフンの直後にある文字が範囲の末尾を表す。`[0-9]` とすればどの数字にも一致し、`[a-zA-Z][0-9]` とすれば英字と直後の数字の 2 文字に一致する。ハイフンの前後両方に文字を置かなければ範囲を表現せず、どちらか一方しか記述しない場合のハイフンはハイフンそのものを意味する。文字クラス `[+-]` と `[-+]` は、いずれも + か - のどちらかに一致する。文字クラス `[A-Za-z-]+` は英字からなる単語に一致するが、ハイフンを含んでいても良い。

　Unicode 文字の場合、処理可能な範囲に収まっていれば（およそ 256 文字）、範囲指定が可能である。一般に、unicode.org が公開している説明ページで 1 ページに収まる文字セットであれば、範囲指定できる。例えば、文字クラス `[ア-ケ]` は日本語のカタカナ文字に一致する。

訳者補足
本文にある、小さいアから小さいケの範囲は十分実用的ですが、Unicode で公式に定義されている日本のカタカナ文字のプレーンは `[\u30A0-\u30FF]` です。ただ、ひらがなと共通で使用する記号類も含まれるため、記号類を除いた `[\u30A1-\u30FA]` も有用です。

　`[:alpha:]` などの文字クラスはローケール（ローカール、locale）環境が定義する文字範囲に一致する。ローケール環境の指定には一般に環境変数[*2]を用いる。これにより多言語対応の文字クラスを表現できる。例えばローケールが `LC_ALL=fr_FR.UTF-8` ならば、正規表現 `[[:alpha:]]` は é にも à にも一致するが、ローケールが `en_EN` ならば一致しない。

否定の文字クラス

　否定の文字クラス（complemented character class）とは、冒頭の角括弧直後に ^ を置いた文字クラスを言う。この文字クラスは、キャレット以降の記述に**含まれない**任意の文字に一致する。すなわち、`[^0-9]` は数字以外に、`[^a-zA-Z]` は英字以外に一致する。

[*2] 訳者注：LC_ALL や LANG など。

`^[ABC]`	文字列先頭にある A、B、C のいずれにも一致する。
`^[^ABC]`	文字列先頭にある A、B、C 以外の文字に一致する。
`[^ABC]`	A、B、C 以外の文字に一致する。
`^[^a-z]$`	英字小文字以外の、1 文字だけの文字列に一致する。
`^[^[:lower:]]$`	同様に、英字小文字以外の 1 文字だけの文字列に一致する。

　文字クラス内では、クォート文字 \、先頭に置いた ^、文字に囲まれた - 以外のすべての文字は自分自身を表す。`[.]` はピリオドに一致し、`^[^^]` は文字列先頭のキャレット以外の文字に一致する。

グループ化

　正規表現内の丸括弧は、グループ化を表す。正規表現には二項演算子が 2 つある。選択と連結である。選択演算子 |（オルタネーション演算子、縦棒）は別候補を表し、和集合に相当する。r_1 と r_2 の 2 つの正規表現がある場合、$r_1|r_2$ という正規表現は r_1 か、または r_2 のいずれかに一致する。

　明示的な連結演算子は存在しない。r_1 と r_2 の 2 つの正規表現があり、r_1 が x に、r_2 が y に一致する場合、$(r_1)(r_2)$ は（二者の間に空白文字は入らない）、xy という文字列に一致する。r_1、r_2 を囲む丸括弧は、中の正規表現に選択演算子がなければ省略できる。

```
(Asian|European|North American) (male|female) (black|blue)bird
```

　上例の正規表現は、

```
Asian male blackbird
```

から

```
North American female bluebird
```

までの 12 の文字列に一致する。

繰り返し

　正規表現で *、+、? は繰り返しを表す単項演算子である。r を正規表現とすると、(r)* は r に一致する部分文字列を 0 回以上繰り返す文字列に、(r)+ は r に一致する部分文字列を 1 回以上繰り返す文字列に、(r)? は r に一致する部分文字列を最大 1 回まで繰り返す文字列（空文字列か r）に一致する。

　(r){m,n} は正規表現の m 回から n 回以下の繰り返しを表す。,n を省略すると、m 回ちょうどの繰り返しを表す。

　r が基本正規表現の場合、丸括弧は省略できる。

B*	null 文字列、B、BB などに一致する。
AB*C	AC、ABC、ABBC などに一致する。
AB+C	ABC、ABBC、ABBBC などに一致する。
ABB*C	同様に ABC、ABBC、ABBBC などに一致する。
AB?C	AC、ABC に一致する。
[A-Z]+	1 つ以上続く英字大文字に一致する。
(AB)+C	ABC、ABABC、ABABABC などに一致する。
X(AB){1,2}Y	XABY、XABABY に一致するが、XABABABY などには一致しない。

正規表現では、選択演算子（|）の優先順位がもっとも低く、次いで連結、もっとも高いものが繰り返し演算子 *、+、?、{} である。算術式同様に、優先順位が高い演算子が先に評価される。この規約を利用すると丸括弧を省略できる場面がある。(ab)|(cd) は ab|cd と、(^ab)|(c(d*)e$) は ^ab|cd*e$ と同じ意味になる。

正規表現と文字列内のエスケープシーケンス

Awk の正規表現および文字列では、他に表現方法がない恐れがある文字を指定する、**エスケープシーケンス**（escape sequence）という表記を使用できる。例えば、正規表現や文字列内では改行文字を直接表現できないが、\n と記述すると改行文字を表す。同様に、\b はバックスペース文字を、\t はタブ文字を、\/ はスラッシュを表す。8 進数や 16 進数を用いても任意の文字を表現できる。\033 と \0x1b はいずれも ASCII のエスケープ文字を表す。Unicode 文字は \uh... と表現できる。ここで h... には Unicode 文字を意味する最大 8 桁までの 16 進数を記述する。例えば☺という文字は、\u1F642 と表現できる。

重要なことなので敢えて記しておく。上記のエスケープシーケンスは、**Awk プログラム内に記述**された場合にその意味を持つ。データ内では特別な意味を持たず、単なる文字にすぎない。全エスケープシーケンスを**表 A-2** にまとめる。

表 A-2　エスケープシーケンス

シーケンス	意味
\a	アラーム（ベル）
\b	バックスペース
\f	フォームフィード（ページ送り）
\n	改行（行送り）
\r	復帰
\t	タブ
\v	垂直タブ
\ddd	文字コードの 8 進数表現。ddd は 3 桁の 0 から 7 までの数字。
\xhh	文字コードの 16 進数表現。hh は 2 桁の 16 進数。大文字／小文字の区別はない。
\uh...	Unicode 文字。h... は最大 8 桁の 16 進数。大文字／小文字の区別はない。
\c	その他の文字自身 c を表す。" は \" と、\ は \\ と表現できる。

正規表現の例

　正規表現の締めくくりとして、単項演算子、二項演算子を含む正規表現の有用な文字列照合パターン例を、一致する入力行とともに一覧にまとめた。文字列照合パターン /r/ は、r に一致する部分文字列が 1 つでもあれば、その入力行に一致することを思い出して欲しい。

`/^[0-9]+$/`
　　　　1 桁以上の数字からなる入力行に一致する。
`/^[0-9][0-9][0-9]$/`
　　　　3 桁の数字からなる入力行に一致する。
`/^[0-9]{3}$/`
　　　　同様に、3 桁の数字からなる入力行に一致する。
`/^(\+|-)?[0-9]+\.?[0-9]*$/`
　　　　1 つの整数または小数からなる入力行に一致する。先頭の符号および小数点以降は省略可。
`/^[+-]?[0-9]+[.]?[0-9]*$/`
　　　　同様に、1 つの整数または小数からなる入力行に一致する。先頭の符号および小数点以降は省略可。
`/^[+-]?([0-9]+[.]?[0-9]*|[.][0-9]+)([eE][+-]?[0-9]+)?$/`
　　　　1 つの浮動小数点数からなる入力行に一致する。先頭の符号および指数部は省略可。
`/^[A-Za-z_][A-Za-z_0-9]*$/`
　　　　1 つの変数名からなる入力行に一致する。先頭は英字もしくはアンダースコア、以降は英字、アンダースコア、数字のいずれかが 0 個以上連続したもの。
`/^[A-Za-z]$|^[A-Za-z][0-9]$/`
　　　　英字 1 文字、もしくは英字 1 文字と数字 1 桁からなる入力行に一致する。
`/^[A-Za-z][0-9]?$/`
　　　　同様に、英字 1 文字、もしくは英字 1 文字と数字 1 桁からなる入力行に一致する。

　+ と .（ピリオド）はメタ文字である。上記 4 番目の例では、+ と . はそのままの文字として一致させるため、直前にバックスラッシュを置く必要がある。このバックスラッシュは文字クラス内では不要なため、5 番目の例ではこれを用い同じ内容を表現している。

　正規表現をスラッシュで囲むと、一致演算子および不一致演算子の右辺に記述できる。

　　　`$2 !~ /^[0-9]+$/`

　上例のプログラムは、第 2 フィールドに数字が含まれているもの以外を出力する。
　正規表現と一致する文字列を**表 A-3** にまとめる。演算子は優先順位で並べてある。文字は Unicode コードポイントである。

A.1.5　範囲パターン

　カンマで区切られた 2 つのパターンは、範囲パターン（range pattern）を表す。

　　　pat_1, pat_2

表 A-3 正規表現

正規表現	一致するもの
c	非メタ文字の c
$\backslash c$	エスケープシーケンスまたは c それ自身
$\wedge$	文字列の先頭
$\$$	文字列の末尾
$.$	任意の 1 文字
$[c_1 c_2 ...]$	$c_1 c_2 ...$ に含まれる 1 文字
$[\wedge c_1 c_2 ...]$	$c_1 c_2 ...$ に含まれない 1 文字
$[c_1 - c_2]$	c_1 から c_2 までの範囲に含まれる 1 文字
$[\wedge c_1 - c_2]$	c_1 から c_2 までの範囲に含まれない 1 文字
$r_1 \| r_2$	r_1 または r_2 に一致する文字列
$(r_1)(r_2)$	x が r_1 に、y が r_2 に一致する任意の文字列 xy。r_1 や r_2 に選択演算子を用いていなければ丸括弧は省略可。
$(r)*$	r に一致する文字列が 0 個以上連続したもの。
$(r)+$	r に一致する文字列が 1 個以上連続したもの。
$(r)?$	r に一致する文字列が最大 1 個まで連続したもの。
$(r)\{m,n\}$	r に一致する文字列が m 回以上 n 回以下連続したもの。,n は省略可。基本正規表現ならば丸括弧は省略可。
(r)	r に一致する任意の文字列。

　範囲パターンは、pat_1 に一致する行から pat_2 に一致する行までの範囲に一致する（pat_2 に一致する行を含む）。pat_2 が pat_1 に一致する場合、その範囲は 1 行となる。

　入力行が pat_1 に一致すれば、範囲は常に開始される。pat_2 に一致する入力行が存在しなければ、以降の入力全体が一致する。

```
/Europe/, /Africa/
```

　上例の範囲パターンを実行すると、次の出力が得られる。

```
Russia        16376    145     Europe
China         9388     1411    Asia
USA           9147     331     North America
Brazil        8358     212     South America
India         2973     1380    Asia
Mexico        1943     128     North America
Indonesia     1811     273     Asia
Ethiopia      1100     114     Africa
```

　FNR は現在の入力ファイルから読み込んだ行数を、また FILENAME は現在の入力ファイル名を表す。いずれも組み込み変数である。

```
FNR == 1, FNR == 5 { print FILENAME ": " $0 }
```

上例のプログラムは、各入力ファイルの先頭5行を出力し、1行ごとに冒頭にファイル名を付加する。同じ処理を次のようにも書ける。

```
FNR <= 5 { print FILENAME ": " $0 }
```

範囲パターンは他のパターンと組み合わせられない。

A.2 アクション

パターン–アクション文では、アクションを実行するか否かを決定するのはパターンである。1行だけの代入や出力など、単純なアクションもあるが、改行やセミコロンで区切った複数の文からなるアクションもある。本節では式と制御フロー文からアクションを述べる。ユーザ定義関数および入出力文については、次節以降に譲る。

アクションのまとめ

アクションには次のものを記述できる。

定数、変数、代入、関数コールなどの *expression* （式）
print *expression-list*
printf(*format*, *expression-list*)
if (*expression*) *statement*
if (*expression*) *statement* else *statement*
while (*expression*) *statement*
for (*expression*; *expression*; *expression*) *statement*
for (*variable* in *array*) *statement*
do *statement* while (*expression*)
break
continue
next
nextfile
exit
exit *expression*
{ *statements* }

A.2.1 式

初めに式を取り上げる。式は文のもっとも単純な形であり、また、文の多くはさまざまな式から構成される。式はプライマリ式と、演算子を用いる他の式から構成される。プライマリ式とはプリミティブなビルディングブロックであり、定数、変数、配列の参照、関数コールに加え、フィール

ドなどの組み込み変数がある。

　式の解説は定数と変数から始め、次に演算子と進める。演算子には式を組み合わせる役割があり、算術、比較、論理、条件、代入の 5 つに分類できる。その次に組み込みの数値演算関数、文字列演算関数を取り上げ、最後に配列を解説する。

定数

　定数には文字列と数値の 2 種類がある。文字列定数とはダブルクォーテーションマークで囲んだ 0 個以上の連続する文字である。"hello, world"、"Asia"、""（空文字列）などがある。文字列定数には**表** A-2 のエスケープシーケンスも記述できる。長い文字列はバックスラッシュを用い、複数行に分割できる。

```
s = "a really very long \
string split over two lines"
```

　上例で、バックスラッシュ直後の改行文字は削除され、文字列内に含まれない。結果的に次に挙げる文字列と等価となる。

```
s = "a really very long string split over two lines"
```

　継続行の先頭にある空白類は文字列内に含まれる。

　数値定数には 1127 のような整数、3.14 のような小数点数、6.022E+23 のような科学的表記（指数表記）がある。表記が異なるだけで数値として同一なこともある。例えば、1e6、1.00E6、10e5、0.1e7、1000000 は、すべて同じ数値である。

　数値はすべて倍精度浮動小数点数として処理されるが、実際の精度はマシンに依存する。通常は 10 進数で 15 桁程度である。

　+nan と +inf という特殊な数値が 2 つある。それぞれ非数値（NaN、not a number）、無限（infinity）を意味する。プログラムに記述する場合、およびデータ入力する際には文字列として先頭に + もしくは - を付ける必要がある。

　この 2 つに関しては大文字／小文字を区別しない。NaN や Inf も使用可能である。

　nan と inf は算術式によっても生成可能である。例を挙げる。

```
$ awk '{print " " $1/$2}'
1 2
    0.5
1 +nan
    +nan
+nan 1
    +nan
+nan +nan
    +nan
+nan -inf
    +nan
+inf +inf
    -nan
0 +inf
```

```
    0
+inf 0
awk: division by zero
 input record number 7, file
 source line number 1
```

変数

　式には変数を記述でき、変数にはユーザ定義変数、組み込み変数、フィールドの 3 種類がある。変数名とは英数字とアンダースコアが連続したものだが、数字は先頭文字に使用できない。組み込み変数はすべて大文字である。

　変数はその値として文字列、数値、またはその両方を保持できる。Awk では変数の型を宣言せず、文脈に応じ推測する。また、必要に応じ文字列、数値を Awk が相互に変換する。

```
$4 == "Asia" { print $1, 1000 * $2 }
```

　上例のプログラムで、$2 はその値が数値でなければ数値へ変換され、$1 と $4 は文字列でなければ文字列へ変換される。

　未初期化の変数の値は null 文字列（""）、またはゼロである。

組み込み変数

　組み込み変数を**表 A-4** にまとめる。どの式にも記述でき、ユーザが値をリセットできるものもある。FILENAME は新規ファイルを読み込む際に設定される。FNR、NF、NR は新規レコードを読み込むと設定される。さらに $0 を変更、または新規フィールドを作成すると、NF はリセットされる。逆に NF を変更すると、$0 も必要に応じ再算出される。RLENGTH および RSTART は match 関数の実行結果に応じ変化する。

　組み込み変数を**表 A-4** にまとめる。

フィールド変数

　入力行のフィールドは $1、$2 と表現し、$NF まである。$0 は入力行全体を意味する。フィールド変数も他の変数と同様の性質を備える。すなわち、算術演算、文字列演算が可能であり、さらに代入もできる。countries ファイルの第 2 フィールドを 1000 で割れば、面積の単位を 1000 平方キロメートルから 100 万平方キロメートルへ変換できる。

```
{ $2 = $2 / 1000; print }
```

　フィールドへは代入も可能である。

```
BEGIN                  { FS = OFS = "\t" }
$4 == "North America"  { $4 = "NA" }
$4 == "South America"  { $4 = "SA" }
                       { print }
```

　上例のプログラムは、BEGIN アクションで入力フィールド区切り文字を制御する変数 FS と、出力フィールド区切り文字を制御する変数 OFS へ、いずれもタブ文字を設定する。4 行目の print 文で

表 A-4　組み込み変数

変数名	意味	ディフォルト値
ARGC	コマンドライン引数の数。コマンド名も含む	-
ARGV	コマンドライン引数の配列。添字範囲は 0..ARGC-1	-
CONVFMT	数値の変換書式	"%.6g"
ENVIRON	環境変数の配列	-
FILENAME	現在の入力ファイル名	-
FNR	入力ファイル内でのレコード番号	-
FS	入力フィールド区切り文字	" "
NF	現在レコードのフィールド数	-
NR	これまでに読み込んだレコード数	-
OFMT	数値の出力書式	"%.6g"
OFS	print の出力フィールド区切り文字	" "
ORS	print の出力レコード区切り文字	"\n"
RLENGTH	match 関数に一致した文字列の長さ	-
RS	入力レコード区切り文字	"\n"
RSTART	match 関数に一致した文字列の先頭	-
SUBSEP	配列の添字区切り文字	"\034"

は、この設定に従った形式で $0 を出力する。代入や置換により $0 を変更すると、$1、$2、NF などは再算出される。同様に $1、$2 などを変更すると、$0 はフィールドを分割する OFS に従い再算出される。

　フィールドは式にも使用できる。例えば $(NF-1) と記述すると、現在行の末尾から 1 つ前のフィールドを表す。ここで括弧は必須である。括弧を書かず $NF-1 とすると、末尾フィールドが持つ値から 1 を減じた値を意味する。

　$(NF+1) のような存在しないフィールドを参照するフィールド変数の値は、初期値である null 文字列である。値を代入すれば新規フィールドを作成できる。次のプログラムは人口密度を第 5 フィールドとする。

```
BEGIN  { FS = OFS = "\t" }
       { $5 = 1000 * $3 / $2; print }
```

　大きな番号の新規フィールドが作成され、フィールド番号が不連続になる場合でも、中間のフィールドは必要に応じ自動的に作成され、初期値を持つ。

　フィールド数は入力行により異なる。

式のまとめ

プライマリ式
　　　定数（数値、文字列）

　　　　変数
　　　　フィールド
　　　　関数コール
　　　　配列要素

　式を組み合わせられる演算子
　　　　代入演算子　= += -= *= /= %= ^=
　　　　条件演算子　?:
　　　　論理演算子　|| (OR)、&& (AND)、! (NOT)
　　　　一致演算子　~ !~
　　　　関係演算子　< <= == != > >=
　　　　連結　　　　（明示的演算子は存在しない）
　　　　算術演算子　+ - * / % ^
　　　　単項演算子　+ -
　　　　インクリメント／デクリメント演算子　++ -- （前置と後置）
　　　　グループ化する括弧

代入演算子

　式に記述できる代入演算子は 7 種類あり、これを代入（assignment）と言う。もっとも単純な代入とは次の形式の式を言う。

```
var = expr
```

　上例で var は変数もしくはフィールドの名前を、expr は任意の式を表す。アジアの国の数と総人口を算出する例を挙げる。

```
$4 == "Asia" { pop = pop + $3; n = n + 1 }
END          { print "Total population of the", n,
                     "Asian countries is", pop, "million."
             }
```

　上例のプログラムへ countries ファイルを渡すと、次の出力を得る。

```
Total population of the 6 Asian countries is 3574 million.
```

　上例のプログラムで先頭にあるアクションでは代入を 2 つ行っている。1 つは人口の和、もう 1 つは国数である。変数は明示的には初期化していないが、それでも正しく動作するのは、すべての変数はディフォルトで、文字列の "" と数値の 0 に初期化されるためである。
　ディフォルト初期化を活用したプログラムも挙げる。次の例では人口が最大の国名を出力する。

```
$3 > maxpop  { maxpop = $3; country = $1 }

END          { print "country with largest population:",
                     country, maxpop
             }
```

出力は次の通り。

```
country with largest population: China 1411
```

上例のプログラムが動作するには、$3 に正数が少なくとも 1 つは存在しなければならない点に注意して欲しい。

代入演算子は他に +=、-=、*=、/=、%=、^= の 6 種類がある。*v op= e* の形式は、いずれも *v = v op e* と同じ意味を表す。

```
pop = pop + $3
```

上例は代入演算子 += を用い、次のように記述できる。

```
pop += $3
```

上例のように短く記述しても、長い記述の場合と同じ結果が得られ、左辺の変数に右辺の式の値が加算される。しかし += の方が簡潔であり、また分かりやすい。さらに *v* を一度しか評価しない。*v* が複雑な場合を考えてみると分かる。

```
v[substr($0,index($0,"!")+1)] += 2
```

上例の方が実行速度が高速である。
もう 1 つ例を挙げる。

```
{ $2 /= 1000; print }
```

上例は第 2 フィールドを 1000 で割り、行全体を出力する。

代入とは式である。式の値が左辺の新たな値となる。そのため式内に代入を記述でき、これを多重代入（複数代入、multiple assignment）と言う。

```
FS = OFS = "\t"
```

上例では入力フィールド区切り文字と出力フィールド区切り文字にタブ文字を設定する。代入式もよく使用される。特に条件がそうである。

```
if ((n = length($0)) > 0) ...
```

しかし、混乱につながることもある。括弧を忘れてはいけない。

条件演算子

条件演算子は次の形式をとる。

expr₁ ? *expr₂* : *expr₃*

初めに *expr₁* が評価され、その結果が真、すなわち非ゼロ／非 null ならば、演算の結果を *expr₂* とし、偽ならば *expr₃* とする。*expr₂* か *expr₃* のどちらか一方しか評価されない。

次に挙げるプログラムは条件演算子を用い、$1 の逆数、もしくは $1 がゼロであるという警告の、いずれかを出力する。

```
{ print ($1 != 0 ? 1/$1 : "$1 is zero, line " NR) }
```

代入のネストもそうだが、条件演算子を濫用するとコードが理解しにくくなる。

論理演算子

論理演算子 &&（AND）、||（OR）、!（NOT）は式を他の式と組み合わせ、論理式を作る。論理式の評価では、オペランドが非ゼロもしくは非 null ならば真を、ゼロもしくは null ならば偽を意味する。評価結果が真ならば論理式の値は 1 になる。偽ならば 0 である。&& または || で結合された式のオペランドは、左から右の順で評価され、評価結果が確定した時点で評価を終える。

```
expr₁ && expr₂
```

上例では $expr_1$ が偽ならば、$expr_2$ を評価しない。

```
expr₃ || expr₃
```

上例で $expr_3$ が真ならば、$expr_4$ を評価しない。
&& および || 直後では改行できる。
&& の優先順位は || よりも高い。

```
A && B || C && D
```

上例は次のように解釈される。

```
(A && B) || (C && D)
```

このような論理式を分かりやすく表現するには、括弧を使用するのが良い。

関係演算子

関係式または比較式とは、関係演算子または正規表現の照合演算子を含むものを言う。関係演算子には <、<=、==（等価）、!=（不等価）、>=、> がある。正規表現の照合演算子は ~（一致）と !~（不一致）である。

評価結果が真ならば、比較式の値は 1、偽ならば 0 である。同様に照合式も評価結果が真ならば 1、偽ならば 0 である。

```
$4 ~ /Asia/
```

上例は入力行の第 4 フィールドが部分文字列 Asia を含んでいれば 1、含んでいなければ 0 である。

算術演算子

Awk は一般的な算術演算子 +、-、*、/、%、^ を備える。% 演算子は剰余を算出する。x%y は x を y で割った時の余りを意味する。x または y が負数の場合、剰余演算の動作は計算機に依存する。^ 演算子はべき乗を算出する。x^y は x^y を意味する。C 言語やその他プログラミング言語では、^ 演算子は異なる意味を持つ点に注意されたい（ビット単位の排他的論理和）。

算術演算はすべて倍精度浮動小数点数で実行される。通常は 10 進数で 15 桁程度である。

単項演算子

単項演算子とは + と - を言う。意味は自明だろう。

インクリメント／デクリメント演算子

n = n + 1のような代入は、変数に1加算する単項インクリメント演算子 ++ を用い、++n や n++ と記述するのが一般的である。前置形式の ++n は n の値を返す前に、また後置形式の n++ は n の値を返した後に、n をインクリメントする。代入時に ++ を使用すると、この違いが大きな意味を持つ。現在の n の値を1とすると、i = ++n という代入は n をインクリメントし、その新しい値2を i へ代入する。一方、i = n++ という代入は、やはり n をインクリメントするが、i へ代入するのは古い値1である。単に n をインクリメントするだけならば、n++ でも ++n でも差はない。変数から1減算するデクリメント演算子 -- にも前置、後置はある。動作も同様である。

数値演算組み込み関数

数値演算組み込み関数を**表 A-5** にまとめる。いずれもすべての式中でプライマリ式として記述できる。表で x および y は任意の式を意味する。

表 A-5 数値演算組み込み関数

関数名	戻り値
atan2(y,x)	y/x の逆正接。範囲は $-\pi$ から π
cos(x)	x の余弦（x の単位はラジアン）
exp(x)	x の指数関数（e^x）
int(x)	x の整数部。0 方向への切捨て
log(x)	x の自然対数（底は e）
rand()	$0 \le r < 1$ の乱数 r
sin(x)	x の正弦（x の単位はラジアン）
sqrt(x)	x の平方根
srand(x)	x を rand() の種とする。戻り値は以前の種。x を省略すると時刻を使用する。

表中の関数を用いると数学定数を算出できる。atan2(0,-1) とすると π を、exp(1) とすると自然対数の底 e を得られる。x の常用対数を求めるには log(x)/log(10) と記述できる。

関数 rand() は疑似乱数を返す。乱数は 0 以上 1 未満の浮動小数点数である。srand(x) をコールすると、乱数生成の種（seed）を x とし、戻り値にそれまでの種を返す。引数を渡さず srand() とすると、現在時刻を種に設定する。srand をコールしなければ、rand は種として常に同じ既定値を使用する。

```
randint = int(n * rand()) + 1
```

上例は randint へ 1 以上 n 以下の整数乱数を代入する（n を含む）。int 関数を用いることで小数点以下を切捨てる。

```
x = int(x + 0.5)
```

上例は、値が正ならば、x を直近の整数へ丸める（四捨五入）。

文字列演算子

文字列演算子は連結の 1 つしかなく、また明示的な演算子ではない。文字列式は定数、変数、フィールド、配列要素、関数の戻り値を、他の式と続けて記述すれば作成できる。

```
{ print NR ":" $0 }
```

上例のプログラムは入力行に、空白文字を挿入せず、行番号とコロンを付加し出力する。ここで、数値である NR は文字列へ変換される（必要に応じ $0 も同様に変換される）。変換後に 3 つの文字列は連結され、その結果が出力される。

正規表現としての文字列

ここまで取り上げた照合式では、~ 演算子と !~ 演算子の右辺にはすべてスラッシュで囲んだ正規表現を記述した。実際にはこの 2 つの演算子の右辺には、任意の式を記述できる。Awk が式を評価し、その結果を必要に応じ文字列へ変換し、正規表現と解釈する。

```
BEGIN { digits = "^[0-9]+$" }
$2 ~ digits
```

上例のプログラムは、第 2 フィールドが数字だけからなる文字列の場合に、入力行をすべて出力する。

式は連結可能であり、正規表現も部品から組み立てられる。次に挙げるプログラムは浮動小数点数だけからなる入力行を出力する。

```
BEGIN {
    sign = "[+-]?"
    decimal = "[0-9]+[.]?[0-9]*"
    fraction = "[.][0-9]+"
    exponent = "([eE]" sign "[0-9]+)?"
    number = "^" sign "(" decimal "|" fraction ")" exponent "$"
}
$0 ~ number
```

照合式では、"^[0-9]+$" のようにダブルクォーテーションマークで囲んだ文字列は、/^[0-9]+$/ のようにそのままスラッシュで囲んだ正規表現と記述できるが、例外が 1 つだけある。ダブルクォーテーションマークで囲んだ文字列が正規表現のメタ文字そのものを照合する場合、メタ文字を保護するため直前にバックスラッシュを付加するが、この時バックスラッシュを保護するため、直前にバックスラッシュがもう 1 つ必要になる。すなわち、

```
$0 ~ /(\+|-)[0-9]+/
```

上例は次の式と等価である。

```
$0 ~ "(\\+|-)[0-9]+"
```

この記述は神秘的と思えるほど謎めいて見えるかもしれないが、Awk がプログラムに記述された
ダブルクォーテーションマークで囲んだ文字列をパース（解析）する際に、保護目的のバックスラッ
シュを 1 段階削除する動作に起因する。正規表現にあるメタ文字からその意味を取り去り、文字そ
のものとして扱うためにバックスラッシュが必要ならば、そのバックスラッシュを保護するために
もう 1 つバックスラッシュが必要になる。照合演算子の右辺が変数やフィールドの場合を考える。

```
x ~ $1
```

データ内ではバックスラッシュは特殊な意味を持たないため、上例では第 1 フィールドにバック
スラッシュを追加する必要はない。

話はやや逸れるが、正規表現に対する理解を簡単に確認する方法がある。

```
$1 ~ $2
```

上例のプログラムに、文字列を 1 つと正規表現を並べた行を入力すると、文字列が正規表現に一
致した場合に両者を出力する。

文字列演算組み込み関数

Awk が備える組み込みの文字列演算関数を**表 A-6** にまとめる。表中、*r* は正規表現を意味する
（文字列でもスラッシュで囲んだものでも）。*s* および *t* は文字列を、また *n* および *p* は整数を意味
する。文字には UTF-8 エンコーディングを用いる。

関数の引数は、その関数が実際にコールされる前にすべて評価される。引数の評価順序は未定義
である。

関数 index(*s*,*t*) は、*s* 内に登場する文字列 *t* の開始位置を返す。*t* が *s* 内に存在しなければゼロ
を返す。原点（文字列の先頭文字位置）は 1 である。

```
index("banana", "an")
```

上例は 2 を返す。

関数は match(*s*,*r*) は、*s* 内で正規表現 *r* に最初に一致する最長部分文字列を見つける。部分文
字列が見つかればその先頭位置を、見つからなければ 0 を返す。また、組み込み変数 RSTART にそ
の先頭位置を、RLENGTH には部分文字列の長さを代入する。

関数 split(*s*,*a*,*fs*) は、文字列 *s* を分割し、配列 *a* へ代入する。分割位置は *fs* で指定し、配列
要素数を返す。配列については本節の最後で述べる。

関数 sprintf(*format*, *expr*₁, *expr*₂, ..., *expr*ₙ) は、printf と同様の形式で指定する書
式 *format* に従い、*expr*₁、*expr*₂、...、*expr*ₙ を含む文字列を生成し返す。出力はしない。

```
x = sprintf("%10s %6d", $1, $2)
```

上例は、$1 と $2 の値を指定した書式で生成し、生成結果の文字列を x へ代入する。書式はそれ
ぞれ、長さ 10 文字の文字列、最低 6 桁の幅を持つ 10 進数である。printf の書式指定子について
は、「A.4.3 printf 文」に別途まとめた。

表 A-6　文字列演算組み込み関数

関数名	説明
gsub(r,s)	$0 内の r をすべて s で置換する。置換数を返す。
gsub(r,s,t)	文字列 t 内の r をすべて s で置換する。置換数を返す。
index(s,t)	s 内に最初に登場する文字列 t の位置を返す。t が見つからない場合は 0 を返す。
length(s)	s 内の Unicode 文字数を返す。s が配列の場合は要素数を返す。
match(s,r)	r に一致する部分文字列が、s 内に存在するか否かを調べる。存在する場合はその位置を、しなければ 0 を返す。組み込み変数 RSTART および RLENGTH を更新する。
split(s,a)	s を配列 a へ分割する。s 内に現れる FS で区切るか、または --csv オプションが指定されていれば CSV 形式として処理する。分割後の a の要素数を返す。
split(s,a,fs)	s を配列 a へ分割する。s 内に現れる fs で区切る。分割後の a の要素数を返す。
sprintf(fmt,expr-list)	書式文字列 fmt に従い、整形した expr-list を返す。
sub(r,s)	$0 内で、r に最初に一致する最長部分文字列を s で置換する。置換数を返す。
sub(r,s,t)	文字列 t 内で、r に最初に一致する最長部分文字列を s で置換する。置換数を返す。
substr(s,p)	s 内の位置 p から始まる部分文字列を返す。
substr(s,p,n)	s 内の位置 p から始まる長さ n の部分文字列を返す。
tolower(s)	s 内の ASCII 大文字を小文字へ変換し、返す。
toupper(s)	s 内の ASCII 小文字を大文字へ変換し、返す。

　関数 sub および gsub は、Unix のテキストエディタ ed の置換コマンドにならったものである。関数 sub(r,s,t) は、まず文字列 t 内で正規表現 r に最初に一致する最長部分文字列（最左最長一致）を見つける。ターゲット文字列 t は変数、フィールド、配列要素のいずれかでなければならない。次に部分文字列を s で置換する。ほとんどのテキストエディタ同様に、「最左最長一致（leftmost longest match）」とは最初に見つかったもの（すなわち、位置的に文字列先頭に近い）を、一致する範囲で可能なだけ長くとるという動作を意味する。

　ターゲット文字列 banana を例に考える。正規表現 (an)+ に一致する最左最長部分文字列は anan である。一方 (an)* に一致する最左最長部分文字列は b の直前に位置する null 文字列となる。初めて目にすると意外に思われるかもしれない。

　sub 関数は置換した回数を返す。0 または 1 のいずれかである。sub(r,s) は sub(r,s,$0) と同義である。

　関数 gsub(r,s,t) も同様に置換するが、1 つ置換しても t 内に r に一致する最左最長部分文字列が他に存在すれば（部分文字列が重ならなければ）、s への置換を繰り返す。戻り値は置換した回数である。関数名にある "g" は、全体を意味する "global" を表す。

```
{ gsub(/USA/, "United States"); print }
```

　上例のプログラムは、入力行にあるすべての "USA" を "United States" で置換し、出力する（ここで $0 が変更されれば、各フィールドと NF も変更される）。

```
b = "banana"
gsub(/ana/, "anda", b)
```

　上例は b が保持する banana を、bandana へ置換する。一致部分は重ならない。
　sub(r,s,t) または gsub(r,s,t) による置換では、s に記述された & は、すべて r に一致する部分文字列に置換される。

```
b = "banana"
gsub(/a/, "aba", b)
```

　上例は b が保持する banana を、babanabanaba へ置換する。同じことを次のようにも記述できる。

```
gsub(/a/, "&b&", b)
```

　置換文字列内にある & の特殊な動作を抑制するには、\& のように、直前にバックスラッシュを付加する。
　関数 substr(s,p) は s 内の位置 p 以降の部分を返す。substr(s,p,n) と引数を追加すると、p 以降の先頭 n 文字を返す。p 以降の部分が n 文字に満たなければ、p 以降の部分すべてを返す。次のプログラムでは countries ファイルの国名を先頭 6 文字までと短縮する。

```
{ $1 = substr($1, 1, 6); print $0 }
```

　出力は次の通り。

```
Russia 16376 145 Europe
China 9388 1411 Asia
USA 9147 331 North America
Brazil 8358 212 South America
India 2973 1380 Asia
Mexico 1943 128 North America
Indone 1811 273 Asia
Ethiop 1100 114 Africa
Nigeri 910 206 Africa
Pakist 770 220 Asia
Japan 364 126 Asia
Bangla 130 164 Asia
```

　$1 を変更すると（$1 に限らず他のフィールドでも）、Awk は $0 を再算出する。ここでフィールドを区切るのがタブ文字から空白文字に変更される（OFS のディフォルト値）。
　文字列は式内で単に並べて記述すれば連結される。次に挙げるプログラムへ countries ファイルを渡すと、

```
/Asia/ { s = s $1 " " }
END    { print s }
```

　次の出力を得る。

```
China India Indonesia Pakistan Japan Bangladesh
```

上例は、プログラム開始時点で空文字列に初期化された s へ、一度に 1 つずつ要素を連結する。末尾にも連結された余分な空白文字を削除するには、END アクションで print s の代わりに次のようにすれば良い。

```
print substr(s, 1, length(s)-1)
```

A.2.2　型変換

Awk の変数およびフィールドはすべて、いつでも、文字列、数値、またはその両方を、値として保持できる。本節では、代入、比較、式の評価、入出力で、文字列や数値の値を処理する規則について述べる。

代入

次の代入を考える。

var = expr

上例のように変数に式の値を代入する場合、変数の型は式の型となる（「代入」には、代入演算子 +=、-= なども含む）。算術式ならば数値型、連結ならば文字列型など、式により型が決定される。v1 = v2 のように代入が単純コピーならば、v1 は v2 と同じ型になる。

数値か文字列か

式の値はその処理内容により、数値型から文字列型へ、またはその逆へ、自動的に変換される場合がある。次の算術式を考える。

```
pop + $3
```

上例の pop、$3 の両オペランドは、いずれも数値型でなければならない。数値型でなければ、数値型へ**型強制**（暗黙の型変換、coercion）される。

```
pop += $3
```

同様に上例の代入式でも pop と $3 は数値型でなければならない。式の評価時では pop は数値になり、$3 はそれまで文字列の値を持っていたとしても数値として扱われる。

```
$1 $2
```

上例の文字列式で、連結されるオペランド $1 と $2 は文字列型でなければならない。保持する値は必要に応じ文字列型に型強制されるが、数値を保持していても値が変わるわけではない。

フィールドの型は、可能であれば、文脈から決定される。

```
$1++
```

上例では $1 は必要に応じ数値型へ型強制される。

```
$1 = $1 "," $2
```

上例の `$1` と `$2` は必要に応じ文字列型へ型強制される。

比較と型強制

2 つの変数などを比較する場合、両オペランドがともに数値型ならば数値として比較する。ともに数値型でなければ、文字列型へ型強制され、文字列として比較する。

未初期化の変数は数値の 0 と文字列の `""` の両方の値を持つ。

```
if (x) ...
```

上例で x が未初期化ならば、結果は偽となる。

```
if (!x) ...
if (x == 0) ...
if (x == "") ...
```

上例はすべて真となる。未初期化の x は 0 であり、同時に `""` でもある。

```
if (x == "0") ...
```

しかし、未初期化の x を上例のように比較すると、結果は偽になる。x は `""` だがこれは文字列型であり、数値型ではないためである。

式の型を強制するのによく用いられる方法がある。

number `""`	*number* へ null 文字列を連結することにより、*number* を文字列型へ型強制する。
string `+ 0`	*string* へゼロを加算することにより、*string* を数値型へ型強制する。

2 つのフィールドを比較する際、文字列型としての比較を強制する場合は、一方に文字列型を強制すれば良い。

```
$1 "" == $2
```

一方、数値型としての比較を強制する場合は、**2 つともに**数値型を強制する。

```
$1 + 0 == $2 + 0
```

この方法は、フィールドが保持する値の型がどちらであろうとも強制できる。

型推論

型の判断が困難な場面もある。

```
if ($1 == $2) ...
```

　上例ではフィールドの入力時に型をヒューリスティックに判断する。フィールドはすべて文字列と判断され、数字のみを保持するフィールドは同時に数値ともみなされる。

　明らかに null のフィールドの値は文字列 `""` であり、数値型にはならない。存在しないフィールド（すなわち NF を超えたフィールド）、空行の `$0` も同様である。

　次の比較の意味を考える。

```
$1 == $2
```

　上例ではフィールドを使用している。ここで、比較の型はフィールドの値が数値型か文字列型により決定されるが、フィールドの値はプログラムが実行され初めて決定される。すなわち、比較の型は、入力行ごとに異なる場合があり得る。Awk プログラムが実行され、フィールドを作成すると自動的に文字列型になる。さらに、フィールドが数値として有効であれば、同時に数値型にもなる。

　例えば `$1 == $2` という比較は、`$1` と `$2` が次に挙げるような値を保持していれば数値型の比較となり、真を返す。

```
1    1.0   +1   1e0   0.1e+1   10E-1    001
```

　上記は形式こそ違え、いずれも数値の 1 を表現するためである。しかし次に挙げる形式の組み合わせでは文字列型の比較となり、偽を返す。

```
0       (null)
0.0     (null)
0       0x
1e5000  1.0e5000
```

　上例にある先頭 3 つの組み合わせでは、第 2 フィールドが数値ではない。末尾の組み合わせは、数値が大きすぎ、この値を数値として表現し切れない環境では、文字列型の比較になる。

　フィールドを例に説明したが、split を用い作成した配列の要素も同様である。

　式に配列要素を記述すると、その要素は必ず存在するようになり、それまで存在していなければ前述のように 0 と `""` を保持する。現在存在しない `arr[i]` を例に考える。

```
if (arr[i] == "") ...
```

　上例では `arr[i]` が存在するようになり、その値は `""` であるため、if は真となる。

　この動作から次のような綺麗なプログラムを記述できる。入力ストリームから重複するレコードを削除するプログラム例である。

```
!a[$0]++  # equivalently, a[$0]++ == 0
（コメント訳）
a[$0]++ == 0 と等価
```

　上例のプログラムは同じ行をカウントし、最初に登場した時のみ、その行を出力する。上例の配列要素がゼロであるのは作成直後、すなわちその行が最初に登場した時のみである。

```
if (i in arr) ...
```

　上例では `arr[i]` を検査するが、配列要素を作成するような波及効果はない。

数値から文字列への型変換

次の print 文を考える。

```
print $1
```

上例は先頭フィールドの値を文字列として出力する。すなわち、入力と同じものである。

存在しないフィールド、および明示的に null とされたフィールドは、文字列の値 "" しか持たず、数値型ではない。しかし、数値へ型強制されれば数値の 0 となる。配列の添字は常に文字列である。数値の添字を記述しても文字列へ変換される。

文字列の数値型の値とは、その文字列の先頭から始まるもっとも長い数値部分を言う。

```
BEGIN { print "1E2"+0, "12E"+0, "E12"+0, "1X2Y3"+0 }
```

上例を実行すると次のように出力される。

```
100 12 0 1
```

数値を出力する際は、出力書式 OFMT に従い、数値が文字列へ変換される。OFMT のディフォルト値は %.6g である。

```
BEGIN { print 1E2, 12E-2, E12 "", 1.23456789 }
```

上例を実行すると次のように出力される。

```
100 0.12␣␣1.23457
```

出力に注意を払って欲しい。第 3 引数の E12 "" に対応する空フィールドも出力されている。

出力以外の場面で数値を文字列へ変換する際には、変換書式 CONVFMT が用いられる。

連結、比較、配列添字の生成では、数値から文字列へ型変換する CONVFMT に従う。CONVFMT のディフォルト値はやはり %.6g である。OFMT、CONVFMT いずれも単に値を代入すれば変更できる。CONVFMT を %.2f へ変更すると、型強制された数値は小数点以下 2 桁の数値として比較される。いずれの値を変更しても、整数値はそのまま整数へ変換される。

演算子のまとめ

式に記述できる演算子を表 A-7 にまとめる。定数、変数、フィールド名、配列要素、関数の戻り値などに演算子を用いると式になる。

表中、演算子は優先順位の順序で並べてあり、最下行が最高優先順位である。演算子は優先順位の高い方から順に評価され、例えば、式に * と + が記述された場合、* を先に評価する。代入演算子、条件演算子、べき乗演算子を除き、演算子はすべて左結合性であり、代入演算子、条件演算子、べき乗演算子は右結合性である。左結合性とは、優先順位が同じ演算子がある場合、左から右へ順に評価することを意味する。3-2-1 ならば、3-(2-1) ではなく (3-2)-1 と評価される。

明示的な連結演算子は存在しないため、他の演算子を含む式を連結する場合は、式を括弧で囲むと良い。次の例を考える。

表 A-7　式に使用する演算子

（優先順、最下行が最高優先順位）

演算	演算子	例	例の意味
代入	= += -= *= /= %= ^=	x *= 2	x = x * 2
条件	?:	x ? y : z	x が真ならば y、偽ならば z
論理和	||	x || y	x または y が真ならば 1、それ以外は 0
論理積	&&	x && y	x も y も真ならば 1、それ以外は 0
配列メンバシップ	in	i in a	a[i] が存在すれば 1、それ以外は 0
照合	~ !~	$1 ~ /x/	先頭フィールドが x を含んでいれば 1、それ以外は 0
関係	< <= == != >= >	x == y	x と y が等しければ 1、それ以外は 0
連結		"a" "bc"	"abc"。明示的な連結演算子は存在しない
加算、減算	+ -	x + y	x と y の和
乗算、除算、剰余	* / %	x % y	x を y で割った余り
単項プラスマイナス	+ -	-x	x の正負反転
論理否定	!	!$1	$1 がゼロまたは null ならば 1、それ以外は 0
べき乗	^	x ^ y	x^y
インクリメント、デクリメント	++ --	++x, x++	x に 1 を加算
フィールド	$	$i+1	i 番目のフィールドの値 +1
グループ化	( )	$(i++)	i 番目のフィールドを返し、i をインクリメント

```
$1 < 0 { print "abs($1) = " -$1 }
```

上例の print へ渡した式は連結演算に見えるが、実際には減算である。

```
$1 < 0 { print "abs($1) = " (-$1) }
```

と

```
$1 < 0 { print "abs($1) =", -$1 }
```

上例 2 つのプログラムは想定通りに連結する。

A.2.3　制御フロー文

　Awk は文をグループ化する波括弧、条件分岐する if-else 文、繰り返しを処理する while 文、for 文、do 文を備える。配列を繰り返し処理する場合の for 文以外は、すべて C 言語にならったものである。

　単一の文は、波括弧で囲んだ文リスト（文の並び）に、いつでも置き換え可能である。文リスト内の文を区切るのは改行文字、またはセミコロンである。改行文字は開け波括弧直後と、閉じ波括弧直前にも記述できる。

制御フロー文のまとめ

`{ statements }`
> *statement* をグループ化する。

`if (expression) statement`
> *expression* が真ならば *statement* を実行する。

`if (expression) statement₁ else statement₂`
> *expression* が真ならば *statement*₁ を、偽ならば *statement*₂ を実行する。

`while (expression) statement`
> *expression* が真ならば *statement* を繰り返し実行する。

`for (expression₁; expression₂; expression₃) statement`
> `expression₁; while (expression₂) { statement; expression₃ }` と等価。

`for (variable in array) statement`
> *array* の添字を *variable* とし、順不同で全要素に対し *statement* を実行する。

`do statement while (expression)`
> *statement* を実行し、*expression* が真ならば繰り返す。

`break`
> もっとも内側の while、for、do ループをその場で終了する。ループ外では使用できない。

`continue`
> もっとも内側の while、for、do ループの次の繰り返しを開始する。ループ外では使用できない。

`return`
`return expression`
> 関数からリターンする。*expression* が指定されていれば、戻り値とする。指定されていなければ、その戻り値をコール側の変数へ代入しても未定義変数となる。

`next`
> メイン入力ループの次の繰り返しを開始する。関数定義内では使用できない。

`nextfile`
> 現在ファイルの次に位置する入力ファイルを用い、メイン入力ループの次の繰り返しを開始する。関数定義内では使用できない。

`exit`
`exit expression`
> その場で END アクションへ分岐する。END アクション内で実行するとプログラムを

終了する。プログラムの終了ステータスを *expression* とする。*expression* が指
定されていなければゼロとする。

---

if-else 文は次の形式をとる。

```
if (expression)
    statement₁
else
    statement₂
```

else *statement₂* は省略できる。閉じ丸括弧直後、*statement₁* 直後、予約語 else 直後には改
行文字を置いても良い。単一行の *statement₁* と同じ行に else を置く場合、*statement₁* はセミコ
ロンで終了しなければならない。

if-else 文は初めに *expression* を評価し、真、すなわち非ゼロ、非 null ならば、*statement₁*
を実行する。*expression* が偽、すなわちゼロまたは null で、かつ *statement₂* が記述されていれ
ば、これを実行する。

曖昧さを排除するため、else はもっとも直前に位置し、まだ else に対応していない if に対応
する。

```
if (e1) if (e2) s=1; else s=2
```

上例にある else は 2 番目の if に対応する（s=1 が else と同じ行に記述されているため、s=1
直後のセミコロンが必須である）。

while 文は条件が真の間は文を繰り返し実行する。

```
while (expression)
    statement
```

上例ではまず *expression* を評価し、真ならば *statement* を実行し、*expression* を再度評価す
る。この動作を *expression* が偽に変化するまで繰り返す。次のプログラムは全入力フィールドを
1 行に 1 つずつ出力する。

```
{    i = 1
    while (i <= NF) {
        print $i
        i++
    }
}
```

i が NF+1 まで増加すると、上例のループは終了する。終了後の i の値は NF+1 である。

for 文は while 文より汎用的である。

```
for (expression₁; expression₂; expression₃)
    statement
```

for 文は次に示す内容と同じ動作である。

```
expression₁
while (expression₂) {
    statement
    expression₃
}
```

次に挙げる例は前掲のフィールドを出力する while の例と同じ繰り返し処理である。

```
{ for (i = 1; i <= NF; i++)
    print $i
}
```

for 文で 3 つある式はいずれも省略可能である。$expression_2$ を省略した場合、ループ継続条件は常に真となる。すなわち for(;;) は無限ループを意味する。

for 文には別形態、配列の添字による繰り返し処理がある。「A.2.5 配列」で後述する。

do 文は次の形式をとる。

```
do
    statement
while (expression)
```

予約語 do の直後、および *statement* 直後の改行文字は省略できる。単一文の *statement* を while と同じ行に記述する場合は、*statement* はセミコロンで終了しなければならない。do ループは *statement* を一度実行し、*expression* が真の間は *statement* を繰り返し実行する。while や for と大きく違うのは、条件を先頭ではなく末尾に置く点であり、do では最低一度はループを実行する。

ループの繰り返しを変更する文は、break と continue の 2 つがある。break 文は while、for、do のループをその場で終了し、continue 文は次の繰り返しを開始する。すなわち continue 文は while や do に記述された条件式へ、for ならば $expression_3$ へ分岐する。break と continue いずれもループ外では使用できない。

return 文は関数からリターンする。戻り値は省略可能である。

next 文、nextfile 文、exit 文は、入力行を読み込む Awk プログラムのメインループを制御する。next 文は次の入力行を読み込み、プログラムに記述されたパターンの先頭から処理する。

nextfile 文は、現在の入力ファイルをクローズし、次の入力ファイルがあれば、これを処理する。

END アクションに記述された exit 文はその場でプログラムを終了させる。END 以外のアクションでは、入力が終了した場合と同じ動作になり、それ以上入力を読み込まず、END アクションが記述されていれば、これを実行する。

exit 文には式を渡せる。

```
exit expr
```

上例は Awk を終了し、その終了ステータス（exit status）を *expr* とする。*expr* でエラーが発生せず、*expr* からもう 1 つ exit し終了ステータスを上書きもしないことという条件はある。*expr* を記述しなければ終了ステータスはゼロとなる。オペレーティングシステムによっては、Awk を起動したプログラムが終了ステータスを検査する。Unix などが該当する。

A.2.4 空文

単独のセミコロンは空文を表す。次のプログラムの for ループ本体が空文である。

```
BEGIN { FS = "\t" }
      { for (i = 1; i <= NF && $i != ""; i++)
          ;
        if (i <= NF)
            print
      }
```

上例は空フィールドを含む行をすべて出力する。

A.2.5 配列

　Awk は文字列や数値を保持する 1 次元配列を備える。配列も配列要素も宣言する必要はなく、また要素数も、将来いくつ必要になるかなども宣言不要である。変数同様に、配列要素も実際に使用するまで存在しない。使用すると存在するようになり、数値の 0 と文字列の "" で初期化される。

　簡単な例を挙げる。

```
x[NR] = $0
```

　上例は入力行を配列 x の NR 番目の要素へそのまま代入する。実際には、入力行を配列へそのまま読み込み、すべてを読み込み終えてから目的の順序で要素を処理する方が簡潔になることが多い。例として「**1.7 配列**」に挙げた、入力行を逆順で出力するプログラムを変形させたものを挙げる。

```
      { x[NR] = $0 }
END { for (i = NR; i > 0; i--) print x[i] }
```

　上例の先頭にあるアクションは、入力行を、添字を行番号とし、配列 x に保持する。出力は END でのみ行う。

　他の多くの言語と比較し、Awk の配列を際だたせる特徴は、その添字が文字列である点にある。配列の添字を文字列とすることにより、Python の辞書（dictionary）構造、Java や JavaScript のハッシュテーブル、その他言語のマップ構造同様に、キー – 値という構造を実現できる。この構造を**連想配列**（associative array）と言い、辞書やハッシュテーブルより古くからある用語である。

　次に挙げるプログラムは Asia と Africa の人口を配列 pop に集計し、END アクションでそれぞれの総人口を出力する。

```
/Asia/   { pop["Asia"] += $3 }
/Africa/ { pop["Africa"] += $3 }
END      { print "Asian population", pop["Asia"], "million"
           print "African population", pop["Africa"], "million"
         }
```

countries ファイルを渡すと、次の出力を得る。

```
Asian population 3574 million
African population 320 million
```

添字が文字列定数の "Asia" と "Africa" となっている点に注目して欲しい。仮にここで pop["Asia"] とせず、pop[Asia] と記述してしまうと、Asia という変数の値を添字に用いると解釈される。変数 Asia は未初期化のため、pop[""] に集計することになってしまう。

上例に限って言えば、連想配列を用いない実装もあり得る。要素は 2 つしかなく、名前を付ければ済むことが自明である。代わりに、大陸別の総人口を求める例を考える。この場合の集計には連想配列が理想的と言える。配列の添字には任意の式が使用できるため、フィールドも使用可能である。

```
pop[$4] += $3
```

上例は入力行の第 4 フィールドの文字列を配列 pop の添字とし、第 3 フィールドの値を集計する。

```
BEGIN { FS = "\t" }
      { pop[$4] += $3 }
END   { for (name in pop)
             print name, pop[name]
      }
```

配列 pop の添字は大陸名となり、配列要素に大陸別人口を集計する。この実装は大陸がいくつあるかに依存せず動作する。countries ファイルを渡した場合の出力を挙げる。

```
Africa 320
Asia 3574
South America 212
North America 459
Europe 145
```

上例のプログラムで用いた for 文は、配列の全要素を処理するループである。

```
for (variable in array)
    statement
```

上例のループは *variable* を添字とし、配列内の全要素に対し *statement* を実行する。添字の実行順序は実装依存とされている。*statement* 内で配列要素を削除、追加した場合の結果は不定である。

ある添字が配列に使用されているか否かは次の式で確認できる。

```
subscript in A
```

上例の式は A[*subscript*] がすでに存在していれば 1 を、存在していなければ 0 を返す。配列 pop が添字 Africa を使用しているかは、次のように判断できる。

```
if ("Africa" in pop) ...
```

上例の条件式には pop["Africa"] を生成するような波及効果はない。次のように記述すると生成される。

```
    if (pop["Africa"] != "") ...
```

どちらも、配列 pop 内に "Africa" という添字の要素が存在するか否かを検査するという点では変わらない。

delete 文

配列要素は削除も可能である。

```
    delete array[subscript]
```

例えば、次のループでは配列 pop の全要素を削除する。

```
    for (i in pop)
        delete pop[i]
```

また、次のようにも記述できる。

```
    delete array
```

上例は配列全体を削除する。すなわち、delete pop と上例のループは等価である。

split 関数

関数 split(str, arr, fs) は、str の文字列をフィールドに分割し、それぞれを配列 arr の要素とする。str 自体は変更されない。戻り値は配列要素数である。第 3 引数 fs には、フィールド区切り文字を指定する。第 3 引数を指定せず、かつコマンドラインに --csv オプションが渡されていれば、文字列を CSV 形式としてフィールド分割する。それ以外の場合はフィールド区切り文字に組み込み変数 FS を使用する。fs には正規表現も記述できる。フィールド分割は「A.5.1 入力区切り文字」で述べる規則に従う。

```
    split("7/4/76", arr, "/")
```

上例は / をフィールド区切り文字とし、文字列 7/4/76 を 3 つのフィールドに分割する。arr["1"] には 7 が、arr["2"] には 4 が、arr["3"] には 76 が代入される。

元文字列が空の場合、戻り値の要素数は常にゼロであり、配列には何も代入されない。

最後に特殊な場合を述べる。fs に空文字列 "" を渡すと、str は 1 文字ごとに分割される。すなわち配列の 1 要素の値は 1 文字となる。

文字列の添字は万能と言えるほど高い柔軟性を備えるが、数値の添字が文字列として動作すると分かりにくくなり混乱する場合がある。文字列としての "1" の値は 1 と同じなため、arr[1] は arr["1"] と同じ要素を表す。しかし文字列 "01" は "1" と同じではないため、添字に使用すると異なる要素を表す。また、文字列 "10" は文字列 "2" よりも順序が先になる。

多次元配列

Awk は多次元配列機能を直接は備えていないが、1 次元配列を用いシミュレートする機能を備える。[i,j] や [s,p,q,r] のような多次元添字を記述すると、Awk は添字を連結し（間には区切り文

字が挿入される）、多次元添字から 1 つの添字を生成する。

```
for (i = 1; i <= 10; i++)
    for (j = 1; j <= 10; j++)
        arr[i,j] = 0
```

上例は 100 個の要素からなる配列を作成し、添字には 1,1、1,2 などを使用する。しかし Awk 内部では、添字を 1 SUBSEP 1、1 SUBSEP 2 のように文字列として保持する。SUBSEP とは組み込み変数で、添字区切りに使用する値を表す。ディフォルト値はカンマではなく ASCII のファイル区切り文字 \034、16 進数で \x1C である。通常のテキストではまず使用されない文字である。

多次元添字を用いた配列要素のメンバシップを検査する場合は、丸括弧で囲んだ添字リストを使用する。

```
if ((i,j) in arr) ...
```

多次元配列の要素をループで処理する場合は、次のように記述し、

```
for (k in arr) ...
```

個々の添字も指定する場合は、さらに split(k,x,SUBSEP) を実行する。
配列要素自身を配列とすることはできない。

A.3　ユーザ定義関数

Awk プログラムでは、組み込み関数以外に、ユーザが関数を定義できる。次の形式をとる。

```
function name(parameter-list) {
    statements
}
```

パターン – アクション文を記述できる箇所ならば、どこにでも関数定義を記述できる。Awk プログラムの一般形はパターン – アクション文の並びであり、関数定義は改行文字またはセミコロンで区切る。

関数定義内では、関数本体を囲む開け波括弧直後、および閉じ波括弧直前に改行文字を置ける。引数リストは 0 個以上の変数名であり、カンマで区切る。この変数が関数コール時に渡された引数を表す。

関数本体内には return 文を記述し、関数からリターンできる。コール側へ値を返す場合もある。

```
return expression
```

上例の expression は省略できる。return 文のみを記述した場合、戻り値は "" と 0 になる。関数の最後で return 文を明記しない場合も（関数から脱けるとも言う）、戻り値は "" と 0 になる。

次に挙げる関数は、引数の値の大きい方を返す。

```
function max(m, n) {
    return m > n ? m : n
}
```

上例の変数 m と n は、関数 max 内でのみ使用可能な変数であり、同じ名前の変数がプログラム内の他の箇所にあっても、別の変数となる。

ユーザ定義関数は、パターン – アクション文内のどの式でも、また他の関数定義内でも使用できる。これを一般に関数を**コール**（呼び出す、call）すると言う。

例えば上例の関数 max は、次のようにコールできる。

```
{ print max($1, max($2, $3)) }  # print maximum of $1, $2, $3

function max(m, n) {
    return m > n ? m : n
}
(コメント訳)
$1、$2、$3 の最大値を出力
```

関数コール時に、関数名と開け丸括弧の間に空白類を置いてはならない。

その定義内から自身をコールするユーザ定義関数を、**再帰関数**（recursive function）と言う。

通常の単なる変数を関数へ $1 として渡すと、関数はその変数の値のコピーを受け取る。すなわち、関数が使用するのは変数そのものではなくコピーである。このことは、関数外にある変数の値を変更できないことを意味する（専門的にはこのような引数を**スカラ引数**（scalar parameter）と、また、この渡し方を**値渡し**（call by value）と言う）。しかし、引数が配列の場合はコピーされず、関数内から配列要素の変更や、要素の新規作成が可能である（この渡し方を**参照渡し**（call by reference）と言う）。関数名は引数、グローバル配列、スカラには使用できない。

繰り返しになるが、関数内では、引数はローカル変数である。すなわち、関数を実行している間だけ存在し、プログラム内の他の箇所にある同名の変数とは関係がない。しかし引数リストにない、**他のすべての変数はグローバルである**。プログラムのどこからでもその存在が見え、使用できる。

このことは、関数内に閉じたローカル変数を実装するには、関数定義の引数リストに含めるしか方法がないことを意味する。引数リストには記述されているが、関数コール時に実際の引数を渡されなかった引数は、すべて初期値が null のローカル変数となる。この設計が良いとは決して言えないが、少なくとも必要機能は提供できる。本書では引数とローカル変数を区別しやすくするため、間に複数の空白を挿入することにした。ローカル変数を引数リストから省略してしまうと、バグが生まれる原因となることが多い。

A.4　出力

print 文と printf 文は出力を生成する。print は単純な出力用であり、printf は書式指定が必要な場合に使用する。print と printf による出力は、端末以外にもファイルやパイプへ向けられる。print と printf は任意に組み合わせられ、生成した順序で出力される。

出力文のまとめ

print
    $0 を標準出力へ出力する。
print *expression*, *expression*, ...
    expression を出力する。区切り文字には OFS を、文字列末尾には ORS を出力する。
print *expression*, *expression*, ... >*filename*
    標準出力ではなく、ファイル *filename* へ出力する。
print *expression*, *expression*, ... >>*filename*
    filename へ追加書きする。*filename* のそれまでの内容は失われない。
print *expression*, *expression*, ... | *command*
    command の標準入力へ出力する。
printf(*format*, *expression*, *expression*, ...)
printf(*format*, *expression*, *expression*, ...) >*filename*
printf(*format*, *expression*, *expression*, ...) >>*filename*
printf(*format*, *expression*, *expression*, ...) | *command*
    printf 文は print 文同様に出力するが、先頭引数に出力書式を指定する。
close(*filename*), close(*command*)
    filename や *command* と、print との接続を切断する。
fflush(*filename*), fflush(*command*)
    filename や *command* の出力バッファを、フラッシュ（強制掃き出し）する。

print 文や printf 文の引数中に記述した式に関係演算子がある場合、式と引数のいずれ
かを丸括弧で囲まなければならない。非 Unix システムではパイプに対応していない場合が
ある。

A.4.1　print 文

print 文には 2 つの形式がある。

```
print expr₁, expr₂, ... , exprₙ
print(expr₁, expr₂, ... , exprₙ)
```

いずれの形式ともに、各式の値を出力フィールド区切り文字で区切り、出力の末尾には出力レコー
ド区切り文字を付加し、出力する。

```
print
```

上例は次の文を短縮したにすぎない。

```
print $0
```

空行、すなわち改行文字だけを出力する場合は次のように記述する。

```
print ""
```

2 番目に挙げた print の形式では、引数リストを丸括弧で囲む。

```
print($1 ":", $2)
```

いずれの形式も出力する点に差はないが、後述するように関係演算子を含む引数がある場合には、丸括弧の形式を用いなければならない。

A.4.2　出力区切り文字

出力フィールド区切り文字および出力レコード区切り文字は、それぞれ組み込み変数 OFS、ORS が保持する。初期状態では OFS には空白文字が 1 つ、ORS には改行文字が 1 つ設定されているが、いつでも変更できる。例えば次のプログラムは入力行の先頭フィールドと第 2 フィールドを出力するが、両者の間にはコロンを挿入し、末尾には改行文字を 2 つ付加する。

```
BEGIN   { OFS = ":"; ORS = "\n\n" }
        { print $1, $2 }
```

一方、次の例では出力フィールド区切り文字を挿入せず、先頭フィールドと第 2 フィールドを出力する。

```
        { print $1 $2 }
```

上例では $1、$2 に文字列の連結が適用されるためである。

A.4.3　printf 文

printf 文は書式付き出力を生成する。C 言語と同様だが、出力幅を指定する h と l は機能しない。

```
printf(format, expr₁, expr₂, ... , exprₙ)
```

引数 *format* は必須である。*format* は、出力する文字そのものと、引数リストに置いた式をどのように出力するかを表す、書式指定子を記述した式である。書式指定子（フォーマット指定子、書式制御文字）を**表 A-8** にまとめる。いずれも % から始まり、書式を指定する文字で終わる。また次に挙げる修飾子も記述できる。

-	左寄せ
+	常に符号を出力
0	パディングに空白ではなくゼロを使用
width	必要に応じ、この幅（文字数）で出力。先頭に 0 を付加すると、0 でパディングする。
.prec	文字列出力幅、または小数点以下の桁数

　書式指定に * を記述すると、引数リスト内でその次に位置する値に置換される。この機能を利用すると、*width* や *precision* をダイナミックに指定できる。

表 A-8　printf の書式指定子

文字	出力
c	1 文字の UTF-8 文字（コードポイント）
d または i	10 進整数
e または E	[-]d.dddddde[+-]dd または [-]d.ddddddE[+-]dd
f	[-]ddd.dddddd
g または G	上記 e、f のいずれか結果が短い方。先頭、末尾のゼロは出力されない。
o	符号なし 8 進数
u	符号なし 10 進整数
s	文字列
x または X	符号なし 16 進数
%	% 自身を出力。変換する引数はない。

　書式、データ、結果を載せた printf の書式例を、表 A-9 に挙げる。printf が生成する出力に改行は含まれないため、必要に応じ明示的に指定する必要がある。

表 A-9　printf の書式例

書式 fmt	$1	printf(fmt, $1)
%c	97	a
%d	97.5	97
%5d	97.5	97
%e	97.5	9.750000e+01
%f	97.5	97.500000
%7.2f	97.5	97.50
%g	97.5	97.5
%.6g	97.5	97.5
%o	97	141
%06o	97	000141
%x	97	61
|%s|	January	|January|
|%10s|	January	| January|
|%-10s|	January	|January |
|%.3s|	January	|Jan|
|%10.3s|	January	| Jan|
|%-10.3s|	January	|Jan |
%%	January	%

A.4.4 ファイル出力

リダイレクト演算子 > および >> は、出力を標準出力以外のファイルへ向ける。次に挙げるプログラムは先頭フィールドと第3フィールドを2つのファイル、bigpop と smallpop へ出力する。第3フィールドが1000より大きければファイル bigpop へ、1000以下ならば smallpop へ出力する。

```
$3 > 1000   { print $1, $3 >"bigpop" }
$3 <= 1000  { print $1, $3 >"smallpop" }
```

ファイル名はクォートしなければならない。クォートしないと bigpop も smallpop も単なる未初期化変数と扱われてしまう。ファイル名には変数や式も使用できる。

```
{ print($1, $3) > ($3 > 1000 ? "bigpop" : "smallpop") }
```

上例の処理内容は先に挙げた例から変わらない。

```
{ print > $1 }
```

上例のプログラムは先頭フィールドをファイル名とし、入力行を出力する。

print 文および printf 文では、引数リストにある式が比較演算子を含む場合、式か引数リストのどちらかを丸括弧で囲む必要がある。リダイレクト演算子 > を混乱させないためである。

```
{ print $1, $2 > $3 }
```

上例の > はリダイレクト演算子であり、2つ目の式の一部ではない。そのため、第3フィールドを名前とするファイルへ先頭2つのフィールドを出力する。ここで2つ目の式で比較演算子の > を使用する場合は、次のように丸括弧で囲まなければならない。

```
{ print $1, ($2 > $3) }
```

リダイレクト演算子は、出力ファイルを一度しかオープンしない点にも注意が必要である。print 文や printf 文を連続して実行すると、オープン済みの出力ファイルへ追加書きする。リダイレクト演算子 > の場合、オープン時にそれまでのファイル内容をクリアするが、> ではなく >> を用いた場合は、オープン時にファイルはクリアされず、出力は追加書きとなる。

既定義の入出力ストリームを表す特別なファイル名が3つある。標準入力を表す "/dev/stdin"、標準出力を表す "/dev/stdout"、標準エラー出力を表す "/dev/stderr" である。標準入力の場合は "-" という名前も使用できる。

A.4.5 パイプ出力

パイプに対応したファイルシステム上のファイルへの出力以外に、パイプへの直接出力も可能である。

```
print | command
```

上例は print の出力を、パイプを介し *command* へ渡す。

大陸名 – 人口のペアリストを、人口の降順でソートしたいとする。次に挙げるプログラムは、第 3 フィールドの人口を配列 pop に集計する。配列 pop は 1 要素が 1 大陸名に対応し、最終的に大陸別総人口が pop に得られる。END アクションで大陸名とその総人口を出力するが、ここで出力先をパイプとする。パイプの先は sort コマンドにつながっている。

```
# print continents and populations, sorted by population

BEGIN { FS = "\t" }
      { pop[$4] += $3 }
END   { for (c in pop)
            printf("%15s\t%6d\n", c, pop[c]) | "sort -t'\t' -k2 -rn"
      }
(コメント訳)
人口でソートした、大陸名と人口を出力
```

上例のプログラムを実行すると次の出力を得る。

```
          Asia    3574
 North America     459
        Africa     320
 South America     212
        Europe     145
```

パイプのもう 1 つの用途は、Unix システムの標準エラー出力へ書き込むことである。標準出力ではなく標準エラー出力への出力は、ユーザの端末に表示される。標準エラー出力へ書き込む古典的常套手段はいくつかある。

```
print message | "cat 1>&2"            # redirect cat output to stderr
system("echo '" message "' 1>&2")     # redirect echo output to stderr
print message > "/dev/tty"            # write directly on terminal
(コメント訳)
cat の出力を stderr へリダイレクト
echo の出力を stderr へリダイレクト
端末へ直接書き込み
```

もっと簡単に、/dev/stderr へ単に書き込む方法もある。

本書のプログラム例の大半ではダブルクォーテーションマークで囲んだ文字列を使用しているが、コマンドラインやファイル名には任意の式を使用できる。出力をリダイレクトする print 文では、ファイルやパイプはその名前で識別される。すなわち、パイプの先で実行するコマンド名がそのままパイプの名前になる。先に挙げたプログラム例から引用する。

```
sort -t'\t' -k2 -rn
```

通常、ファイルやパイプが作成、オープンされるのは、プログラム実行中に一度だけである。ファイルやパイプを明示的にクローズし、再度使用すると、再びオープンされる。

A.4.6　ファイルとパイプのクローズ

`close(`*expr*`)` 文は *expr* が表すファイルやパイプをクローズする。*expr* の文字列は、ファイルやパイプの作成時に指定した文字列と一致しなければならない。

```
close("sort -t'\t' -k2 -rn")
```

先に挙げたプログラム例のパイプをクローズする場合は、上例のように記述する。

`close` が必要になる場面は、書き込んだファイルを、同一プログラムで後に読み込む場合である。またシステムが定義する、同時にオープンできるファイルやパイプ数の上限もある。上限に達すると新たにオープンできなくなるため、不要になったファイルをクローズする場合もある。

`close` は関数である。Awk 内部で実行した `fclose` 関数の戻り値や、パイプラインの終了ステータスが、`close` の戻り値となる。

`fflush` 関数は指定したファイルやパイプへの出力を強制的にフラッシュする。`fflush()` または `fflush("")` とすると、すべての出力ファイル、出力パイプをフラッシュする。

A.5　入力

Awk プログラムにデータを渡す方法は複数ある。単にキーボードからタイプ入力することももちろん可能だが、一般的には入力データを別ファイルとし（例えば `data`）、次のように入力する。

```
awk 'program' data
```

ファイル名を渡さない場合、Awk は標準入力を読み取る。この動作を基に、別プログラムの出力をパイプ経由で Awk に渡すことも多い。例えば多くの Unix プログラマの体に染み着いており、入力ファイルから特定の正規表現を含む行を抽出する `grep` コマンドがある。Unix プログラマならば習慣的に次のように入力するだろう。

```
grep Asia countries | awk 'program'
```

上例は、`grep` が Asia を含む行を抽出し、Awk がこれを処理する。

コマンドラインから Awk に複数のファイルを渡し、かつその中に標準入力も含める場合は、ファイル名として `"-"` または `/dev/stdin` を記述すれば良い。

入力ストリーム内に `\n` や `\007` などのエスケープ文字があっても、特別意味を持たない点には注意が必要である。いずれも単なる文字が並んだにすぎない。入力時に解釈されるものは、科学的表記のような明らかな数値、および `nan` と `inf` の明示的な名前を持つものしかない。いずれも文字列の値に加え、数値となる。

A.5.1　入力区切り文字

組み込み変数 FS のディフォルト値は空白文字 1 つ、`" "` である。FS がこのディフォルト値を持つ場合に限り、入力フィールド区切り文字は 1 つ以上の空白かタブ文字と解釈され、さらに先頭に置かれた空白かタブは削除される。以下に示す行の先頭フィールドは、すべて同じ `field1` となる。

```
    field1
      field1
        field1        field2
```

FS がディフォルト値以外の場合、先頭の空白やタブは**削除されない**。

FS へ文字列を代入すればフィールド区切り文字を変更でき、文字列長が 2 文字以上の場合は正規表現と解釈される。その正規表現が表す最左最長の非 null、かつ重複しない部分文字列が現在入力行のフィールド区切り文字となる。例を挙げる。

```
    BEGIN { FS = "[ \t]+" }
```

上例は 1 つ以上連続する、空白文字またはタブ文字をフィールド区切り文字とする。

FS を空白以外の 1 文字を設定すると、その文字がそのままフィールド区切り文字となる。正規表現のメタ文字をフィールド区切り文字にできる利点がある。

```
    FS = "|"
```

上例は | をフィールド区切り文字とする。

```
    FS = "[ ]"
```

フィールド区切り文字を空白 1 文字とする場合は、上例のような間接的な表現が必要となる点に注意されたい。

-F オプションを用いると FS をコマンドラインから変更できる。

```
    awk -F'[ \t]+' 'program'
```

上例のコマンドラインは、先に挙げた BEGIN アクションと同じ内容をフィールド区切り文字に設定する。

コマンドラインに --csv オプションを指定すると、入力は CSV 形式とみなされ、FS の値は使用されない。

A.5.2　CSV 入力

CSV（comma-separated values）はスプレッドシートのデータとして広く使用される形式である。先にも触れたが、CSV に厳密な定義はないが、一般にカンマやダブルクォーテーションマーク（"）を含むフィールドはダブルクォーテーションマークで囲む。しかし、カンマやダブルクォーテーションマークを含んでいないフィールドでもダブルクォーテーションマークで囲める。空フィールドは "" であり、フィールド内のダブルクォーテーションマークにはダブルクォーテーションマークを記述する。例えば "," は """,""" と記述する。

入力レコードはクォートされない改行文字で終わる。Windows 由来のファイルでは直前に復帰文字（\r）が置かれる場合もある。CSV ファイルの入力フィールドには改行文字も含められる。クォートされた \r\n は \n に変換されるが、単独の \r や \n はクォートされていても変換されずそのままとなる。

訳者補足

2024 年（令和 6 年）初頭のバージョンの Awk では、--csv オプションはカンマ直後の空白文字およびタブ文字もフィールドに含みます。例えば、--csv オプションを指定し次の 2 行を読み込む場合を考えます。

```
A,"(x,y)"
A,␣"(x,y)"
```

前者の $1 は A、$2 は (x,y) となりますが、後者は $2 が ␣"(x、$3 が y)" となります。
後者の ␣ は $2 のダブルクォーテーションマークからはみ出した形となり、ダブルクォーテーションマークはフィールド全体を囲むものではないと解釈されます。
すなわち、値を区切るのは純粋に "," であり、",[[:blank:]]*" ではありません。

A.5.3　マルチラインレコード

　ディフォルトではレコードは改行により区切られる。そのため、行（line）とレコード（record）という 2 つの用語は通常は同義である。しかし、組み込み変数 RS を用いれば、レコード区切り文字は変更できる。

```
BEGIN  { RS = "" }
```

　仮に RS に上例のように null 文字列を設定すると、レコードを区切るのは 1 つ以上の空行となり、複数行にわたるレコードを実現できる。改めて RS = "\n" のように RS へ再度改行文字を代入すると、ディフォルトの動作へ戻る。マルチラインレコードでは、FS の値に関わらず、常に改行文字がフィールド区切り文字となる。--csv オプションを渡さない限り、入力フィールドに改行文字を含めることはできない。
　マルチラインレコードを処理する一般的な方法を挙げる。

```
BEGIN  { RS = ""; FS = "\n" }
```

　上例はレコード区切り文字を 1 つ以上の空行とし、フィールド区切り文字を改行 1 文字とする。すなわち、入力行が 1 フィールドとなる。マルチラインレコードの扱い方については「**4.4 マルチラインレコード**」で詳細に述べた。
　RS へは正規表現も設定でき、レコード区切り文字を単一の文字以上のものとすることも可能である。例えば正しく記述された HTML ドキュメントならば、段落は \<p\> により区切られる。この場合、RS に \<[Pp]\> を設定すると、1 レコードが HTML の 1 段落となる。

A.5.4　getline 関数

　getline 関数は現在の入力ファイルまたはパイプからデータを読み込む。getline は入力レコードをフェッチし、通常のフィールド分割処理をこなし、さらに NF、NR、FNR の各変数を設定する。戻り値はレコードが存在すれば 1 を、ファイル終端に到達すれば 0 を返す。ファイルをオープンできなかったなど、なんらかのエラーが発生すれば −1 を返す。
　getline x という式は、変数 x へレコードを読み込み、NR と FNR をインクリメントする。この

場合フィールド分割は行われず。NF も設定されない。

```
getline <"file"
```

　上例の式は現在の入力ファイルではなく、file からレコードを読み込む。NR も FNR も更新しないが、フィールド分割は行い、NF を設定する。

```
getline x <"file"
```

　上例の式は file からレコードを読み込み、変数 x へ代入する。フィールド分割は行われず、NF、NR、FNR も設定しない。
　ファイル名が "-" の場合、使用されるファイルは標準入力である。ファイル名を "/dev/stdin" としても同様である。
　getline 関数の形式を**表 A-10** にまとめる。各式の値は getline が設定する。

表 A-10　getline 関数

式	更新対象
getline	$0、NF、NR、FNR
getline var	var、NR、FNR
getline <file	$0、NF
getline var <file	var
cmd | getline	$0、NF
cmd | getline var	var

　次に挙げるプログラムは入力を出力へコピーするが、下記のような行を、

```
#include "filename"
```

filename の内容に置き換える。

```
# include - replace #include "f" by contents of file f

/^#include/ {
    gsub(/"/, "", $2)
    while (getline x <$2 > 0)
        print x
    close(x)
    next
}
{ print }
(コメント訳)
#include "f" 行をそのファイル内容で置換
```

getline では他のコマンドの出力をパイプから直接読み込むこともできる。

```
while ("who" | getline)
    n++
```

上例の文では Unix プログラム who を実行し（実行するのは一度切り）、その出力をパイプで getline へつなげる。who はログイン中のユーザ名の一覧を出力するコマンドである。while ループを繰り返す度に出力を 1 行ずつ読み込み、変数 n をインクリメントする。while ループが終了すると n の値は現在ログイン中のユーザ数となる。

```
"date" | getline d
```

上例も同様である。date コマンドの出力をパイプでつなぎ、変数 d に読み込む。すなわち、d は現在の日時を表す文字列を表す。繰り返しになるが、非 Unix システムでは入力パイプは動作しない場合がある。

getline を用いるすべての場面で、ファイルへアクセスできないなどのエラーに対処すべきである。次のように記述したくなることが多いが、注意すべきである。

```
while (getline <"file") ...      # Dangerous
(コメント訳)
危険
```

上例では file が存在しない場合に無限ループとなってしまう。存在しないファイルを getline に渡すと −1 が返され、非ゼロは真と解釈されるためである。この場合には次のように記述すべきである。

```
while (getline <"file" > 0) ... # Safe
(コメント訳)
安全
```

上例では getline が 1 を返した場合のみ、ループが実行される。戻り値の 1 はまさに入力行を読み込んだことを意味する。

A.5.5　コマンドライン引数と変数

これまで見て来たように、Awk のコマンドラインにはいくつかの形式がある。

```
awk 'program' f1 f2 ...
awk -f progfile f1 f2 ...
awk -Fsep 'program' f1 f2 ...
awk -Fsep -f progfile f1 f2 ...
awk --csv f1 f2 ...
awk -v var=value f1 f2 ...
awk --version
```

上例のコマンドラインでは通常 f1、f2 などの引数はファイル名を表し、標準入力には "-" というファイル名を使える。--csv オプションは入力を CSV 形式として処理する。

-- という特殊な引数はオプションの終端を表す。

ファイル名が var=value という形式の場合、変数 var へ value を代入するものとして処理され

る。この代入はコマンドライン内のその位置で実行されるため、処理するファイルの間で変数を変更できる。

Awk プログラム内では組み込み配列 ARGV としてコマンドライン引数を扱える。また、組み込み変数 ARGC はコマンドライン引数の数プラス 1 を表す。

```
awk -f progfile a v=1 b
```

上例のコマンドラインでは ARGC の値は 4 となり、ARGV[0] は awk を、ARGV[1] は a を、ARGV[2] は v=1 を、ARGV[3] は b を表す。ARGC がコマンドライン引数の数プラス 1 となるのは、C 言語プログラム同様に、配列先頭にコマンド名 awk が存在するためである。しかし、Awk プログラムをコマンドラインに記述した場合は、引数とはみなされない。-f *filename* や -F も同様である。

```
awk -F'\t' '$3 > 100' countries
```

例えば上例のコマンドラインでは、ARGC は 2 であり、ARGV[0] が awk、ARGV[1] が countries となる。

次に挙げる echo プログラムはコマンドライン引数を出力する（末尾に不要な空白も出力する）。

```
# echo - print command-line arguments

BEGIN {
    for (i = 1; i < ARGC; i++)
        printf "%s ", ARGV[i]
    printf "\n"
}
```
（コメント訳）
echo – コマンドライン引数を出力

パターン – アクション文は BEGIN パターン以外に存在せず、処理はすべて BEGIN アクションに閉じている点に注目されたい。コマンドライン引数はファイル名としては扱われず、入力読み込みは発生しない。

コマンドライン引数を処理する、次に挙げるプログラム seq は整数列を生成する。

```
# seq - print sequences of integers
#   input:  arguments q, p q, or p q r;  q >= p; r > 0
#   output: integers 1 to q, p to q, or p to q in steps of r

BEGIN {
    if (ARGC == 2)
        for (i = 1; i <= ARGV[1]; i++)
            print i
    else if (ARGC == 3)
        for (i = ARGV[1]; i <= ARGV[2]; i++)
            print i
    else if (ARGC == 4)
        for (i = ARGV[1]; i <= ARGV[2]; i += ARGV[3])
            print i
}
```

```
(コメント訳)
seq - 整数列を出力
入力：引数 q、p q、p q r のいずれか。ここで q >= p; r > 0
出力：整数 1 から q、p から q、または増分 r で p から q
```

次に挙げるコマンドはいずれも 1 から 10 までの整数を出力する。

```
awk -f seq 10
awk -f seq 1 10
awk -f seq 1 10 1
```

ARGV 内のコマンドライン引数は変更や追加が可能であり、ARGC も同様に変更できる。1 つの入力ファイルの処理を終えると、Awk は ARGV 内で次に位置する非 null の要素を（最大で ARGC-1 の位置まで）、次の入力ファイル名として処理する。ARGV の要素に null を代入すれば、入力ファイル名とは扱われない。

ARGC をインクリメントし ARGV に要素を追加すると、処理するファイルを増やせる。

A.6 他プログラムとの連携

本節では Awk プログラムを外部コマンドと協調動作させる方法について述べる。基本的に Unix オペレーティングシステムに通じる内容であり、非 Unix システムでは動作しない例もある。

A.6.1 system 関数

組み込み関数 system(*expression*) は、文字列 *expression* が表すコマンドを実行する。コマンドの終了ステータスは、close 同様に、system の戻り値として返される。

例として「A.5.4 getline 関数」に挙げたファイルインクルードプログラムの別バージョンを挙げる。

```
$1 == "#include" {
    gsub(/"/, "", $2)
    system("cat " $2)
    next
}

{ print }
```

上例のプログラムは、先頭フィールドが #include の行を見つけると、第 2 フィールドからダブルクォーテーションマークを削除し、これを Unix コマンドの cat に渡し、その内容を出力する。その他の行はそのまま出力する。

A.6.2 Awk プログラムを実行コマンドに

ここまで挙げた例はすべて、Awk プログラムを別ファイルに置き -f オプションで読み込むか、またはクォーテーションマークで囲みコマンドラインに記述するかのいずれかである。

```
awk '{ print $1 }' ...
```

$ や " など、Awk が使用する記号の多くはシェルと重複するため、クォーテーションマークで囲むことによりシェルが記号を解釈するのを抑制し、プログラムをそのまま Awk へ渡す。

どちらの方法でも Awk プログラムの実行にはそれなりのキー入力が必要になる。コマンドとプログラムの両方を実行ファイル内に記述しておくとタイプ量を削減でき、実行時にはそのファイル名のみをキー入力すれば良い。

入力行の先頭フィールドのみを出力するプログラム、field1 という名前のコマンドを作成するとする。処理内容は単純だ。

```
awk '{print $1}' $*
```

上例をそのままファイル field1 に記述し、次の Unix コマンドを実行し、field1 を実行可能ファイルにする。

$ chmod +x field1

次のように実行すると、渡したファイル（複数可）の各行の先頭フィールドを出力できる。

```
field1 filenames ...
```

さらに、汎用的なコマンド field を考える。指定した組み合わせのフィールドを出力するコマンドとする。

```
field n₁ n₂ ... file₁ file₂ ...
```

上例のコマンドには出力するフィールドとその順序を指定する。ここで Awk プログラムは実行時に指定された n_i をどう得れば良いか？ また n_i をファイル名とどう区別すれば良いか？

シェルプログラミングに精通していれば色々な方法が考えられるが、Awk のみを用いたもっとも簡潔な方法は、組み込み配列 ARGV をスキャンし、n_i を処理してから、その引数を null 文字列へ変更する方法である。null 文字列へ変更することにより、ファイル名としては扱われなくなる。

```
# field - print named fields of each input line
#   usage:  field n n n ... file file file ...

awk '
BEGIN {
    for (i = 1; ARGV[i] ~ /^[0-9]+$/; i++) { # collect numbers
        fld[++nf] = ARGV[i]
        ARGV[i] = ""
    }
    if (i >= ARGC)   # no file names so force stdin
        ARGV[ARGC++] = "-"
}

{   for (i = 1; i <= nf; i++)
        printf("%s%s", $fld[i], i < nf ? " " : "\n")
}
' $*
```

(コメント訳)
field – 入力行の指定されたフィールドを出力
使用法：field n n n ... file file file ...
フィールド番号を収集
ファイル名が渡されなかった。標準入力から読み込む

　上例のプログラムはファイル名が渡されなかった場合は標準入力を入力ファイルとする。ファイル名を渡された場合は（複数可）、もちろんこれを処理する。指定されたフィールドを指定された順序で出力する。

A.7　リファレンスマニュアルの最後に

　先にも述べたが、このマニュアルは詳細であり、また量もある。一言ももらさず丹念にここまで読み通した読者は、熱意溢れる方に違いない。Awk の動作を正確に把握するためや、例示されたプログラムがこれまで経験したことのない内容だった場合に、必要に応じマニュアルへ戻り、関連箇所を読み返すのも十分意義あることだ。

　Awk は、他の言語もそうだが、繰り返し実際に使用するのが最適な学習方法だ。読者にも自身でのプログラミングを推奨する。長大なプログラムや複雑な処理である必要はない。ほんの数行のコードでも、機能の動作や重要ポイントを確認できる。さらにデータをタイプ入力すればプログラムの動作を観察でき、理解が深まる。

索引

● 著者紹介

Alfred V. Aho（アルフレッド・V・エイホ）

コロンビア大学名誉教授。元学部長。アルゴリズム、データ構造、プログラミング言語、コンパイラ、計算機科学の基礎において数々の業績を残す。ACM からチューリング賞、IEEE からジョン・フォン・ノイマンメダルを受賞。

Brian W. Kernighan（ブライアン・W・カーニハン）

ベル研究所計算機科学研究センターの元所員。現在プリンストン大学コンピュータサイエンス学部教授。複数のプログラミング言語の開発者。また『The C Programming Language』をはじめ複数の古典的書籍を執筆。

Peter J. Weinberger（ピーター・J・ワインバーガー）

現在 Google 勤務。Renaissance Technologies で CTO を、ベル研究所計算機科学研究のリーダーを務めた。

● 訳者紹介

千住 治郎（せんじゅ じろう）

獨協大学前田ゼミ卒。普及しているプログラミング言語以外にも APL など少数派の言語も経験する。昭和63 年から UNIX を使用し始め、ソフトウェア開発を行っている。
訳書に『Linux システムプログラミング』『Linux システム管理』『Linux カーネルクイックリファレンス』『GDB ハンドブック』『PDF Hacks』『並行コンピューティング技法』『Linux プログラミングインタフェース』『Effective Modern C++』『C++ ソフトウェア設計』（以上オライリー・ジャパン）などがある。

● 査読協力

鈴木 駿（すずき はやお）、**赤池 飛雄**（あかいけ ひゆう）

プログラミング言語 AWK 第 2 版

2024 年 5 月 14 日　　初版第 1 刷発行

著　　　　者	Alfred V. Aho（アルフレッド・V・エイホ）
	Brian W. Kernighan（ブライアン・W・カーニハン）
	Peter J. Weinberger（ピーター・J・ワインバーガー）
訳　　　　者	千住 治郎（せんじゅ じろう）
発　行　人	ティム・オライリー
制　　　作	千住 治郎
印 刷・製 本	日経印刷株式会社
発　行　所	株式会社オライリー・ジャパン
	〒 160-0002　東京都新宿区四谷坂町 12 番 22 号
	Tel　(03)3356-5227
	Fax　(03)3356-5263
	電子メール　japan@oreilly.co.jp
発　売　元	株式会社オーム社
	〒 101-8460　東京都千代田区神田錦町 3-1
	Tel　(03)3233-0641（代表）
	Fax　(03)3233-3440

Printed in Japan（ISBN978-4-8144-0070-6）
乱丁、落丁の際はお取り替えいたします。